世界技能大赛资源转化系列教材

——制冷与空调项目

双温冷库设计安装与维修

主　编　叶翠安

副主编　唐　涨

参　编　高华增　曾　波　叶光显　黄　华　葛利军

主　审　赵先美

中国劳动社会保障出版社

图书在版编目（CIP）数据

双温冷库设计安装与维修 / 叶翠安主编 .-- 北京：中国劳动社会保障出版社，2020
世界技能大赛资源转化系列教材
ISBN 978-7-5167-4609-7

Ⅰ.①双… Ⅱ.①叶… Ⅲ.①冷藏库 – 设计 – 教材②冷藏库 – 安装 – 教材③冷藏库 – 维修 – 教材 Ⅳ.① TB657.1

中国版本图书馆 CIP 数据核字（2020）第 142968 号

中国劳动社会保障出版社出版发行
（北京市惠新东街 1 号 邮政编码：100029）
*
北京市艺辉印刷有限公司印刷装订 新华书店经销
787 毫米 ×1092 毫米 16 开本 17.75 印张 2 插页 337 千字
2020 年 8 月第 1 版 2024 年 8 月第 2 次印刷
定价：45.00 元

营销中心电话：400-606-6496
出版社网址：http://www.class.com.cn

内容简介

本教材以世界技能大赛制冷与空调项目标准为依据，围绕“以企业需求为导向，以职业能力为核心”的编写理念，力求突出职业技能培训特色，满足制冷与空调类专业教学与培训的需要。

本教材详细介绍世界技能大赛制冷与空调项目的新知识和新技能，全书分为三个模块，共十八个任务，系统阐述双温冷库系统的安装与调试、应用设计及故障排查。

本教材以 SX-CSC08A 双温冷库为载体，通过任务驱动的方法融合相关知识和技能，采用任务驱动教学的模式，项目与任务参照世界技能大赛制冷与空调项目技术标准与评分标准，安排了“总体要求”“操作步骤”“测评标准”等学习活动环节。

本教材适用于世界技能大赛制冷与空调项目培训选手使用，也可供制冷与空调专业一体化教学，以及作为制冷与空调行业技术人员职业技能培训与鉴定考核的参考用书。

前　言

世界技能大赛（以下简称“世赛”）引领世界技能人才的培养标准和方向，为充分借鉴世赛先进的技能理念、技能标准、评价体系，加大职业教育、职业培训创新发展，改进技能人才培养模式，提高人才培养质量，培育具有专业技能与工匠精神的高素质劳动者和专门人才，实现技能传承创新与决胜世界竞技场同步推进，广东三向智能科技股份有限公司组织有关行业专家、职教专家、工程技术人员，依据世赛及国家职业标准，兼顾企业对制冷、空调技术技能人才的需求，研发了世界技能大赛资源转化系列教材。

本教材分为 SX-CSC08A 双温冷库系统的安装与调试、双温冷库系统的应用设计、双温冷库系统的故障排查三个模块。

本教材全面系统地介绍了 SX-CSC08A 双温冷库实训考核设备；对竞赛实训操作内容进行了综合规划设计，突出实操训练，书中内容既注重系统设备的安装、调试和维修，又注重实际工程的应用设计与管理。

本教材依据世界技能大赛制冷与空调项目相关技术标准编写，贯彻以职业能力为本，融知识、技能、素养于一体，突出“设计”“安装”“调试”“维修”“管理”“计划”“通报”等技术技能训练内容，以培养制冷空调系统安装、维修高技能人才为目标。

本教材由广东交通职业技术学院叶翠安担任主编，广东三向智能科技股份有限公司唐涨担任副主编，广州市工贸技师学院高华增，广东省轻工职业技术学校曾波，广东三向智能科技股份有限公司叶光显、黄华，郑州商业技师学院葛利军参编。编写分工如下：叶翠安编写模块一（任务四、任务七），模块二（任务四、任务五、任务八），模块三（任务三）；高华增编写模块一（任务一、任务二、任务三、任务五），模块二（任务一、任务三），模块三（任务一）；曾波编写模块二（任务六、任务七），模块三（任务二）；叶光显编写模块二（任务二）；葛利军编写模块一（任务六）；唐涨、黄华负责教材中的插图；全书由叶翠安统稿，由广东技术师范大学赵先美教授主审。

对于拓展内容，在目录中的相应章节前面加上一个星号“*”。

在本书的编写过程中得到人力资源社会保障部中国劳动社会保障出版社的大力支持和

帮助，在此表示诚挚的谢意。

恳切希望使用单位和广大读者对教材存在的不足之处提出宝贵意见和建议，以便修订时加以完善。

编　者

目　录

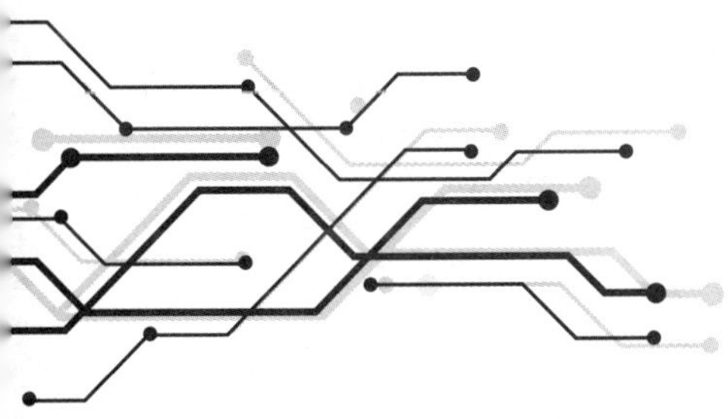

模块一

SX-CSC08A 双温冷库系统的安装与调试

任务一 SX-CSC08A 双温冷库系统的安装与调试概述

一、冷库系统安装与调试的基本知识

冷藏制冷装置主要用于食品的保鲜储存冷藏链，主要有冻结库、冷藏库、冷藏汽车、冷藏火车、冷藏船、冷藏集装箱、冷藏柜、冰柜和冰箱等。除保鲜储存食品以外，冷藏装置还可储存药品、生物疫苗和感光材料等。

常用的冷藏制冷装置可分为整体成套式和组件装配式两类。整体成套式，如商用冷藏柜等，无须另行安装，设备就位后，只要按技术要求供电、供水即可投入使用。组件装配式，如各种类型的冷库等，则须在做好一切预备工作后，由施工或安装人员进行设备的就位安装和管道的连接，使各设备组件连接成一个整体系统，同时进行电控系统的安装，之后还须对系统进行吹污、气密性检查、抽真空、充注制冷剂及试运行和调整等一系列的工作，等到一切验收合格后方能投入使用。因此，冷库安装质量将直接影响设备的运行性能和维护检修等。

1. 制冷系统的特殊性

与其他机械装置相比，制冷系统有其特殊性，安装时必须考虑下列情况：

（1）制冷系统中的所有部件及管路均为压力容器，它们组成了一个密闭的系统。系统内的制冷剂不能外漏，环境中的空气、水分及其他的机械杂质也不允许进入制冷系统，因而要求设备及管路有较高的机械强度和严格的气密性能。对存放已久、锈蚀严重的设备和管道，安装前须进行机械强度和气密性试验。

（2）必须做好系统各部件及各连接管管道内的清污工作，将氧化皮、焊渣等杂质彻底地清除出系统，以免损坏压缩机气缸及堵塞有关通道，影响制冷系统的正常运行。

（3）各制冷设备和管道在安装前及安装过程中必须保持干燥。

2. 安装前的准备工作

（1）熟悉并审查各种技术资料是否齐全，按图样的要求检查、核对机房内设备的底座位置与尺寸。

（2）清点全部设备和附件，检查数量是否齐全，质量是否符合设计要求。若有缺漏，则应补齐；若有不符合要求的，则应调换。

（3）对存放已久的设备，因保管不当，设备腐蚀、碰伤严重的，若从外观检查无把握，则在安装之前需进行强度和气密性试验。

（4）准备好安装工具、起重设备和各种必要的材料。

（5）编制好安装施工计划和进度，组织好各类施工人员，同土建、电气、水管工等密切配合，保证能及时安装设备，供电、供水，以缩短施工周期。

3. 安装的一般原则

（1）制冷系统的布置应根据制冷工艺流程以及便于使用和管理综合考虑，且主要是考虑使用。制冷机组应靠近冷库，压缩机尽量与蒸发器、冷凝器靠近，缩短连接管，以减少管道的流动阻力与冷量损失，并应远离炉灶、烘房等有热源的设备。

（2）机房应宽敞，空气要畅通，必要时墙壁上应安装排风扇，加强机房的通风，以利机组的散热。在机组的四周应留有 1 m 左右的空地，供管理人员操作和检修用，机房环境温度不应超过 40 ℃，也不要低于 0 ℃。

（3）机组的电动机应专线供电。冷却水管应专管供水，其压力应不低于 0.12 MPa。进水管上应装有阀门以调节水量（最好装有自动调节阀）。水管要考虑冬季能放尽冷凝器的积水，以免冷凝器管子冻裂。

（4）整体成套式的制冷设备在出厂前已进行过运转试验，并充注了制冷剂，安装前需进行外观检查。组件装配式供应的设备，其压缩机组或冷凝机组在出厂前都做过运转试验。无特殊情况，一般无须拆检机器的内部。但对单独分装的蒸发器和冷凝器等，则应检查内部的清洁情况，并用氮气或干燥的压缩空气吹净，清洁工作应尽量做得彻底。

（5）各连接管路均应十分清洁，管路布置应正确、合理，整齐、美观，尽量减少管路阻力损失。合理安排好各辅助设备的位置，并应考虑不妨碍其他设备的维护和检修。

（6）低压回气管绝热层的包扎应在系统检漏符合要求后进行。

二、认识 SX-CSC08A 双温冷库综合实训考核设备

1. SX-CSC08A 双温冷库综合实训考核设备的特点

SX-CSC08A 双温冷库的结构如图 1-1-1 所示，由库体、操作台、制冷机组、电气控制箱等组成。作为 2017 年至 2019 年全国职业院校制冷与空调技术技能大赛竞赛设备，该设

备可用于制冷设备的选型设计、安装、调试、维修、保养、管理操作等技术技能的训练，同时也可用于制冷空调相关职业技能的培训和考核。

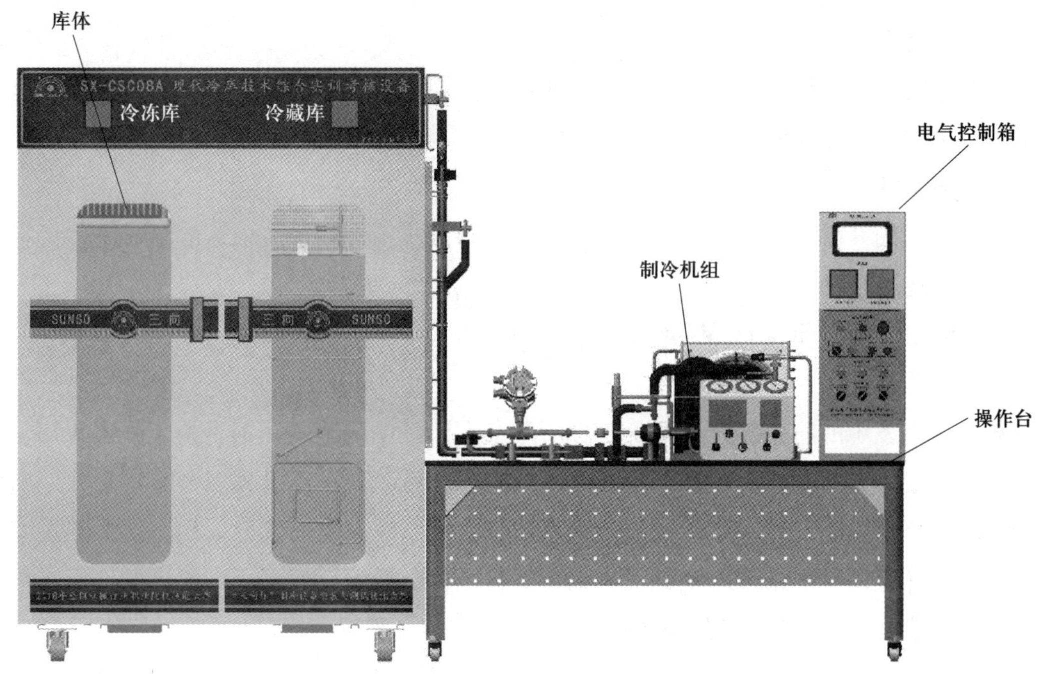

图 1-1-1　SX-CSC08A 双温冷库的结构示意图

SX-CSC08A 双温冷库系统有以下五大特点。

（1）实用性

该系统主要能够完成制冷与空调专业技术人员的系统设计、管加工、焊接操作、制冷及电气系统调试、测试、故障排查与修复等项目的训练，同时还可为制冷与空调技术专业开展科研与实验等研究性内容。

（2）先进性

在控制方面引入了 PLC[①] + 触摸屏 + 组态监控 + 单片机 + 智能仪表的控制模式，在制冷系统方面使用了电子膨胀阀，能准确、稳定地控制蒸发器的流量，从而精确地控制库内温度。触摸屏与上位机监控系统操作简单、可视性好，还可以用于现场评分。同时，为管理方便，系统运用移动互联网技术，实现对冷库的远程监视与报警。

（3）开放性

该系统设置了一个操作台，在库体一侧安装了侧板，便于选手在操作台与侧板上安装

① PLC：Programmable Logic Controller，可编程逻辑控制器。

制冷系统和电路系统等。冷库库门采用全透明板材构建，能清晰地看到系统的内部结构，并能在比赛过程中让观众及裁判全方位看到选手的工作过程，便于裁判进行观察及观众进行观摩。

（4）综合性

该系统的设计制作、安装以及调试操作体现了现代制冷技术的许多技术与技能，能全面考察选手的综合技术能力。

（5）环保性

该系统选用 R134a 制冷剂，该制冷剂的充注与回收符合环保要求，能测试选手的操作技能和环保观念。

2. SX-CSC08A 双温冷库系统的组成

（1）库体部分

双温冷库系统的库体部分如图 1-1-2 所示，库体整体采用不锈钢结构，隔层采用聚氨酯发泡料保温。设有左、右两个库间。左库间为冷冻库，其顶部预先安装有冷风机；右库间为冷藏库，安装竞赛时制作的光管式蒸发器。左、右库门中间部分采用三层发热透明玻璃构建，整体坚固、耐用，外观美观、大方，又能符合保温性能要求。库体的底部采用带刹车的万向轮，方便调整设备的摆放位置。

图 1-1-2　双温冷库系统的库体部分

（2）制冷系统部分

双温冷库制冷系统主要是由冷凝机组、光管式蒸发器、冷风机、高低压压力开关、电子膨胀阀（或电磁阀与热力膨胀阀的组合）、蒸发压力调节阀及能量调节阀等通过管路连接组成的完整的制冷系统，图 1-1-3 所示为双温冷库制冷系统原理图。由图 1-1-1 可知，根据要求，制冷元件可安装在操作台或侧板上。操作台由骨架和面板组成，骨架由美观、结实的型材制作，面板由高密度纤维板外贴防火板制成。操作台的底部采用带刹车的万向轮，方便调整设备的摆放位置。

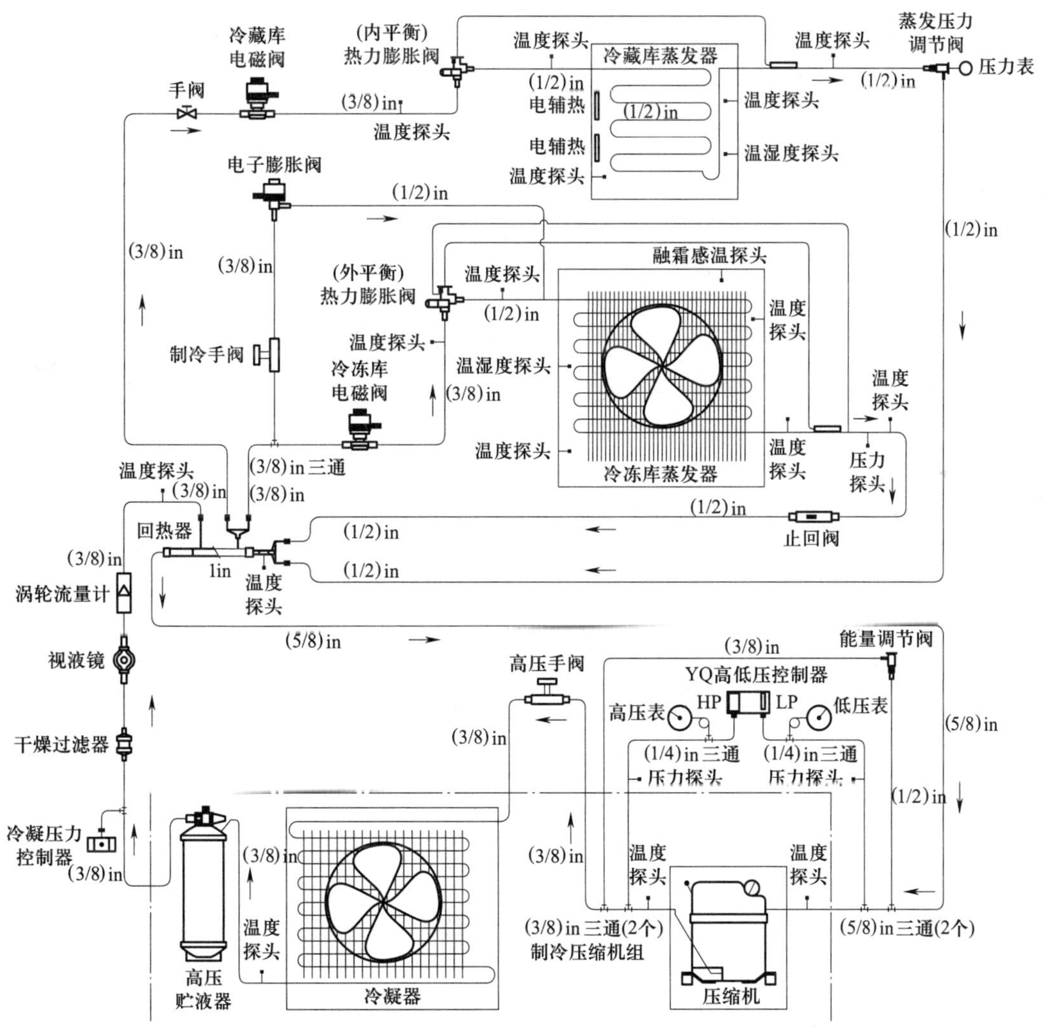

图 1-1-3　双温冷库制冷系统原理图

（3）控制部分

控制部分主要由电气控制箱、触摸屏、PLC 控制器等组成，通过电缆连接成一个完整的电控系统，并通过 PLC 编程实现供电、保护、控制功能，利用上位机监控系统实现数据显示、数据曲线显示及数据记录功能。每套系统均含物联网通信模块，温度、压力等数据通过 3G/4G 网络统一上传到云平台，集控室的 PC（Personal Computer，个人计算机）端或手机 App（Application，应用程序）客户端可以随时调用云平台数据进行统计、分析与监控。

3. 技术参数

（1）工作电源：单相三线制 220（1 ± 10%）V、50 Hz。

（2）工作环境：温度≤ 35 ℃；相对湿度≤ 85%。

（3）额定功率：≤ 1.4 kW。

（4）制冷量：1.2~3.9 kW（–15~15 ℃）。

（5）制冷剂：R134a。

（6）制冷剂充注量：2（1 ± 10%）kg。

（7）冷冻库温度：≥ –15 ℃。

（8）冷藏库温度：≥ 2 ℃。

（9）设备总装外形尺寸：2 840 mm × 810 mm × 1 830 mm。

（10）双温冷库库体外形尺寸：1 300 mm × 700 mm × 1 830 mm。

（11）操作台尺寸：1 540 mm × 810 mm × 600 mm。

SX–CSC08A 双温冷库综合实训考核设备清单见表 1–1–1。

表 1–1–1　　SX–CSC08A 双温冷库综合实训考核设备清单

序号	名称	产地	规格与要求	单位	数量	备注
1	冷库库体	国产	SX–CSC08A–01	台	1	1 300 mm × 700 mm × 1 830 mm
2	系统操作台	国产	SX–CSC08A–02	张	1	1 540 mm × 810 mm × 600 mm
3	电气控制箱	国产	SX–CSC08A–03	个	1	780 mm × 650 mm × 280 mm
4	制冷管路系统	国产	SX–CSC08A–04	套	1	—

三、双温冷库系统安装与调试的主要内容

SX–CSC08A 双温冷库的安装与调试包括制冷组件制作与钎焊、制冷系统的安装、电控系统的安装、制冷系统吹污和气密性试验、制冷剂的充注与回收以及系统调试六个实训任务。

1. 制冷组件制作与钎焊。选手按照设计图样和技术要求，正确使用专用工具和气焊设

备对铜管进行加工，在规定时间内完成制冷组件（如回热交换器）的制作和钎焊。

2. 双温冷库制冷系统的安装。选手按照设计图样和技术要求，将制冷设备、元件与附件（铜管等）通过螺纹、焊接连接方式安装、制作一个双温冷库的制冷系统，并在规定的时间内完成。

3. 双温冷库电控系统的安装。选手按照电路接线图及技术要求，正确连接电路，在规定时间内完成。

4. 制冷系统吹污和气密性试验。制冷系统气密性试验包括压力试验、真空试验和制冷剂试验。选手按技术要求，规范地进行压力试验、系统抽真空、制冷剂充注、制冷剂检漏等操作。

5. 制冷剂的充注与回收。选手按照技术要求，规范进行制冷剂充注操作，有需要时还包括回收制冷剂的操作。

6. 双温冷库系统调试。选手按照系统的技术要求及设计参数，正确设置测试数值，按设置要求对系统进行调试，并填写测试报告。有需要时还包括压焓图的绘制，并估算系统的制冷量。

通过这些任务的实训，可以培养、考核选手在制冷与空调专业工作中需要用到的一系列技能；可以掌握冷库的基本知识和安装、维护、调试工作过程，学会冷库安装与调试工作的规范、标准及设计要求，从而科学地管理冷库，提高冷库使用水平，延长冷库的使用寿命。

任务二
制冷组件制作与钎焊

一、制冷组件及其制作基本工艺

1. 制冷组件的组成

制冷组件是指制冷系统中的组件，由若干零件和套件构成。制冷组件大多采用冷作和焊接结构，使用的原材料多为钢板、钢管或铜管。氨对黑色金属无腐蚀作用，而对铜及铜合金（除磷青铜外）有腐蚀作用，所以氨系统制冷组件都用钢材制成。氟利昂对一般金属材料无侵蚀作用，可以使用铜或铜合金。氟利昂系统制冷组件采用铜材制成，但为了减少有色金属的消耗量及降低成本，只有制冷组件的传热面使用铜材，而其他部分仍采用钢材。

下面主要介绍氟利昂系统的制冷组件。

如图 1–2–1 所示的制冷组件是应用在 SX–CSC08A 双温冷库系统冷藏库中的光管式蒸发器，它是制冷系统中的一种热交换器。在蒸发器中，制冷剂液体在较低的温度下吸收被冷却物体或介质的热量而转变为制冷剂蒸气。蒸发器在制冷系统中的作用是制取和输出冷量，冷却被冷却介质。

光管式蒸发器组件一般可用弯管器整体加工成形，也可分段加工后焊接而成，如图 1–2–1 所示，是由若干根直径为 12.7 mm 直铜管和 U 形管等元件焊接制成蛇形盘管，管子中心线之间的距离为 80 mm，管子根数为偶数，以便制冷剂在同一侧引入和引出。蒸发器出口装有上升立管，在上升立管的下部设置一个小弯头，俗称“回油弯”。制冷剂液体是从上部进入盘管，吸热后蒸气自下部引出，这样溶入制冷剂的润滑油随着回气可顺利返回压缩机。

在蒸发器进、出口两端安装有针阀，其作用是在光管式蒸发器制成后便于进行检漏压力测试。蒸发器检漏合格后，安装至制冷系统前将针阀除去。

光管式蒸发器组件制成后，直管用 U 形管卡固定在底板上，构成一个整体，安装在冷藏柜内。

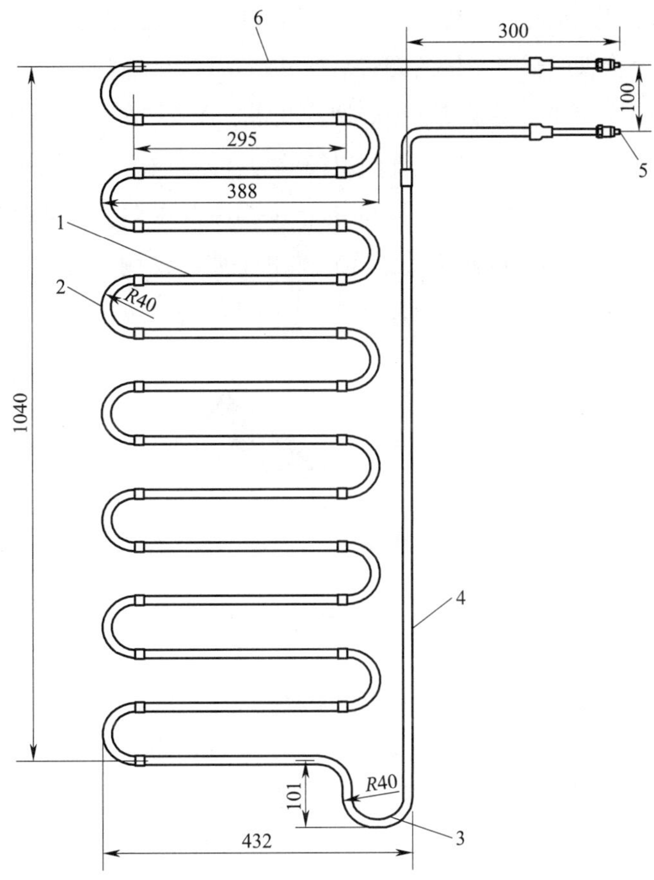

图 1-2-1　光管式蒸发器组件

1—直铜管　2—U 形管　3—回油弯　4—上升立管　5—针阀　6—进气管

2. 制冷组件制作的基本工艺

（1）铜管加工

1）切割。直径在 4~32 mm 的紫铜管一般不允许使用钢锯，必须采用专用割管器切割铜管，割管器简称割刀，是用来切断紫铜、铝等金属管的工具。割管器由支架、手轮、伸缩杆、刀片和导轮等组成，如图 1-2-2 所示。

割管器的使用方法与步骤：根据所切割管径的大小选择合适型号的割管器，用大割管器切割时比较省力、方便，但需要有足够的空间。操作时，将铜管放置在导轮与刀片之间，铜管的侧壁贴紧导轮和刀片的中间位置，刀片的切口与铜管垂直夹紧。然后转动调整转柄，使割管器切刃切入铜管管壁，随即均匀地将割管器整体环绕铜管旋转。旋转一圈后再拧动调整转柄，使割管器进一步切入铜管，每次进刀量不宜过多，只需拧

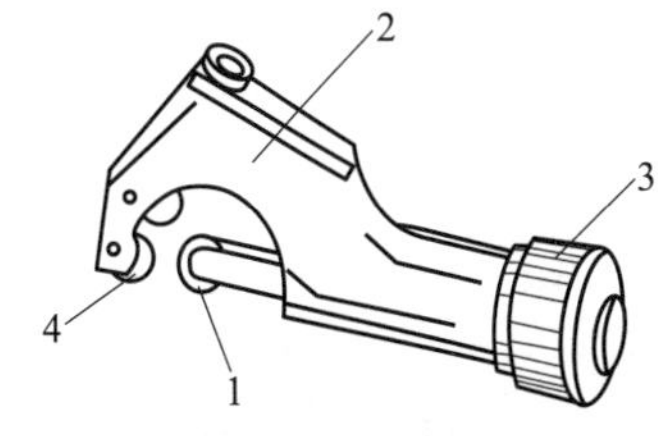

图 1-2-2　割管器

1—刀片　2—支架

3—手轮　4—导轮

进 1/4～1/2 圈即可，然后继续转动割管器。此后边拧边转，直至将铜管切断。

割管后，对剩余盘管或暂时不用的铜管需要进行封口处理。

①切管。根据图样和现场实测尺寸做好切管准备。在管子外壁待切处刻划上标记，注意切割处的划线要与管轴线垂直（切口允许倾斜偏差为管径的 1%）并缓缓进刀以防挤扁铜管。

②倒角除毛刺。切割后用锉刀将切割面打磨平滑去除毛刺，打磨时管口应侧向下以防粉屑进入管内。用铰刀沿管口内侧旋转去除锐边和毛刺，使铜管切口平整、光滑。也可用专用圆形铰刀同时对管口内外进行倒角处理。不同类型的铰刀如图 1–2–3 所示。

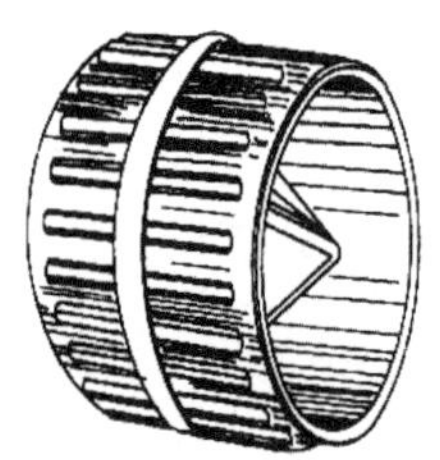

图 1–2–3　不同类型的铰刀（倒角器）

③清洁。用干布将铜管金属屑、灰尘外物都清洁干净，经过清洁的铜管焊接质量会更好。

④切割后应记录相应管道长度，以此作为系统充填制冷剂的依据。

2）弯管。弯管器是专门用于弯曲铜管、铝管的工具，如图 1–2–4 所示，弯曲半径应不小于管径的 5 倍，在其弯曲部位不应有凹瘪现象。制冷系统管路通常有 45° 弯和 90° 弯、乙字形弯（来回弯）、抱弯（弧形弯）、U 形弯等弯管的加工内容，对于直径≤ 22.2 mm 的铜管可使用弯管器弯管，直径＞ 22.2 mm 的铜管采用冲压弯头。常用的弯管器有杠杆式、滑块式、弹簧式等，如图 1–2–4 所示，其中杠杆式弯管器比较常用。

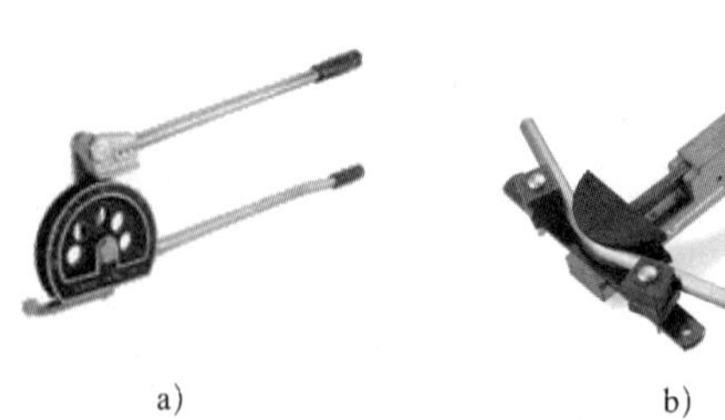
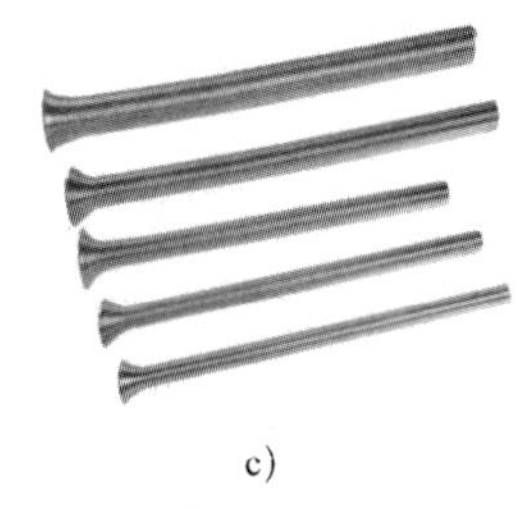

a)　　b)　　c)

图 1–2–4　不同类型的弯管器

a）杠杆式　b）滑块式　c）弹簧式

弯管器的使用方法，如图 1–2–5 所示。把已退火的紫铜管放入带导槽的固定轮与固定杆之间，扣牢管端，然后用活动杆的导槽卡住铜管，手握活动杆手柄顺时针方向平稳转动。这样，紫铜管便在导槽内被弯曲成特定的形状。操作时用力要均匀，避免出现死弯或裂痕。

弯管时，弯头两侧必须保持不小于管径 2 倍的直线部分。铜管的弯曲半径取（2.5~4）D（D 为铜管直径），椭圆率不大于 8%。

弯管时要计算确定弯曲半径，弯曲长度 $L=2\pi R\frac{\alpha}{360}$（$\alpha$ 为弯管角度），然后在起始位置做好标记。如要制作一个两边长为 50 mm 的直角弯（90° 弯），若圆弧半径 R=14 mm，L=1.57R，在不考虑铜管直径大小、拉伸等影响时，下料理论长度 =50−R+L+50−R=72+1.57 × 14=93.98（mm）。

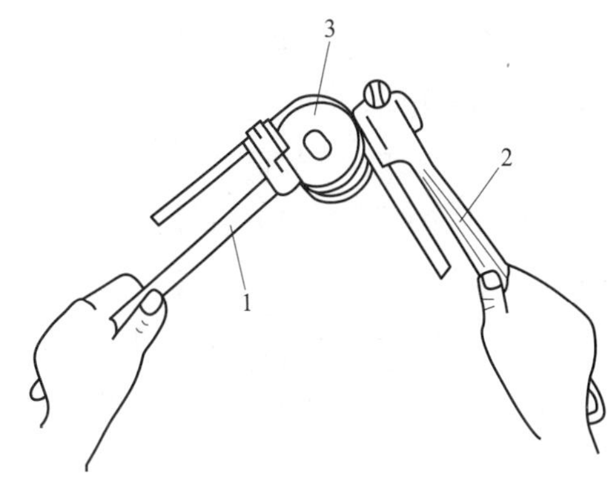

图 1-2-5　杠杆式弯管器的外形结构和使用方法

1—固定杆　2—活动杆　3—带导槽的固定轮

弯管的制作要求：管道的弯曲角度要准确，弯曲处的外表面要平滑，没有皱纹和裂纹；弯曲处的横断面上不应有明显的变薄和变形。

3）扩杯形口，又称胀管。铜管对接时必须采用胀管工艺，将铜管用扩管器扩成杯形口，再进行对接钎焊连接。

扩管器又称胀管器，主要用来制作喇叭口和杯形口，分为棘轮和液压两种。常用的扩管器由弓形架、螺杆、扩管夹具、胀管模具、扩管锥头等组成，如图 1-2-6 所示。

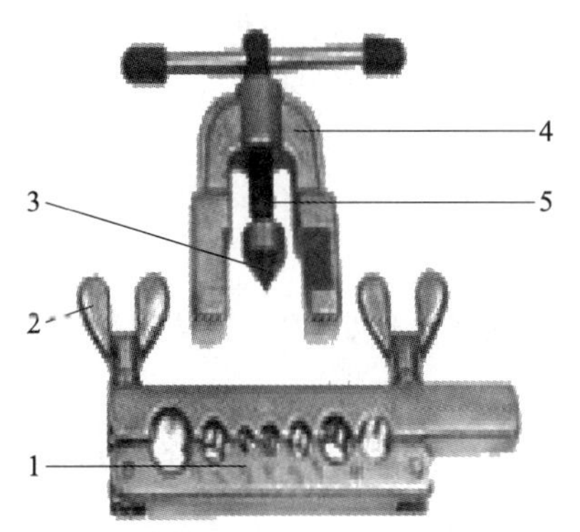

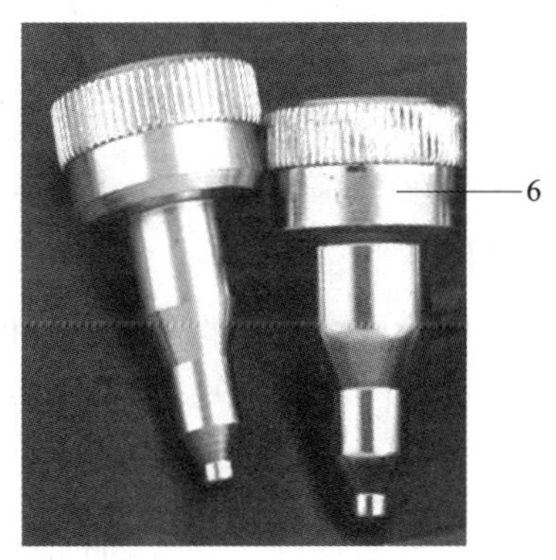

图 1-2-6　扩管器

1—扩管夹具　2—紧固螺母　3—扩管锥头　4—弓形架　5—螺杆　6—胀管模具

使用扩管器胀管的方法。首先选择合适的胀管模具，将胀管模具旋转套入扩管器的端头，将已退火的铜管放入与管径相同孔径的扩管夹具的孔中，铜管端部应露出足够尺寸，拧紧扩管夹具上的紧固螺母。在胀管模具的胀口上涂冷冻机油，将扩管器夹在扩管夹具上，将胀管模具的胀口套入铜管内。慢慢将扩管器手柄下旋 3/4 圈，再退出 1/4 圈，进行胀管，并不断反复，当胀管到胀管模具一半时将铜管旋转 45°，再继续胀管操作，以防铜管出现裂纹。

对接的胀管方向应迎着制冷剂流向。

胀管后组对的管道内壁应齐平，插入深度应不小于管径。胀管后的内径 D 应为管道外径 +（0.1~0.15）mm。

4）扩喇叭口。铜管与机组螺纹接口连接时应对铜管端头进行扩喇叭口操作，扩喇叭口时也应使用扩管器。喇叭口形状的管口用于螺纹接头或不适合对接接口时的连接，目的是保证对接部位的密封性和强度。

使用扩管器扩喇叭口的方法：扩喇叭口时，首先将铜管扩口端退火并用锉刀锉修平整，然后把铜管放置于相应管径的扩管夹具的孔中，拧紧夹具上的紧固螺母，将铜管夹牢，铜管露出的高度大约与孔倒角的斜边长度相同。在扩管锥头上涂冷冻机油，然后将扩管锥头固定在扩管器的螺杆上，连同弓形架一起固定在扩管夹具的两侧。扩管锥头顶住管口后，再均匀缓慢地下旋扩管器手柄将螺杆旋紧，扩管锥头也随之顶进管口内。此时应注意旋紧螺杆时不要过分用力，以免将铜管顶裂。一般每旋进 3/4 圈，再倒旋 1/4 圈，如此反复进行，直至扩制成形。扩喇叭口操作示意图如图 1–2–7 所示。最后扩成的喇叭口要圆正、光滑、没有裂纹，并在喇叭口上涂冷冻机油。

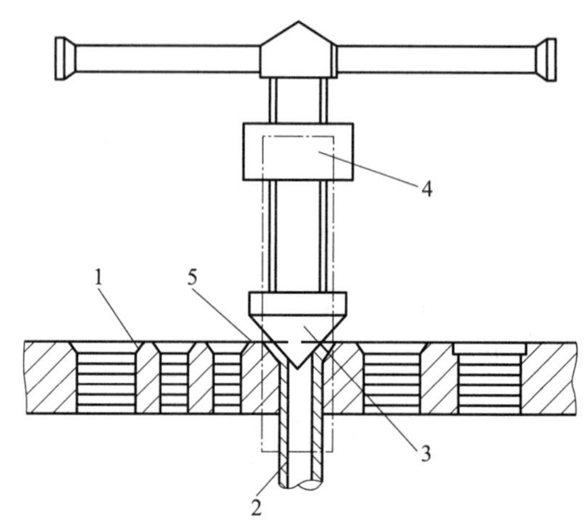

图 1–2–7　扩喇叭口操作方法示意图

1—扩管夹具　2—铜管　3—扩管锥头

4—弓形架　5—铜管的扩喇叭口

（2）钎焊连接

钎焊是指用比母材熔点低的钎料和焊件一同加热，使钎料熔化（焊件不熔化）后润湿并填满母材连接的间隙，钎料与母材相互扩散形成牢固连接。气焊设备包括氧气瓶、乙炔瓶、减压装置、焊炬（俗称焊枪）和软胶管等，如图 1–2–8 所示。根据钎料熔点的不同，钎焊又分为硬钎焊和软钎焊。钎焊的焊缝应表面光滑，填角均匀饱满，自然地圆弧过渡。钎焊接头应无过烧、焊堵、裂纹、焊缝表面粗糙、烧穿等缺陷。焊缝应无气孔、夹渣、未焊满、虚焊、焊瘤等缺陷。

制冷系统铜管连接和安装维修通常使用硬钎焊。紫铜管之间的焊接宜选用含银 2% 或含银 5% 的低银焊条。为防止铜管内部氧化，焊接时必须充氮气焊接，焊接部位应清洁、脱脂。其操作步骤如下：

1）焊前清洁。铜管接头应清洁、光亮，无油污、氧化层、毛刺或凹凸，以防止产生气孔或虚焊。采用锉刀和铰刀对管口进行处理，除去管口毛刺。清理时管口应侧向下，清理完应轻轻敲打管壁，避免碎屑进入管道内部。管道外壁的油污、涂料等应用湿布擦拭清除。

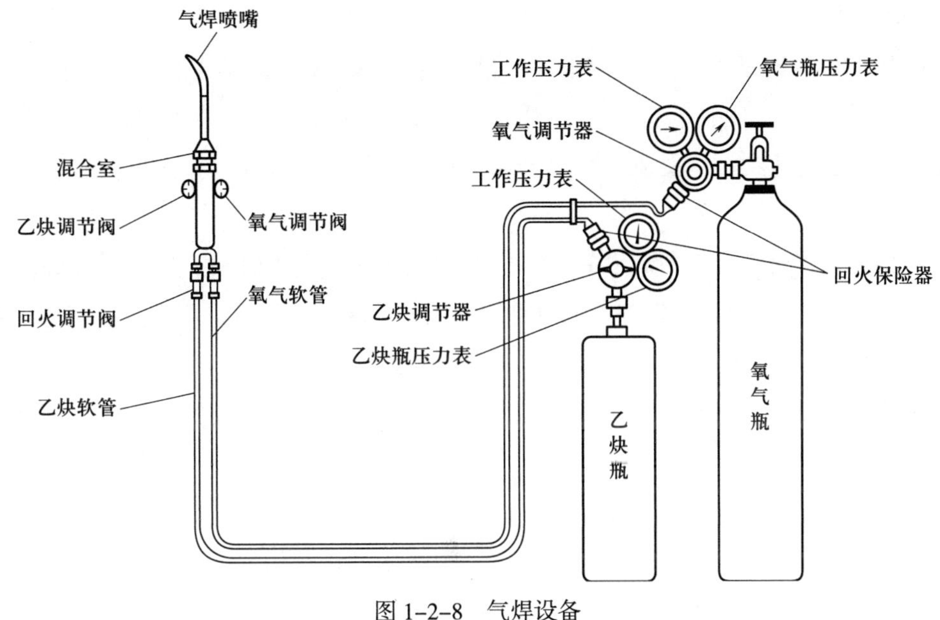

图 1-2-8　气焊设备

2）充氮气保护。铜管焊接时需充入氮气进行保护焊接以防铜管被氧化。焊接时应保持焊接区域的氮气保护（调节氮气瓶上的压力表使压力保持在 0.05~0.2 MPa），让氮气定向充入正在钎焊的管道内。焊接完成应待铜管完全冷却后，方可停止充入氮气。充氮气保护焊接如图 1-2-9 所示。

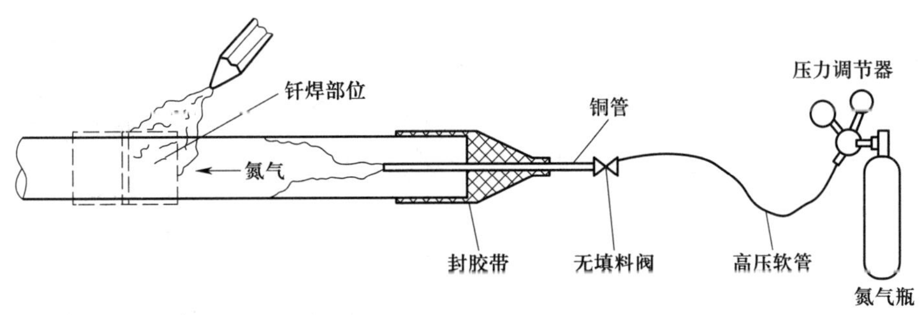

图 1-2-9　充氮气保护焊接

3）钎焊操作

①注意事项。钎焊温度应比铜管的熔点温度低，控制在 650~800 ℃。钎焊时必须使用氧—乙炔火焰或氧—丙烷火焰。

同时，为保证钎焊的温度要求，用外焰进行加热时，采用中性焰（或氧化焰）对焊口施焊，但应注意外焰温度超过 800 ℃时铜管容易变形或熔化穿孔；用焰心加热时温度较低，但铜管容易变黑影响质量和美观。一般采用内焰（火焰呈黄白色）进行加热焊接。

②将铜管插入接头中，稍微旋转以保证焊缝间隙均匀。点燃火焰对铜管接头处进行加热。预热时，应让火焰沿管道环向均匀加热铜管至铜管变成暗红色。用钎料接触接头以判定接头处的温度。若钎料不熔化，证明温度不够，需继续加热；若钎料迅速熔化，表明温度已经达到钎焊要求，可以开始焊接。继续加热以保持接头处温度在钎焊温度以上。

③调整火焰方向使之朝向焊缝间隙，同时向接头缝隙送入钎料。送料时使焊条和火焰呈 45° 角，利用接头的热量将钎料填入缝隙直至将钎缝填满，注意，不得直接将火焰对准钎料使之熔化到钎缝内。对于 ϕ40 mm 以上的大直径管道，因其周长比较长不容易加热均匀，可使用两支焊枪同时加热使接头处的径向与长度方向受热均匀，使钎料均匀填满钎缝，以保证质量。

④当钎料全部熔化后，应停止加热，以防钎料不断往内渗透不能形成饱满的钎缝。焊接位置：一般情况下，优先选择钎料竖直向下漫流的方式，其次选择水平漫流方式，非特殊情况不应采用竖直向上漫流的方式。

⑤钎焊后应继续吹入氮气直到铜管冷却。铜管须保持静止直至自然冷却结晶，以防熔化的钎料冷却时受到振动导致焊缝产生裂纹从而影响钎焊质量。用手轻触铜管不再烫手后，用湿布冷却及擦拭连接部位（不能用冷水直接冷却）进行焊后处理。

二、制冷组件制作与钎焊的总体要求

1. 认真阅读技术文件及图样，掌握制冷组件的技术要求

（1）直铜管（见图 1–2–10）的技术要求：直铜管一般用硬质紫铜管，直径为 12.7 mm，长度误差为 ±2 mm；管子内、外表面应清洁、无锈痕，管子应无凹陷、弯曲、扭曲等明显变形，管口应平整、无毛刺。

（2）U 形管（见图 1–2–11）的技术要求：U 形管采用软质紫铜管，直径为 12.7 mm，两端长度误差为 ±2 mm，U 形管及管口扩喇叭口、杯形口加工后，管子应无凹陷、扭曲等明显变形，管口胀管段中心线与管子中心线重合，无倾斜，长度适中，无凹陷、毛刺和裂口。

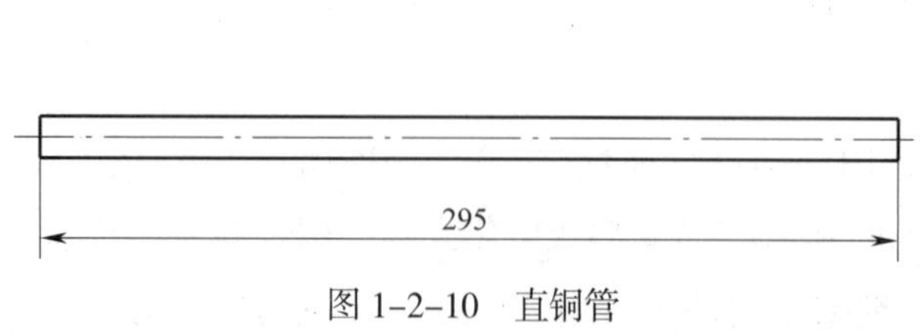

图 1–2–10　直铜管

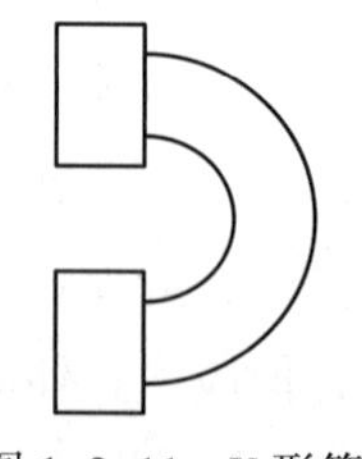
图 1–2–11　U 形管

（3）上升立管（见图 1-2-1）的技术要求：上升立管采用紫铜管，直径为 12.7 mm，按图样制作，铜管应无凹陷、扭曲等明显变形，管口应平整、无毛刺；“回油弯”应尽量做得小。

2. 对元件和设备进行自检

竞赛前，选手按照大赛提供的设备、工具、材料清单，对竞赛场地提供的元件、附件及设备进行自检。

3. 组件安装要求

按图样（见图 1-2-1）制作与安装光管式蒸发器组件。组件安装要求如下：

（1）组件安装尺寸误差为 ±3 mm。

（2）组件安装后保持横平竖直。

（3）组件安装后直铜管、U 形管及上升立管弯曲部分应无凹陷、扭曲等明显变形。

（4）组件管路焊接，焊口全部采用对接焊接；焊口应光亮、饱满，无砂眼，无焊渣堆积现象。

（5）充氮气焊接、排污气体所使用的压力必须符合技术要求。

（6）组件制成后应进行不低于 1.15 倍设计压力的压力试验。压力试验时，气体（氮气）压力应缓慢上升，达到试验压力后，保压 10 min，应无泄漏现象。

4. 设备、工具、测量器具及材料准备

（1）选手准备（见表 1-2-1）

表 1-2-1 选手准备

序号	名称	产地	规格与要求	单位	数量	备注
1	扩管器	国产	（1/4）~（3/4）in[①]，英制	套	1	
2	弯管器	国产	（1/4）in，英制	把	1	
3	弯管器	国产	（3/8）in，英制	把	1	
4	弯管器	国产	（1/2）in，英制	把	1	
5	弯管器	国产	（5/8）in，英制	把	1	
6	割管器	国产	（1/8）~（$1\frac{1}{4}$）in，英制	把	1	
7	旋具	国产	3 mm × 75 mm、5 mm × 125 mm	套	1	十字旋具、一字旋具
8	尖嘴钳	国产	6 in，英制	把	1	
9	直角尺	国产	250 mm	把	1	
10	卷尺	国产	3 m	把	1	

① in：英寸，1 in=25.4 mm。

续表

序号	名称	产地	规格与要求	单位	数量	备注
11	钢直尺	国产	300 mm	把	1	
12	锉刀	国产	200 mm	把	1	
13	倒角器	国产	通用	把	1	
14	工作服	国产	通用	套	1	最好长袖
15	焊接手套	国产	通用	副	1	
16	滤光护目镜	国产	通用	副	1	黑色
17	文具	国产	通用	套	1	签字笔、铅笔、橡皮等

（2）赛场准备（见表 1–2–2）

表 1–2–2　　赛场准备

序号	名称	产地	规格与要求	单位	数量	备注
1	管钳工工作台	国产	SX–815Q–33	张	1	
2	手提式焊炬	国产	容积 2 L，连续工作时间 3 ~ 5 h	套	1	
3	氮气减压阀	国产	YQD–06	套	1	
4	铜管（硬质）	国产	ϕ 12.7 mm × 0.8 mm [（1/2）in]	m	6	
5	铜管（软质）	国产	ϕ 12.7 mm × 0.8 mm [（1/2）in]	m	1	
6	针阀	国产	（1/4）in，英制	个	2	
7	底板	国产	SX–CSC08A–01–002	件	1	
8	U 形管码	国产	通用	个	9	固定码
9	移动式台虎钳	国产	6 in，英制	个	1	
10	轻型塑料管夹	国产	ϕ 12.7 mm	个	9	
11	不锈钢水桶	国产	12 L	个	1	

续表

序号	名称	产地	规格与要求	单位	数量	备注
12	安全点火枪	国产	通用	个	1	
13	钎料	国产	通用	根	4	
14	OFN①	国产	通用	个	1	

注：表中“数量”为 1 个工位的用量。

三、制冷组件制作与钎焊

1. 阅读测试文档，做好竞赛准备

认真阅读测试文档，包括测试细节、内容、要求，测评标准及图样。

做好竞赛准备工作：选择合适的设备、材料、工具、测量器具；检查气焊设备、工具、测量器具等。

2. 制冷元件加工

这里的制冷元件是指直铜管、U 形管和上升立管。

按照图样下料加工 1 根直铜管，需保证 295 mm 的几何尺寸，误差控制在 ±2 mm 以内；加工 1 根 U 形管，需截取适当长度的铜管，两端扩口及弯管，需保证 ϕ80 mm 的几何尺寸，误差控制在 ±2 mm 以内；上升立管需截取适当长度的铜管，待直铜管与 U 形管预装成形后，再制作上升立管，“回油弯”应尽量做得小。铜管加工过程中，铜管割管后扩喇叭口、扩杯形口及弯管加工前，管口必须进行除毛刺、倒角处理，并防止铜屑进入管道。

3. 焊接加工

将制冷组件预装好，先在管口处插入充氮气保护的毛细管，充氮压力约为 0.05 MPa，并保证管道畅通以及与大气连通，然后采用中性焰（或氧化焰）对焊口施焊。焊接过程中，应尽量避免出现黑烟、爆响现象，绝不允许产生操作性气体泄漏及回火。

4. 制冷组件检漏

在制冷组件进、出口两端安装有针阀。制冷组件制成后，向制冷组件管道充注不低于 1.15 倍设计压力的氮气，保压 10 min，应无泄漏现象。制冷组件检漏合格后，安装至制冷系统前将针阀除去。

5. 安装

制冷组件制成后，用 U 形管卡固定在底板上。按照图样要求，制冷组件安装尺寸误差

① OFN：Oxygen Free Nitrogen，无氧氮气。

在 ±3 mm 以内，并保持横平竖直。

6. 热交换器的制作与安装实例

（1）热交换器的制作与安装，如图 1–2–12 所示。

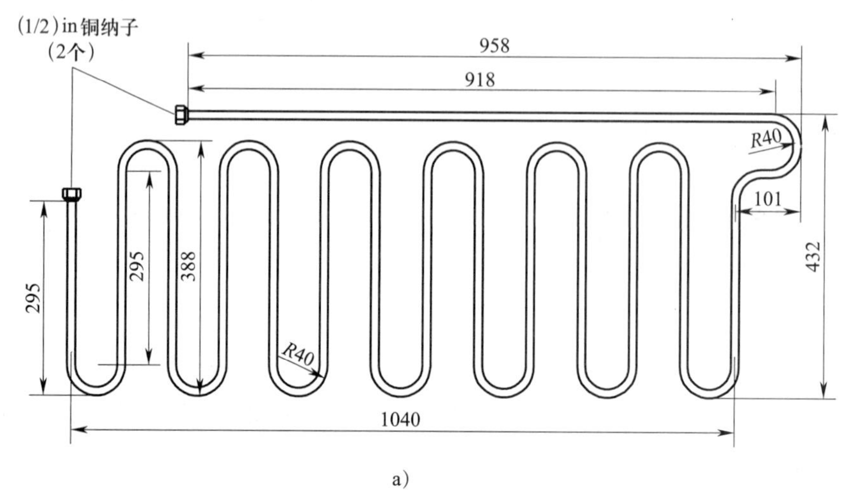

a）

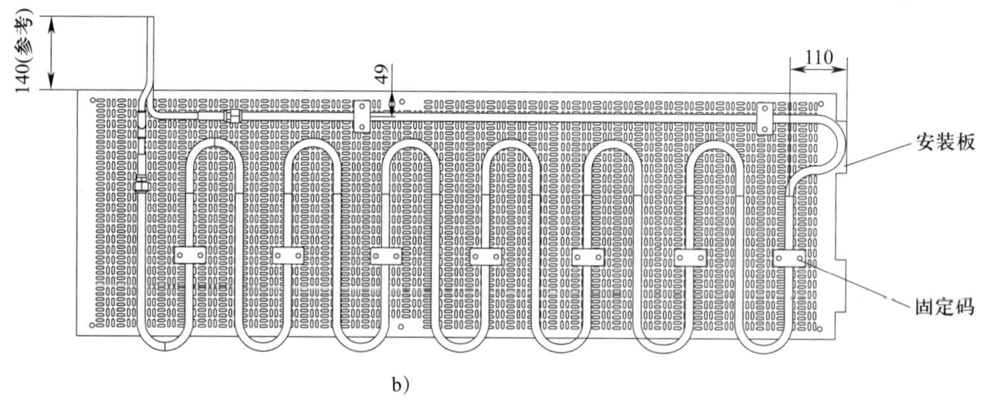

b）

图 1–2–12　热交换器制作与安装图

a）热交换器制作尺寸图　b）热交换器安装尺寸图

要求选手采用（1/2）in × 0.8 mm 的铜管弯制并与螺纹连接成为热交换器，使用一块压缩板及管码将其固定，并将其安装及连接至制冷系统中。

（2）按图样施工，需保证图中 388 mm 的几何尺寸，误差控制在 ±2 mm 以内。

（3）所有接口采用扩喇叭口螺纹连接至施拉德阀（美式气门嘴）。

（4）向热交换器充注不低于 1.15 倍设计压力的氮气，保压 10 mim，应无泄漏现象。

（5）热交换器安装后，保持横平竖直，需保证 20 mm 的安装尺寸，误差控制在 ±2 mm 以内。

（6）安全文明操作。

四、测评标准

1. 操作过程评分标准（见表 1-2-3）

表 1-2-3　　操作过程评分标准

序号	竞赛内容	评分要素	评分标准	配分
1	制冷元件加工	用专用工具切割铜管、扩喇叭口、扩杯形口及弯管	（1）割管后，扩喇叭口、扩杯形口及弯管前，管口必须进行除毛刺、倒角处理，并且管内无残留铜屑 （2）所有管道（管子）开口处闲置时必须封口 （3）规范操作	30
2	焊接加工	使用气焊设备、氮气瓶及附件进行制冷组件管道焊接	（1）规范操作 （2）焊接气体（氧气、乙炔或燃气）压力必须符合工程标准 （3）管道焊接必须采用充氮保护焊，充氮气压力约为 0.05 MPa，并保证管道畅通以及与大气连通	30
3	制冷组件检漏	制冷组件压力检漏	（1）向组件充注不低于 1.15 倍设计压力的氮气，保压 10 min，应无泄漏现象 （2）规范操作	10
4	安全文明操作	制冷组件制作与钎焊全过程	（1）人员、设备、工具处于安全状态 （2）焊接操作时必须穿戴合适的劳动防护服装、鞋、滤光护目镜、焊接手套 （3）没有领取过多的铜管或零件，以最省的铜管用量，完成组件的制作与钎焊 （4）操作完成后的整理工作，应符合有关规定	10

2. 制作成果评分标准（见表 1-2-4）

表 1-2-4　　制作成果评分标准

序号	竞赛内容	评分要素	评分标准	配分
1	焊接加工	焊接质量	所有焊口应光亮、饱满、无砂眼、无焊渣堆积现象	10
2	制冷组件安装	制冷组件制作与安装后总体质量	（1）按图样要求制作与安装制冷组件 （2）按图样要求，组件安装尺寸误差为 ±3 mm （3）组件安装后保持横平竖直	10

续表

序号	竞赛内容	评分要素	评分标准	配分
2	制冷组件安装	制冷组件制作与安装后总体质量	（4）组件制作与安装后，管道无凹陷、扭曲等明显变形 （5）上升立管的“回油弯”应尽量做得小，且弯曲半径符合工程标准	10

任务三 制冷系统的安装

一、认识双温冷库制冷系统

1. 氟利昂制冷系统

通常，冷库制冷系统按制冷剂的不同可分为氨（R717）制冷系统和氟利昂制冷系统。

以氟利昂为制冷剂进行制冷的系统称氟利昂制冷系统，简称氟系统。氟利昂因毒性小、蒸发温度低以及便于自动控制等优点，在国外冷库中应用较多。由于氟利昂价格昂贵，国内在大中型冷库中使用极少，但在一些小型冷库中采用直接供液方式，以热力膨胀阀与电磁阀配合对制冷剂流量进行调节控制，使制冷系统比较简单，操作方便，有广泛的应用。氟利昂制冷剂有 R22、R502、R123、R134a 和 R404A 等型号。

（1）对氟利昂制冷系统的基本要求

氟利昂制冷系统与氨制冷系统的主要区别在于氟利昂的下列特性：黏度大，几乎不溶于水，而溶于冷冻机油。

根据氟利昂的上述特性，其制冷系统必须具备下列基本要求：密封、防止系统中进入水分，冷冻机油与氟利昂混合液连续循环及顺利回油。

为预防系统中进入水分，在氟利昂制冷系统中的膨胀阀前须加装干燥过滤器，以保证膨胀阀正常运行。

氟利昂制冷系统中的回油问题很关键，应从设备布置、管道配置及供液方式等方面采取相应的措施。

（2）供液系统

供液系统是制冷系统的组成部分，它通过一定的方式将制冷剂液体送进蒸发系统，使蒸发器有足量的制冷剂液体汽化吸热。按供液方式的不同，有直接膨胀供液系统、重力供液系统和制冷剂液泵供液系统三种。制冷剂液体经过节流降压后直接供至蒸发系统，这种供液系统称为直接膨胀供液系统，直接膨胀供液系统一般适用于单独的冷却设备或小型的制冷系统，利用热力膨胀阀控制的直接膨胀供液系统，其主要原因如下。

1）直接膨胀供液系统比较简单，采用设备少，系统充液量也少，这对于价格昂贵的氟利昂来说是合适的。

2）用热力膨胀阀供液并配有热交换器的氟利昂制冷系统，可自动调节供液量且使回气有较大的过热度，高压液体有较大的过冷度，节流时闪发成气体的机会减少，改善了直接膨胀供液系统中调节供液困难及容易湿行程等不足。

氟利昂制冷系统在直接膨胀供液中，首先应满足回油要求，其次才考虑供液均匀的问题，因此，一般都采用有利于系统回油的上进下出式供液方式，并辅以分液器或在配管上采取措施使其均匀供液。

重力供液系统是利用液体制冷剂的静压力向蒸发器供液的系统。重力供液系统适用于氨为制冷剂的制冷系统。氨泵循环供液系统是借助于氨泵的机械力将低压循环桶内的低温低压制冷剂强制送往蒸发器制冷的系统。

（3）实用制冷装置的制冷循环

1）回热循环。回热循环在氟利昂制冷系统中应用普遍，这是因为采用了回热循环后，首先，能使膨胀前的制冷剂具有较大的过冷度，膨胀阀前后生成闪发气体的多少与阀前后的温差有关，温差越小，则节流损失也越少，闪发气体也越少。其次，闪发气体多少也影响库温的稳定性，闪发气体多，流经膨胀阀的制冷剂流量时多时少不稳定，阀后分液器内配液也难以均匀，将使蒸发温度不稳定，造成库温的波动。最后，采用热力膨胀阀直接供液的系统中，一般不装气液分离器，在系统负荷变化时，由于膨胀阀调节范围受到限制，容易造成制冷剂液体来不及完全蒸发就被压缩机吸入而产生液击。采用回热器后，未蒸发的制冷剂液体在回热器中同液体进行热交换，得到完全蒸发并形成一定的过热度，可避免压缩机的液击。

2）热气旁通制冷循环。热气旁通是小型制冷装置能量控制调节方法之一。压缩机能量调节实际就是调节制冷压缩机排送制冷剂的流量，从而改变其制冷量，使之与制冷装置的热负荷保持平衡。如果没有能量调节装置，当蒸发器的热负荷变化较大时，蒸发压力会变化较大。当热负荷减小、蒸发压力降低时，不仅运行的经济性会降低，而且当蒸发压力降到低压继电器设定的下限值时，会引起压缩机停车，停车后，压力会逐渐升高；当升高到低压继电器设定的上限值时，压缩机会再次启动，由此增加了压缩机启停频率。压缩机能量调节方法比较多，多数可由压缩机自身机构来实现，也可以用压缩机电动机变速的方法。

热气旁通是将压缩机排气经热气旁通阀直接旁通到蒸发器入口处或压缩机吸气管，通过旁通高压制冷剂至系统的低压侧，来保持系统能在给定的最低吸气压力下正常工作。同时旁通来的制冷剂与膨胀阀出口的制冷剂按质量比率混合成新的状态，再进入蒸发器，由于单位制冷量减少，从而实现设备部分负荷时的能量调节。

3）带蒸发压力调节阀的制冷循环。蒸发压力调节阀是一种安装在蒸发器出口管路上，以防止蒸发器内制冷剂蒸发压力低于设定值为目的而设置的调节机构。蒸发压力调节阀又称角阀、背压阀。制冷系统设置蒸发压力调节阀的目的有两个：一是保持蒸发压力恒定，减少库温波动；二是一机多库时，可使不同库温中的蒸发器在各自不同的蒸发压力下运行，蒸发压力调节阀只安装在高温库的回路，如菜库、乳品库等。

2. 制冷系统原理图图例

冷库制冷系统原理图（也称为制冷系统图）以平面的形式体现出制冷装置中所有的设备、容器、管、阀等相互的关联，是表达整个制冷系统全貌的主要工艺图样。从原理图上可以看出以下工程的主要内容：

（1）制冷系统的规模和特性。

（2）所有设备的名称、规格、型号及数量。

（3）系统是否先进、全面及存在的问题等。

因此，无论是制冷系统安装人员还是制冷机房操作人员都应该学会阅读制冷系统原理图、系统设备一览表及备注等内容。看图时应首先了解图例。冷库制冷系统原理图部分设备、阀门的图例见表 1-3-1。

表 1-3-1　　制冷系统原理图部分设备、阀门图例

部件名称	常用符号图例	部件名称	常用符号图例
直通截止阀		安全阀	
直角截止阀		止回阀	
三通阀		浮球阀	低压浮球阀　高压浮球阀
电子膨胀阀	TCE	过滤器	
恒压阀	PC	可拆卸阀	
压缩机		风扇	

制冷系统原理图一般是由图形符号与文字符号组成。熟悉图例之后，就可以了解整个工程的制冷系统工艺流程了。读图时应先了解各台制冷压缩机担负的功能及可相互切换的制冷方

案，然后寻找各种辅助流程，如放油流程、冲霜流程及充注制冷剂等。清楚了这些制冷循环和流程后，对整个工艺系统就有了初步印象，最后熟悉各有关阀门、仪表在系统中所起的作用。另外，结合设计原理图中设备一览表，就可以了解各设备的型号、规格及数量等信息了。

3. SX-CSC08A 双温冷库制冷系统的组成

氟利昂冷库制冷系统以热力膨胀阀为高、低压的分界线，把系统分为高压系统和低压系统。高压系统是指由压缩机排气口、冷凝器、贮液器、干燥过滤器、热力膨胀阀进液口等组成的系统。低压系统是指由热力膨胀阀出液口、蒸发器、压缩机吸气口等组成的系统。

图 1-1-3 所示为 SX-CSC08A 双温冷库制冷系统原理图，双温冷库制冷系统是由一台制冷压缩机组（包括制冷压缩机、冷凝器和贮液器）、一个低温库（冷冻库）蒸发器（冷风机）、一个高温库（冷藏库）蒸发器、干燥过滤器、电磁阀、热力膨胀阀、蒸发压力调节阀及压力表和压力控制器等组成的制冷系统。

液体制冷剂经干燥过滤器流到热力膨胀阀向高、低温库供液。在每个热力膨胀阀前装有电磁阀，由温度控制器分别控制。温度控制器根据库内温度的高低来开关电磁阀，对库温进行控制。低温库蒸发器入口处还并联了一个电子膨胀阀，用来测试制冷剂流量。从低温库蒸发器来的吸气管上装有止回阀，此阀在制冷压缩机停止运行期间可以防止制冷剂回流到低温库蒸发器。从高温库蒸发器来的吸气管路上装有蒸发压力调节阀，此阀可维持蒸发压力固定在高温库所需温度。压力控制器是一台高低压组合控制器，用于防止制冷压缩机吸气压力过低或排气压力过高，从而保护制冷装置。

二、双温冷库制冷系统安装的总体要求

氟利昂制冷系统的安装是严格按照相关的规范和竞赛技术文件说明及图样技术要求来完成的，包括管件制作与连接，零部件及管路固定，管件吹污、管路保温等任务内容。SX-CSC08A 双温冷库制冷系统的安装采用组件装配式的安装方式，其安装的总体要求如下：

1. 阅读文档

认真阅读技术文件及图样。

2. 进行自检

必须对竞赛场地提供的零部件（含设备、阀门、控制仪器仪表）和铜管（或管道）及附件进行自检。

3. 管道设计要求

按双温冷库制冷系统原理图（见图 1-1-3）进行制冷系统管道设计，绘制制冷系统管路安装图，如图 1-3-1 所示。

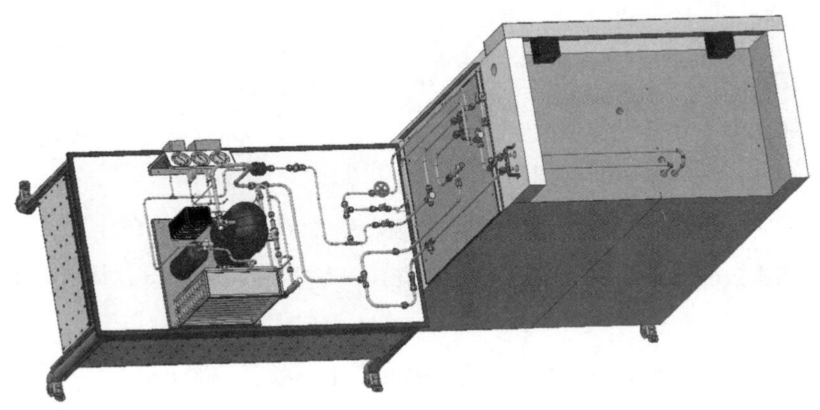

图 1-3-1　制冷系统管路安装图

制冷系统管道主要包括排气管（从压缩机排气截止阀至冷凝器入口之间的管路）、液体管（从冷凝器出口至蒸发器入口之间的管道）和吸气管（又称回气管，从蒸发器出口至压缩机吸气截止阀之间的管路）等，制冷系统对管道的材质和安装均有特殊要求。

管道设计是否得当不仅关系到制冷装置的合理运行，而且对制冷装置本身也有很大的影响，故管道设计时必须精心考虑、周密计划，以确保制冷装置的正常工作。管道设计注意事项有以下几点：

（1）压力损失要小，尽量使管道短而直，弯管的曲率半径尽可能大些。

（2）利于回油。防止制冷压缩机失油，在启动、停止、满负荷、轻负荷时均能使系统中的冷冻机油顺利返回压缩机的曲轴箱。

（3）防止回液。防止制冷剂液体进入制冷压缩机。

（4）保证各个蒸发器得到充分的供液。

（5）便于管道本身的检修和设备的操作及维修。

4. 制冷零部件的要求

（1）安装加工中不允许设备通电。

（2）必须采用符合标准的工具以及测量器具。

（3）零部件开口处闲置时必须封口。

（4）所有零部件进、出口的方向、位置必须符合工业规范以及安装要求。

（5）零部件（膨胀阀、蒸发压力调节阀、能量调节阀等，止回阀与视液镜除外）必须固定牢固。

（6）机组上所有零部件不允许凸出机组底板边缘。

（7）零部件所有可能会结露或泄漏冷能的部分，必须依现场所提供的保温材料做适当的保温。

5. 管道安装要求

（1）管道加工

1）管道加工中不允许设备通电。

2）所有管道开口处闲置时必须封口。

3）机组上所有管道不允许凸出机组底板边缘（除与柜体连接的部分）。

4）管道加工过程中不允许出现褶皱、刮花。弯管半径，喇叭口、杯形口形状、大小符合工程标准。

5）连接压力表的毛细管弯曲直径大于 40 mm，长度大于 200 mm。

6）扩喇叭口、杯形口加工前管口必须经过除毛刺、倒角处理，并防止铜屑进入管道。

7）铜管钻孔，必须使用锉刀处理毛刺，并进行充氮气吹污。

8）螺纹紧固时必须采用与制冷系统制冷剂适用的润滑油辅助密封。

（2）管道焊接

1）焊接加工必须采用符合行业标准的设备、工具以及测量器具，规范操作。

2）焊接焊口全部采用对接焊接。对接口连接处需插入 5~10 mm，毛细管与其他管径管道对接处需夹紧。

3）所有零部件、管道焊接都必须采用充氮气保护法，充氮气压力约 0.05 MPa，并保证管道畅通以及与大气连通。

4）焊接过程必须做好零部件隔热、散热保护，零部件焊接必须使用不滴水的湿棉布包裹，火焰可能烧到的地方也要使用湿棉布、挡板或其他隔热材料保护。不允许任何零部件有烧黑或烧坏的痕迹。

5）焊口钎料均匀、光亮、无砂眼，尽量减少焊渣堆积的现象。

6）过滤器必须在排污后、氮气检漏前拆封并进行充氮气焊接，且焊接完成后必须立即进入充氮气检漏程序。

（3）管道的安装固定

1）布管方式可自行设计，但不能脱离工艺规范，除有特殊要求外应尽可能横平竖直，管道坡度不超过 2%，水平管道与设备底板边缘平行度不超过 ±2 mm。

2）回气水平管必须考虑回油问题，要有超过 2% 的坡度坡向压缩机。

3）所有管道设计不允许平行重叠，并尽可能减少平面交叉，以免形成∪形弯或∩形弯，造成积液或气阻。

4）制冷压缩机的排气管必须有 180° 有效的减振弯（压缩机原装配管除外）。

5）任何管道安装必须使用管码，管码尺寸大小须选择合适，使其管道固定的间距长度不大于 400 mm。

6）管路所有可能会结露或泄漏冷能的部分，必须依现场提供的保温材料做适当的保温，但对于有可能产生泄漏的地方（螺纹连接、焊口等地方），必须在制冷剂检漏后方可进行保温。

三、制冷压缩机组的安装

1. 认识双温冷库的制冷压缩机组

冷库常用的制冷压缩机有活塞式和螺杆式两种。活塞式压缩机按结构不同，可分为开启式和封闭式两种，其中封闭式压缩机可以再分为半封闭式和全封闭式。小型冷库多用封闭式压缩机，制冷量大的氟利昂压缩机则多为开启式。螺杆式压缩机有单螺杆和双螺杆之分，一般冷库应用双螺杆的较多。

由一台或几台制冷压缩机、冷凝器、贮液器以及附件等组成的组合体称为压缩冷凝机组，又称制冷压缩机组，按照冷凝器的冷却方式不同分为风冷式和水冷式两种，常用作中、小型冷库的制冷主机。双温冷库制冷压缩机组包括一台全封闭式制冷压缩机、一台风冷式冷凝器和一个高压贮液器。

贮液器按其工作的压力不同，可分为高压贮液器和低压贮液器两种。在中、小型制冷设备中一般只设有高压贮液器。其作用是，收集从冷凝器中流出的液体制冷剂，以保证冷凝器的冷却面积；可均匀地向蒸发器供应液体，并适应工况变动，从而调节和稳定制冷剂的循环量，它还起液封作用，以防止高压制冷剂气体窜入低压管路中。

SX-CSC08A 双温冷库制冷压缩机组外形如图 1-3-2 所示。

2. 制冷压缩机组的安装要求

（1）制冷压缩机、冷凝器、贮液器的安装要求

1）制冷压缩机靠近主要操作走道布置。

2）风冷式冷凝器的风机位置应背向制冷压缩机，不得有大件物品阻碍进出风口，进风口（入风口）与阻碍物的距离大于 100 mm，出风口与阻碍物的距离大于 200 mm。

3）高压贮液器应靠近冷凝器安装。

（2）排气管、泄液管的安装要求

1）排气管的水平管段应有不少于 1% 的坡度坡向冷凝器。

2）泄液管（冷凝器与贮液器之间的液体管）的水平管段应有 2% 的坡度坡向贮液器。

3）排气管上应装手动闸阀（机头操纵阀除外），手动闸阀须水平安装，阀门手柄朝上，并注意制冷剂的流动方向。

4）排气管路的布置需要考虑停机后如何防止制冷剂反向回流到压缩机的压缩腔体。

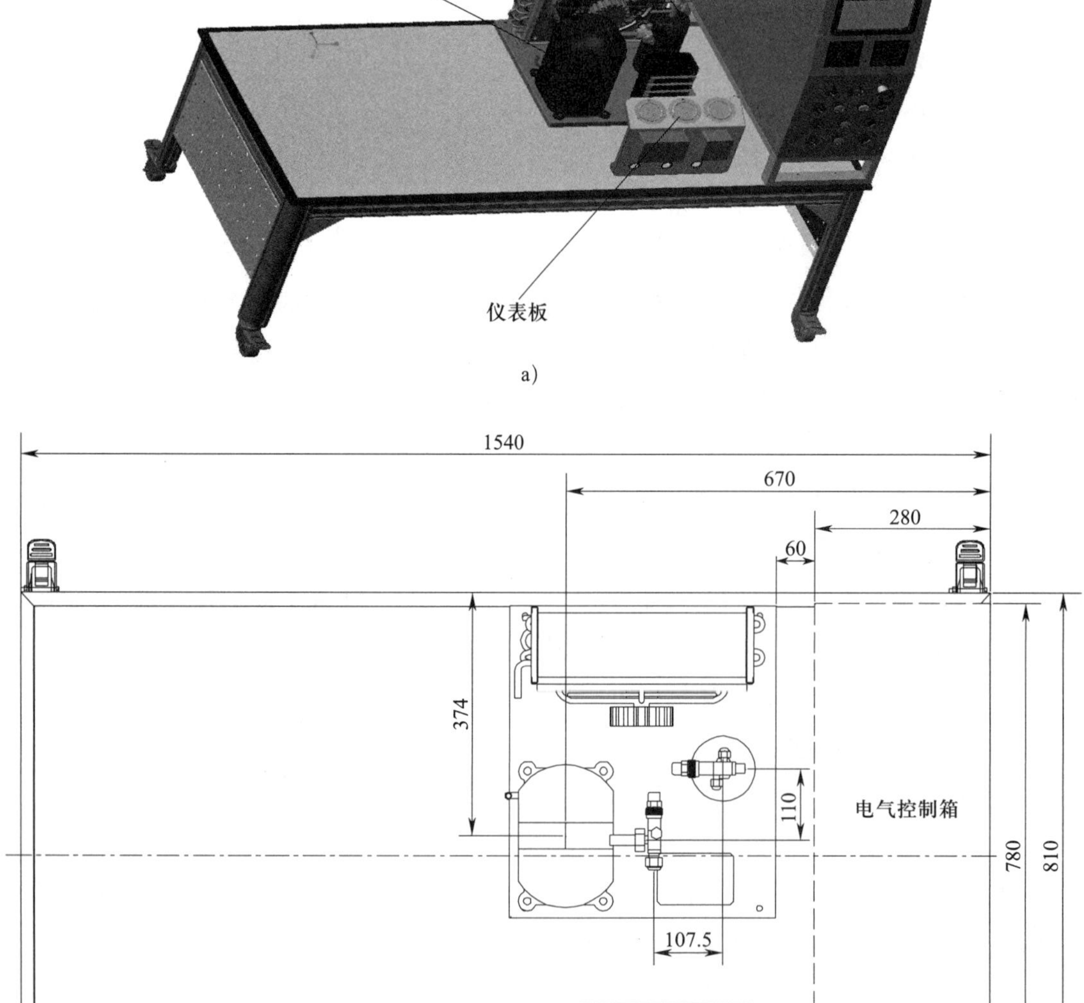

图 1-3-2　制冷压缩机组安装示意图

a）制冷压缩机组结构图　b）制冷压缩机组安装尺寸图

3. 设备、工具、测量器具及材料准备

（1）选手准备（见表 1-3-2）

表 1-3-2　选手准备

序号	名称	产地	规格与要求	单位	数量	备注
1	扩管器	国产	（1/4）~（3/4）in，英制	套	1	
2	弯管器	国产	（1/4）in，英制	把	1	
3	弯管器	国产	（3/8）in，英制	把	1	
4	弯管器	国产	（1/2）in，英制	把	1	
5	弯管器	国产	（5/8）in，英制	把	1	
6	割管器	国产	（1/8）~（$1\frac{1}{4}$）in	把	1	
7	旋具	国产	3 mm × 75 mm、5 mm × 125 mm	套	1	十字旋具、一字旋具
8	尖嘴钳	国产	6 in，英制	把	1	
9	呆扳手	国产	8 ~ 10 mm、12 ~ 14 mm、13 ~ 15 mm、17 ~ 19 mm	套	1	
10	活扳手	国产	8 in（200 mm × 24 mm）、10 in（250 mm × 30 mm），英制	套	1	表面镀铬
11	9 件套内六角扳手	国产	9 Pcs，1.5 ~ 10 mm	套	1	
12	直角尺	国产	250 mm	把	1	
13	卷尺	国产	3 m	把	1	
14	钢直尺	国产	300 mm	把	1	
15	水平尺	国产	300 mm	把	1	
16	锉刀	国产	200 mm	把	1	
17	倒角器	国产	通用	把	1	
18	手电钻	国产	2 挡，0 ~ 20 N · m	把	1	可充电的
19	工作服	国产	通用	套	1	最好长袖
20	焊接手套	国产	通用	副	1	
21	滤光护目镜	国产	通用	副	1	黑色
22	文具	国产	通用	套	1	签字笔、铅笔、橡皮等

（2）赛场准备（见表 1-3-3）

表 1-3-3　　　　赛场准备

序号	名称	产地	规格与要求	单位	数量	备注
1	双温冷库库体	国产	SX-CSC08A-01	套	1	
2	操作台	国产	SX-CSC08A-02	套	1	
3	制冷压缩机组	法国	CAJ4511YHR	台	1	
4	管钳工工作台	国产	SX-815Q-33	张	1	
5	手提式焊炬	国产	容积 2 L，连续工作时间 3～5 h	套	1	
6	氮气减压阀	国产	YQD-06	套	1	
7	铜管（软质）	国产	ϕ9.52 mm × 0.8 mm［（3/8）in］	m	7	
8	U 形管码	国产	通用	个	5	
9	不锈钢水桶	国产	12 L	个	1	

注：表中“数量”为 1 个工位的用量。

4. 操作步骤

（1）阅读测试文档，做好竞赛前准备

认真阅读竞赛测试文档，包括测试细节、内容、要求，测评标准及图样。

做好竞赛准备工作：选择合适的设备、材料、工具、测量器具；检查气焊设备、工具、测量器具等。

（2）安装制冷设备

通常，冷库制冷设备的平面布置可自行设计，但应符合制冷工艺流程，适应操作管理和维护保养设备的需要，同时应合理、紧凑，以节省建筑面积。例如，制冷压缩机靠近主要操作走道布置，高压贮液器应靠近冷凝器。

图 1-3-2 所示给出了制冷压缩机、风冷式冷凝器和高压贮液器等设备的相对位置及安装尺寸。首先按照图样要求将制冷压缩机、风冷式冷凝器和高压贮液器安放到指定位置。

注意，风冷式冷凝器的风机位置应背向制冷压缩机，不得有大件物品阻碍进、出风口，进风口（入风口）与阻碍物的距离大于 100 mm，出风口与阻碍物的距离大于 200 mm。然后进行制冷压缩机与冷凝器之间排气管、冷凝器与高压贮液器之间液体管（泄液管）的管道布置设计，各管道的水平管安装坡度及坡向均应符合技术要求。最后按技术要求及图样安装尺寸校正，采用螺栓固定压缩机、风冷式冷凝器和高压贮液器。

（3）管道的设计与制作

这里的管道是指排气管和泄液管。

1）管道的设计。首先根据图样和技术要求，现场测量压缩机排气截止阀至冷凝器入口之间及冷凝器出口至贮液器之间的距离，按照规范和工艺流程，设计排气管和泄液管的布置图，如图 1-3-3 所示。需注明管道各部尺寸；注明排气管的水平管应有不少于 1% 的坡度坡向冷凝器，泄液管的水平管应有 2% 的坡度坡向贮液器。

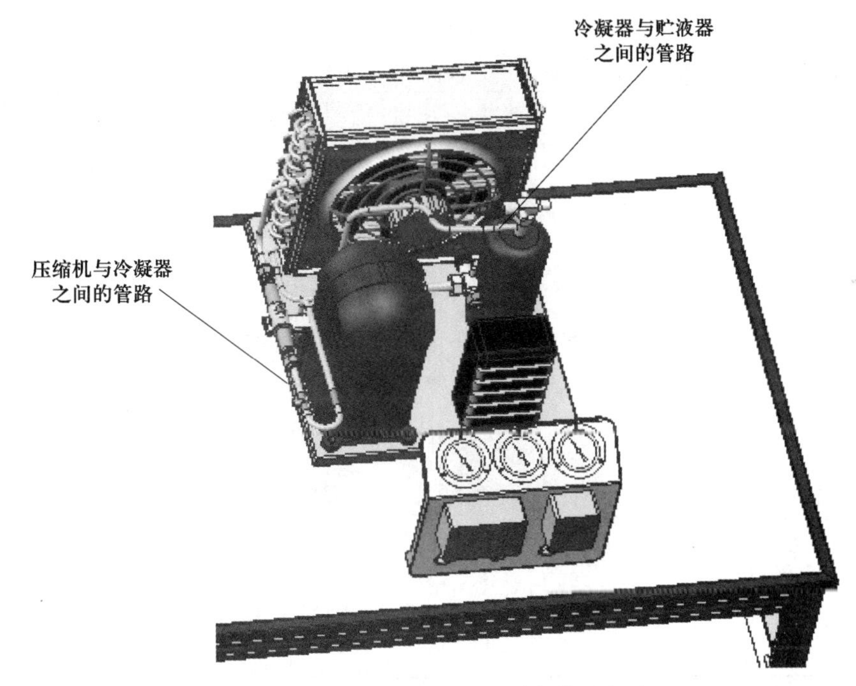

图 1-3-3　制冷压缩机组管道安装示意图

2）管道的制作。按照管道设计与安装图（见图 1-3-4）下料、加工制作排气管和泄液管。首先截取适当长度的铜管，按布置图并对照实物进行弯管，特别注意弯制压缩机出口处排气管时要有 180° 的减振弯。管道端口扩喇叭口（用于螺纹连接）或扩杯形口（用于焊接连接）。铜管加工过程中，割管后，扩喇叭口、扩杯形口及弯管前，管口必须进行除毛刺、倒角处理，并防止铜屑进入管道。

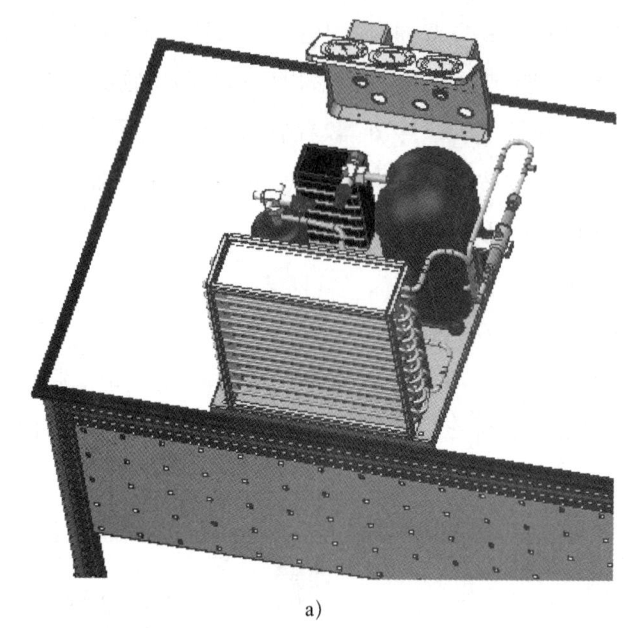

a）

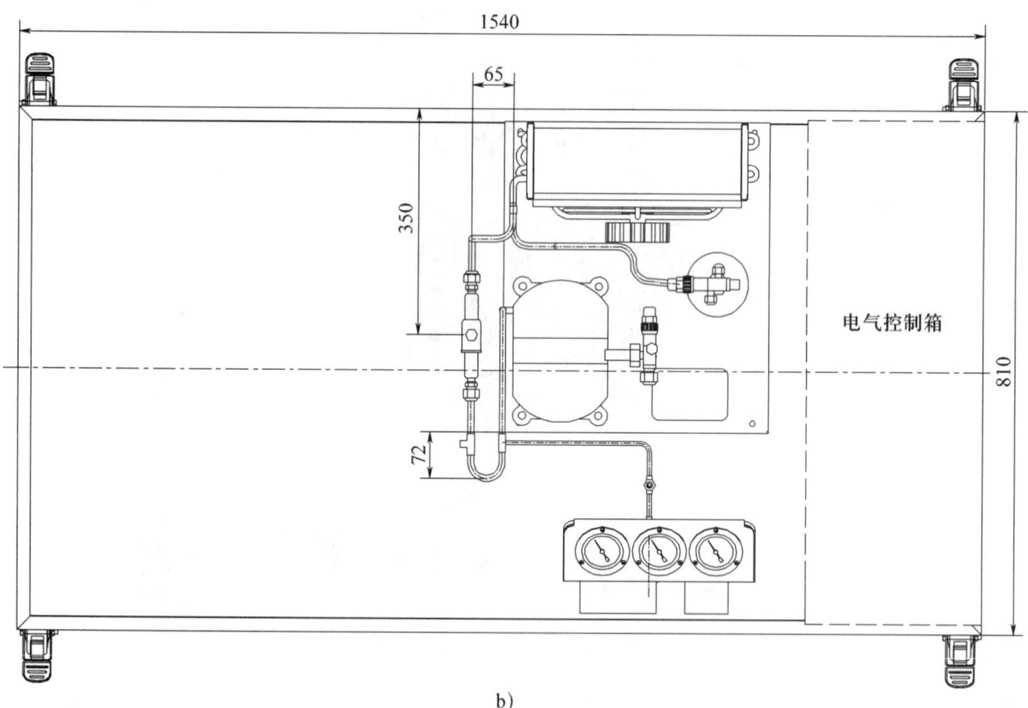

b）

图 1-3-4　排气管与泄液管道设计与安装图

a）管道安装示意图　b）管道设计尺寸图

（4）管道的组装

1）预装。将排气管和泄液管预装好，测量各管道的水平管坡度及坡向。

2）焊接。将需焊接连接的管道管口预装好，同时在另一端管口处插入充氮气保护的毛细管，充氮气压力约为 0.05 MPa，并保证管道畅通以及与大气连通，然后采用中性焰（或氧化焰）对焊口施焊。焊接过程中，须做好零部件的隔热、散热保护；应尽量避免出现黑烟、爆响现象，绝不允许产生操作性气体泄漏及回火。

3）螺纹连接的管口采用扳手规范操作、拧紧。

排气管和泄液管道组装好后，用管码固定在底板上。按照图样要求再检查一遍，以保证各制冷设备与管道安装正确、牢固。

四、压力控制器管道的安装

1. 认识双温冷库制冷系统压力保护安全装置

制冷系统所承受的压力属于中低压范畴，而且有的制冷剂（如氨）还具有毒性和易燃、易爆性。制冷系统的压力容器（如贮液器、冷凝器、蒸发器、钢瓶等）是有爆炸性危险的承压设备，它的质量优劣直接关系到设备和人身的安全。在运行中，为了严格监测及控制压力、温度等工况参数，就必须设置压力表、温度表、流量计等测量仪表，以随时掌握上述参数值及其变化，采取措施对危险状况及时处理。为了防止超压运行而危及设备的安全，应在制冷系统的设备上设置安全阀、高低压压力控制器、油压差控制器等压力保护安全装置。对中、小型氟利昂制冷系统，一般不设置安全阀，仅用高低压压力控制器作压力保护安全装置。SX-CSC08A 双温冷库制冷系统中设置了压力控制器，它是一台高低压组合控制器，用于控制吸、排气压力，可防止压缩机吸气压力过低或排气压力过高，从而保护压缩机和高压表、低压表，高低压压力控制器的内部结构如图 1-3-5 所示。

高低压压力控制器又称高低压压力继电器，是一个受压力信号控制的电气开关。它的作用是控制压缩机的吸气压力和排气压力。因为压缩机的排气压力过高，不但会增加电耗，影响压缩机寿命，而且有可能发生意外事故。当压缩机吸气压力过低时，外界的空气和水分有可能进入制冷系统，影响系统的正常运行，而且吸气压力过低，会影响油泵的供油量，危及压缩机的安全运转。所以，当排气压力过高或吸气压力过低时，高、低压压力控制器开始运行，使压缩机停止运转。

2. 压力控制器管道的安装要求

双温冷库制冷系统压力控制器管道的安装是指将高低压控制器、高压表、低压表等设备、元件安装在仪表板上；制作连接高压表、低压表的毛细管组件；通过管道焊接、螺纹连接的方式连接至制冷压缩机出、入口两端管路上。图 1-3-6 所示为压力控制器管道安装示意图。

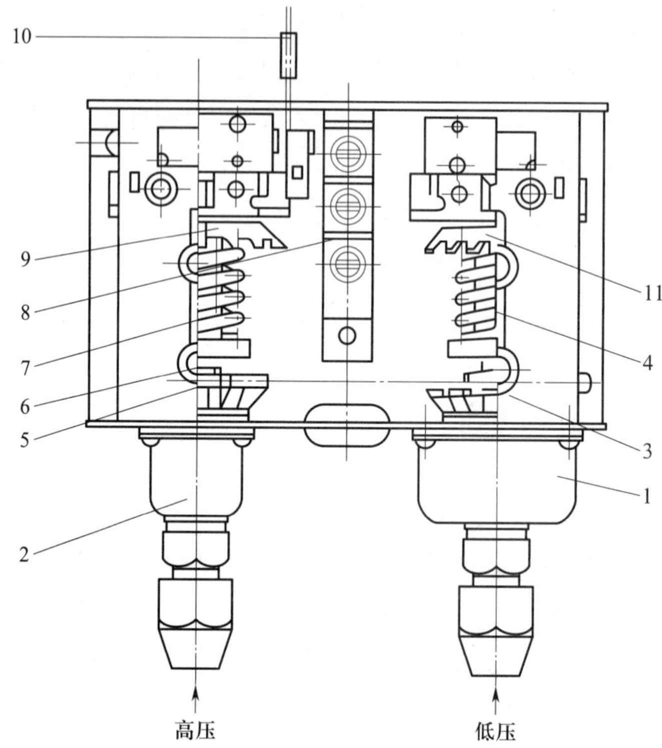

图 1-3-5　高低压压力控制器的内部结构

1—低压管波纹管箱　2—高压管波纹管箱　3—低压压差调节盘　4—低压调节弹簧　5—高压压差调节盘　6—顶杆　7—高压调节弹簧　8—接线板　9—高压压力调节盘　10—搬运复位手柄　11—低压压力调节盘

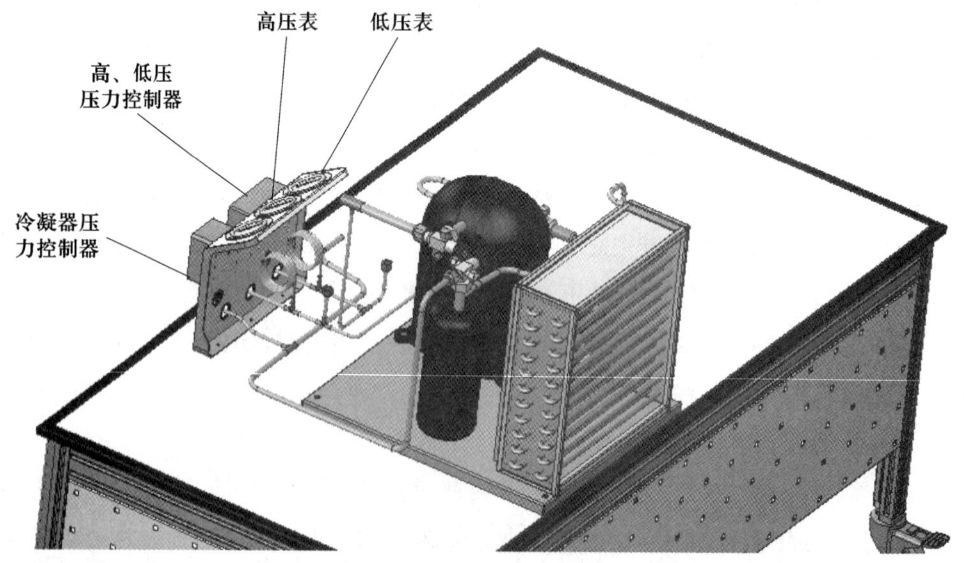

图 1-3-6　压力控制器管道安装示意图

压力控制器管道的安装要求除前面所述的总体要求外，还包括下面的具体要求。

（1）仪表板的安装要求

1）压力控制器安装在仪表板上，用螺栓、垫圈固定在指定位置上。

2）压力表安装在仪表板上，用螺栓、垫圈固定在指定位置上。

3）安装仪表板时，仪表板上的指示仪表应面向主要操作通道。

（2）压力控制器管道的安装要求

1）压力控制器和压力表必须连接到压缩机的排气管与吸气管，且连接三通口须垂直向上，以防止制冷剂液体和冷冻机油积聚。

2）连接高压表、低压表的毛细管组件自行设计、制作，毛细管弯曲直径为 40~60 mm，长度 >200 mm；毛细管组件制作后须充注氮气进行压力检漏。

3. 设备、工具、测量器具及材料准备

（1）选手准备（见表 1-3-4）

表 1-3-4　　选手准备

序号	名称	产地	规格与要求	单位	数量	备注
1	扩管器	国产	（1/4）~(3/4）in，英制	套	1	
2	弯管器	国产	（1/4）in，英制	把	1	
3	弯管器	国产	（3/8）in，英制	把	1	
4	弯管器	国产	（1/2）in，英制	把	1	
5	弯管器	国产	（5/8）in, 英制	把	1	
6	割管器	国产	（1/8）~(1 $\frac{1}{4}$）in	把	1	
7	旋具	国产	3 mm × 75 mm、5 mm × 125 mm	套	1	十字旋具、一字旋具
8	尖嘴钳	国产	6 in，英制	把	1	
9	直角尺	国产	250 mm	把	1	
10	卷尺	国产	3 m	把	1	
11	钢直尺	国产	300 mm	把	1	
12	锉刀	国产	200 mm	把	1	
13	倒角器	国产	通用	把	1	
14	工作服	国产	通用	套	1	最好长袖
15	焊接手套	国产	通用	副	1	
16	滤光护目镜	国产	通用	副	1	黑色
17	9 件套内六角扳手	国产	9 Pcs，1.5~10 mm	套	1	

续表

序号	名称	产地	规格与要求	单位	数量	备注
18	活扳手	国产	8 in（200 mm × 24 mm）、10 in（250 mm × 30 mm），英制	套	1	表面镀铬
19	呆扳手	国产	8～10 mm、12～14 mm、13～15 mm、17～19 mm	套	1	
20	文具	国产	通用	套	1	签字笔、铅笔、橡皮等

（2）赛场准备（见表 1–3–5）

表 1–3–5　　赛场准备

序号	名称	产地	规格与要求	单位	数量	备注
1	压力控制器	丹麦	KP15	个	1	
2	冷凝压力控制器	丹麦	KP1	个	1	
3	高压表	国产	HS–OG–3.8 H	个	1	
4	低压表	国产	HS–OG–1.8 L	个	1	
5	仪表板	国产	SX–CSC08A–04–15–00	个	1	
6	管钳工工作台	国产	SX–815Q–33	张	1	
7	手提式焊炬	国产	容积 2 L，连续工作时间 3～5 h	套	1	
8	氮气减压阀	国产	YQD–06	套	1	
9	加液管	国产	5 m，（1/4）in，双英制	根	1	黄色
10	加液球阀带转换接头	国产	（5/16）in（弯芯）×（5/16）in（外），英制	套	1	
11	针阀	国产	（1/4）in，英制	个	2	
12	铜管（软质）	国产	ϕ6.35 mm × 0.7 mm [（1/4）in]，英制	m	1	
13	铜管（毛细管）	国产	ϕ3.175 mm × 0.7 mm [（1/8）in]，英制	m	3	
14	管码	国产	ϕ6 mm，304 不锈钢，带胶条	个	9	
15	不锈钢水桶	国产	12 L	个	1	

注：表中“数量”为 1 个工位的用量。

4. 操作步骤

（1）阅读测试文档，做好竞赛准备

认真阅读测试文档，包括测试细节、内容、要求，测评标准及图样。

做好竞赛准备工作：选择合适的设备、材料、工具、测量器具；检查气焊设备、工具、测量器具等；高压表、低压表均应是符合技术要求的专用产品，安装前应用标准压力表对需安装的压力表进行校验，并做好记录。

（2）安装仪表板

图 1–3–2 给出了高、低压压力控制器、高压表、低压表在仪表板的布置及安装尺寸。首先按照图样要求采用手电钻钻孔，用螺栓将高、低压压力控制器、高压表和低压表安装、固定到仪表板上，然后进行仪表板的安装。

仪表板在冷库系统的安装位置，一般自行设计，原则是仪表板上的指示仪表应面向主要操作通道，尽量使管道短而直。本项目介绍的仪表板安装位置如图 1–3–6 所示，先按图样要求将仪表板安放到指定位置，找平找正；再采用手电钻钻孔，用螺钉将仪表板固定在操作平台上。

（3）管道的制作

这里的管道是指压力控制管和连接高压表、低压表的毛细管。

1）管道的设计。首先根据图样和技术要求，现场测量高、低压压力控制器高、低压接口分别至压缩机排气管、吸气管之间的距离，按照规范和工艺流程，设计压力控制管和连接高压表、低压表的毛细管的布置图，如图 1–3–6 所示。需注明高、低压力控制管道与压缩机排气管和吸气管道，以及高压表、低压表的毛细管与压力控制管道均采用三通连接。

2）管道的制作。按照管道布置图下料、加工、制作压力控制管和毛细管组件（两套）。首先制作压力控制管，截取适当长度的铜管，按布置图并对照实物进行制作，注意尽量使管道短而直，以及与高压表、低压表的毛细管组件连接的三通接头位置。然后制作高压表、低压表的毛细管组件（见图 1–3–7），毛细管与接管采用焊接连接。管道端口扩喇叭口（用于螺纹连接）或扩杯形口（用于焊接连接）。管道加工过程中，割管后，扩喇叭口、扩杯形口及弯管前，必须对管口进行除毛刺、倒角处理，并防止铜屑进入管道。

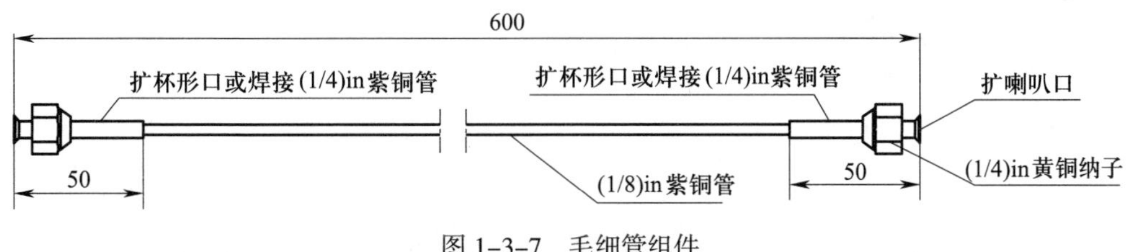

图 1–3–7　毛细管组件

（4）管道的组装

1）预装。将压力控制管和毛细管预装好。

2）焊接。将需焊接连接的管道管口预装好，同时在另一端管口处插入充氮气保护的毛细管，充氮气压力约为 0.05 MPa，并保证管道畅通以及与大气连通，然后采用中性焰（或氧化焰）对焊口施焊。焊接过程中，须做好零部件隔热、散热保护；应尽量避免出现黑烟、爆响现象，绝不允许产生操作性气体泄漏及回火。

3）螺纹连接的管口采用扳手规范操作、拧紧。

压力控制管和毛细管组件安装好后，压力控制管道用管码固定在底板上。毛细管的弯曲直径为 40~60 mm，弯管使用尼龙扎带进行三点固定。按照图样要求再检查一遍，以保证仪表板与管道安装正确、牢固。

五、液体管道的安装

1. 认识液体管道的零部件

这里的液体管道是指冷凝器或贮液器至蒸发器之间的制冷剂液体管道。本模块介绍的液体管道安装是指由贮液器至蒸发器之间的液体管道的安装，如图 1–1–3 所示。在贮液器至蒸发器的液体管道上，安装有干燥过滤器、视液镜、电磁阀、热力膨胀阀及其他附件，下面认识这些零部件的作用与结构特点。

（1）干燥过滤器

干燥过滤器是制冷系统的净化设备，其作用之一是滤去制冷系统中的杂物，如金属屑、各类氧化物和灰尘等，以防止杂物堵塞或损坏阀件；干燥过滤器的另一作用是吸收制冷系统的残留水分，防止产生冰堵，并减少水分对制冷系统的腐蚀作用。图 1–3–8 所示为氟利昂制冷系统中常用的一种干燥过滤器，它的外壳为无缝钢管，管内两端按一定要求放置了

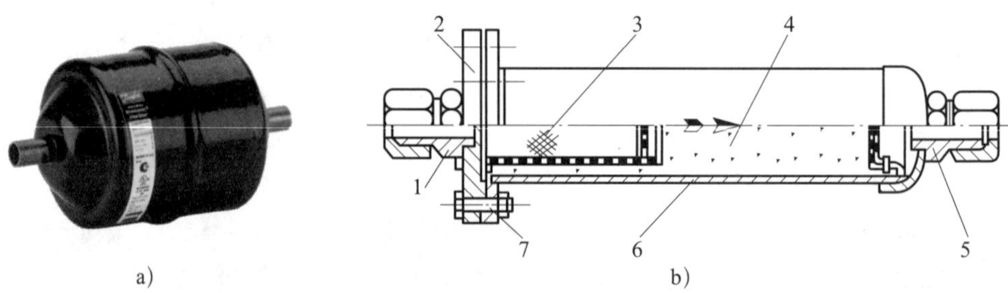

图 1–3–8　干燥过滤器实物及其结构

a）实物　b）结构

1—进液管接头　2—压盖　3—滤网　4—干燥剂　5—出液管接头　6—壳体　7—连接螺栓

滤网和纱布等，用来过滤杂质，中间放置了吸湿性能较强的硅胶或分子筛，用来吸收水分。干燥过滤器通常装在膨胀阀之前，液体制冷剂经过干燥、过滤后，就能防止膨胀阀堵塞。

大中型制冷系统中的干燥过滤器在制冷系统维护中需要经常拆卸下来进行清洗，故干燥器和过滤器是分开的。制冷系统的干燥过滤器按图 1-3-9 所示的方法进行安装，将更利于维护。

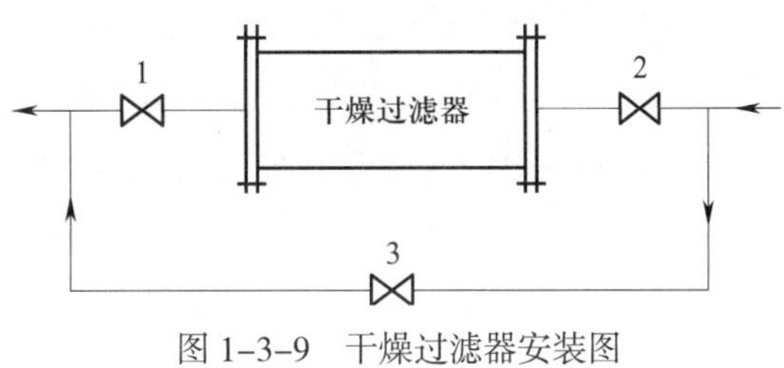

图 1-3-9　干燥过滤器安装图

1、2、3—截止阀

双温冷库系统采用的干燥过滤器是将干燥器和过滤器合成一体，其外壳是用紫铜管收口成形，进端为粗金属网，出端为细金属网，可以有效地过滤杂质，其实物如图 1-3-8a 所示。干燥过滤器内装吸湿能力强的分子筛作为干燥剂，以吸收制冷剂中的水分，确保毛细管畅通及制冷系统的正常工作。

（2）视液镜

视液镜一般安装在氟利昂制冷系统高压段液体管道上，用来显示制冷剂液体的流动情况及制冷剂中的含水量。

根据功用的不同，视液镜可分为单一功能的视液镜和具有液流指示及制冷剂含水量指示双重功能的视液镜。

目前，制冷设备中使用较多的是双重功能的视液镜，其实物及结构如图 1-3-10 所示。

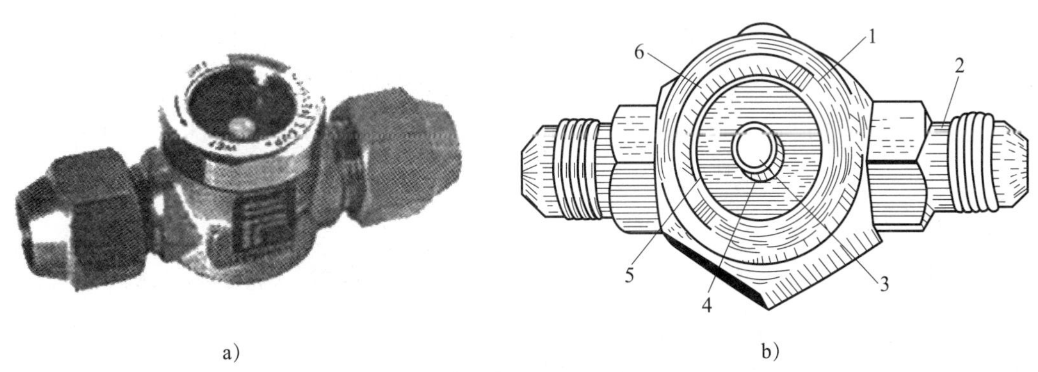

a)　　b)

图 1-3-10　视液镜实物及其结构

a）实物　b）结构

1—壳体　2—管接头　3—纸质圆芯　4—芯柱　5—观察镜　6—压环

当制冷压缩机运行，制冷系统正常工作时，可以从视液镜中观察到制冷剂液体在管道中的流动情况，制冷系统正常工作时，应能看到稳定流动的液流；若在视液镜中观察到有连续的气泡出现时，说明制冷系统中制冷剂不足。

为了使视液镜准确显示制冷剂的流动状态，不受其他因素的干扰，视液镜应尽可能靠近贮液器（或冷凝器）安装，并且离前面阀件的距离远一些，以便不受干扰。

当制冷剂中的含水量在安全值以下时，视液镜中的指示剂呈淡蓝色，表示制冷剂是干燥的；若指示剂呈黄色时，则表示制冷剂中的含水量已超标，需要更换干燥过滤器中的干燥剂。

（3）电磁阀

电磁阀是一种开关式（即双位式）自动阀门，其适用于各种工质，包括气体或液体的制冷剂、淡水、盐水和润滑油。

在制冷装置中，贮液器（或冷凝器）与膨胀阀之间一般都装有电磁阀。在单机单库场合，电磁阀的线圈往往同压缩机的电动机线路串接。当压缩机启动运行时，电磁阀随即开启；压缩机停止工作时，电磁阀马上关闭，以免大量制冷剂液体在停机时进入蒸发器，防止压缩机再次启动时发生液击冲缸现象。在一机多库或多机多库场合，电磁阀受温度继电器控制。当温度下降至设定下限值时，电磁阀关闭，停止供应制冷剂，让库温回升；当库温上升到设定上限值时，电磁阀开启，供应制冷剂降温。

电磁阀一般由电磁头外壳、线圈、衔铁、弹簧、膜片或活塞、阀体、密封环等主要部件组成。电磁阀可分为直接作用式和间接作用式两种，也有分常开和常闭两种。使用在冷库制冷设备中的电磁阀一般为直接作用式。

图 1–3–11 所示为一种直接作用式电磁阀的实物及结构。它的工作原理是：当接通电源时，线圈通电产生磁场，衔铁被磁力吸起，阀口被打开，流入端与流出端相通；当线圈电源被切断时，磁力消失，衔铁在弹簧力和自重的作用下关闭阀门。

电磁阀的选用要求：一般依据管路尺寸的大小，配置接管尺寸与它相同的电磁阀，同时还要考虑其工作电压、适用的环境温度、工作压力等参数要求。

（4）热力膨胀阀

热力膨胀阀是氟利昂制冷系统中的重要阀件之一。根据热力膨胀阀结构的不同，又可以分为内平衡式和外平衡式两种。其工作原理都是利用蒸发器出口制冷剂蒸气过热度的变化来调节阀孔的开度，以调节供液量。它适用于没有自由液面的蒸发器（如干式蒸发器、蛇管式蒸发器等）。热力膨胀阀不仅能根据蒸发器负荷大小向蒸发器增减供液量，而且可在相当大的范围内调节制冷剂液体的流量，保证蒸发器换热面积的有效利用。

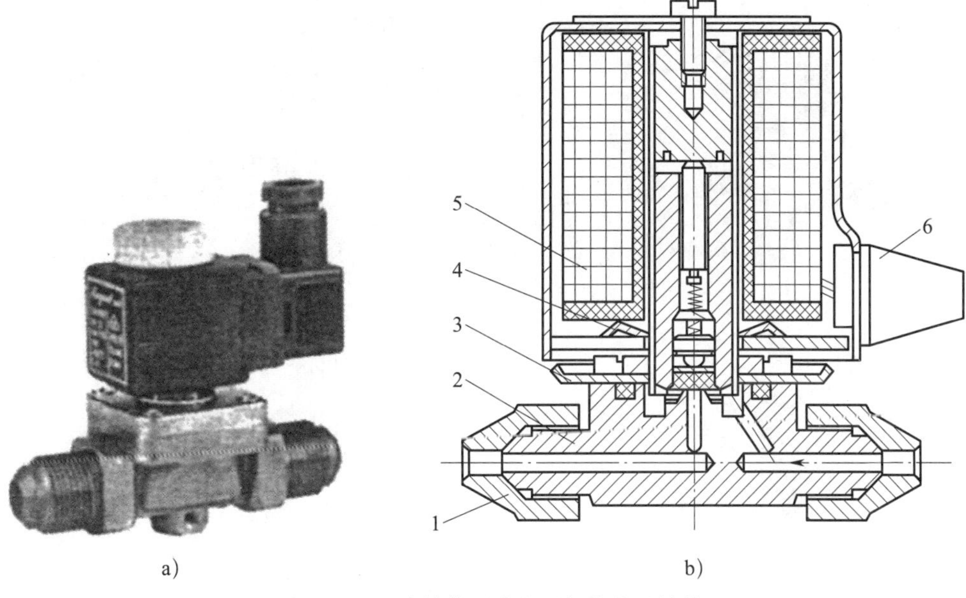

图 1-3-11　直接作用式电磁阀实物及结构

a）实物　b）结构

1—螺母　2—接头和阀体　3—座板　4—衔铁　5—电磁线圈　6—接线盒

1）内平衡式热力膨胀阀的结构。内平衡式热力膨胀阀的分解图及结构如图 1-3-12 所示。

内平衡式热力膨胀阀主要由感温包、毛细管、膜片、阀座、传动杆、阀针及调节机构等组成。在感温包、毛细管和膜片之间组成了一个密闭空间，称为感温机构。感温机构内充注有与制冷系统中工质相同的物质。

内平衡式热力膨胀阀安装在蒸发器的进液管上，感温包敷设在蒸发器出口管道上，用以感应蒸发器出口制冷剂的过热度变化，自动调节膨胀阀的开度。毛细管的作用是将感温包内的压力传递到膜片上部空间。膜片由一块厚 0.1~0.2 mm 的铍青铜合金片冲压而成，通常断面呈波浪形，膜片在上部压力作用下产生弹性变形，把感温信号传递给阀针，以调节阀门的开启度。

外平衡式热力膨胀阀与内平衡式热力膨胀阀的结构基本相同，它们最大的区别在于，外平衡式热力膨胀阀作用于膜片下方的制冷剂压力不是阀后蒸气的压力，而是用一根平衡导管把蒸发器出口处的压力引入到了膜片的下部。对于管路较长、阻力较大或多路供液的大型蒸发器，由于制冷剂的流动阻力较大，压力降对膨胀阀的影响不能忽略时，则应选用外平衡式热力膨胀阀。外平衡式热力膨胀阀可以改善蒸发器的工作条件，使蒸发器传热面积得到有效利用。

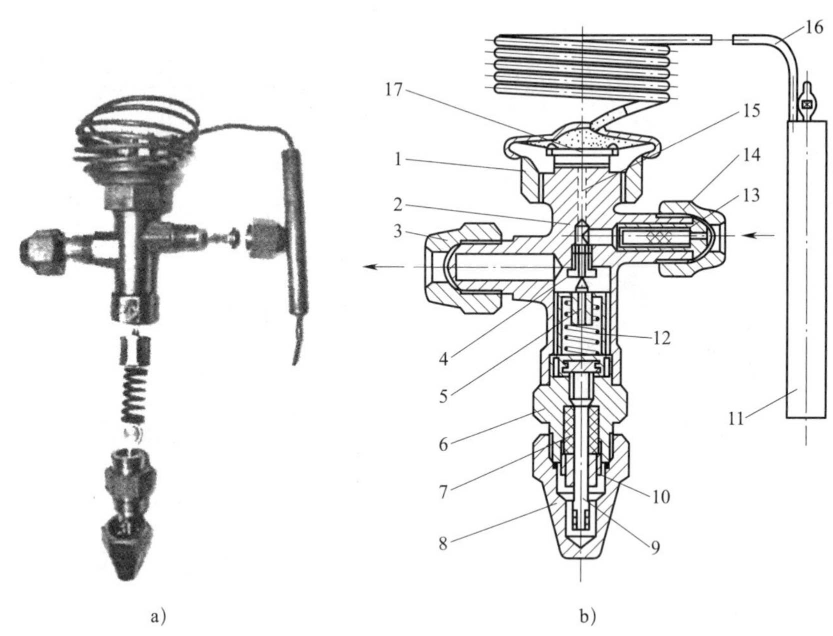

图 1-3-12　内平衡式热力膨胀阀分解图及结构

a）内部结构实物　b）结构

1—气箱座　2—阀体　3、14—螺母　4—阀座　5—阀针　6—调节杆座　7—填料函　8—阀帽　9—调节杆　10—填料压盖　11—感温包　12—弹簧　13—过滤网　15—传动杆　16—毛细管　17—膜片

2）热力膨胀阀的选用

①根据制冷系统的回路和工况选用合适型号及数量的膨胀阀。

a. 当一台制冷压缩机带一条制冷回路时，应选一个膨胀阀。

b. 当一台制冷压缩机带几条蒸发温度相同的回路时，选用几个型号相同的热力膨胀阀。

c. 当一台制冷压缩机带不同蒸发温度系统的制冷回路时，则应选择与各自相适应的热力膨胀阀，并在高蒸发温度系统的回气管上装置背压阀（蒸发压力调节阀）。

②当蒸发器内压力降超过表 1-3-6 中所列数值时，或使用分配器时，应采用外平衡式热力膨胀阀。

表 1-3-6　　蒸发器内的压力降　　kPa

制冷剂	不同蒸发温度下的压力降					
	5 ℃	0 ℃	−10 ℃	−20 ℃	−30 ℃	−40 ℃
R12	19.6	17.6	12.7	9.8	6.8	4.9
R22	14.7	12.7	9.8	6.8	4.9	2.9

③根据使用的工质选择适用的膨胀阀。

④选择热力膨胀阀的容量（额定制冷量）应比系统蒸发器冷负荷要大，在冷负荷比较稳定的场所，需大20%~30%；在冷负荷波动较大的场所，需大70%~80%，但最大不超过蒸发器冷负荷的两倍，各产品样本表格上的容量是热力膨胀阀在标准工况或空调工况下的额定制冷能力，选用时要换算至工作工况后再选用。

2. 液体管道的安装要求

掌握液体管道零部件安装的技术要求、步骤和方法，明确液体管道的安装流程，是高质量完成液体管道安装的必要措施。图1–3–13所示为液体管道设计与安装示意图。

液体管道的安装要求除前面述及的总体要求外，还包括下面的具体要求。

（1）液体管道零部件的安装要求

1）干燥过滤器一般有方向性要求，需按照制冷剂的流动方向安装，并使用O形固定码进行固定。

2）干燥过滤器要用塑料袋封装或用专用干燥箱存放，拆封后尽快装到制冷系统上。对R134a要求更加严格，拆封后暴露在空气中的时间要少于20 min。

3）电磁阀必须垂直安装在水平管道上，制冷剂流动方向应与电磁阀外壳箭头方向一致。

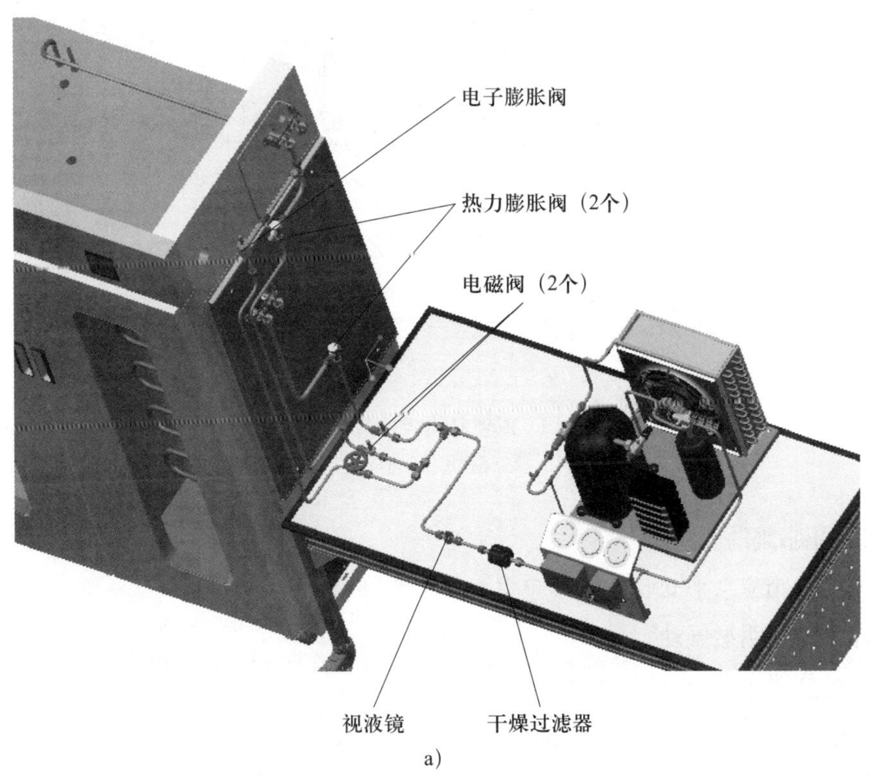

a)

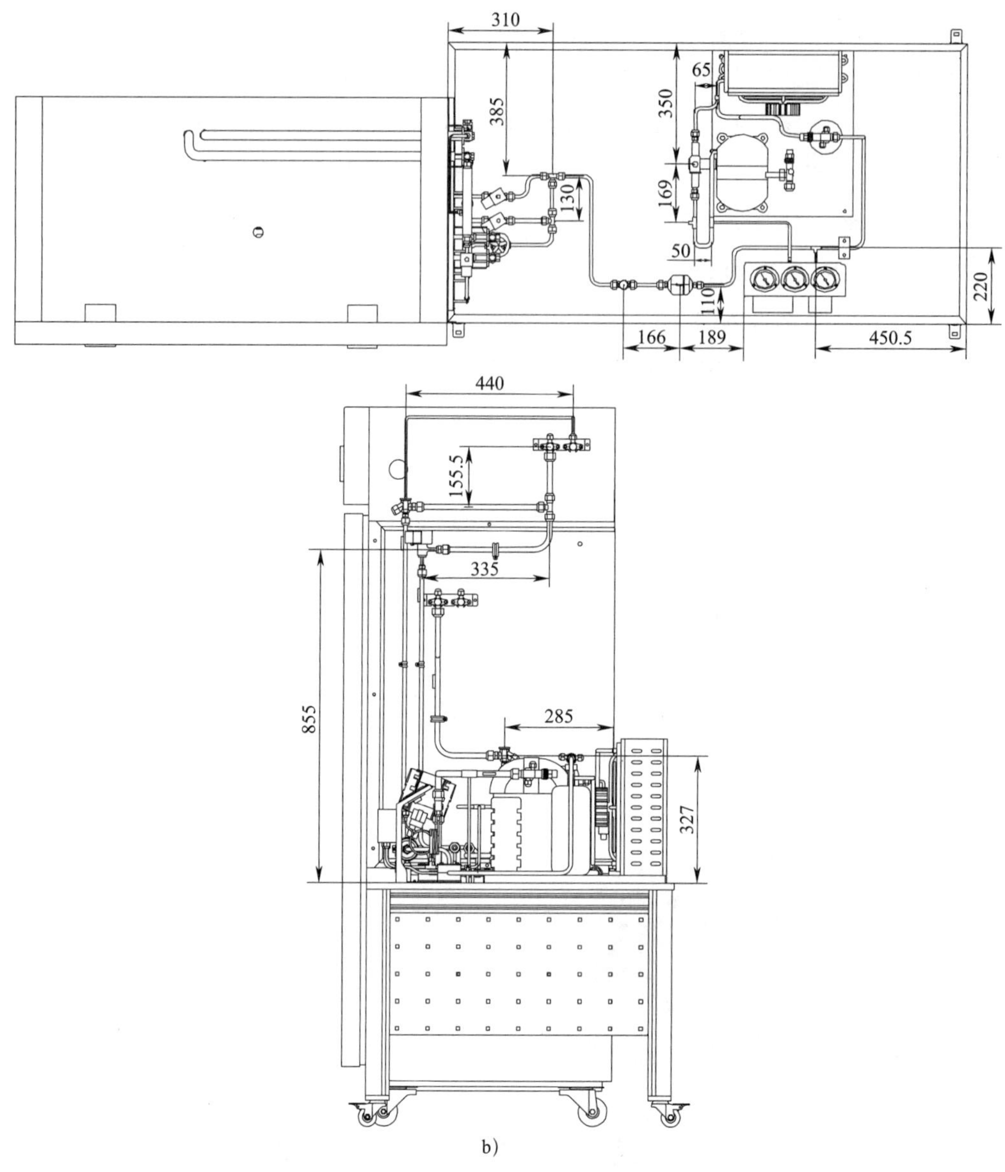

b)

图 1–3–13　液体管道设计与安装示意图

a）液体管道安装示意图　b）液体管道安装尺寸图

4）热力膨胀阀的安装

①热力膨胀阀应水平安装，阀体应垂直，不要倾斜。

②阀体不应有明显振动。

③阀体的位置应高于感温包的位置。

④阀的进、出方向不要接错，特别是过滤网不要漏掉。

⑤阀体尽量靠近蒸发器，减少闪发气体的产生，保证单位质量制冷剂的制冷量。

⑥焊接时，应将阀的部件拆下来，将阀体与管道焊接，然后清洗干净并干燥后装上各部件。

⑦内平衡式热力膨胀阀的感温包应放在回气过热 5 ℃的地方；外平衡式热力膨胀阀的感温包应尽量靠近平衡管与回气管的接口处，并放在蒸发器的一侧。

⑧感温包放置于管外壁时，应保持接触面在水平的位置。接触面要干净并与感温包充分接触。感温包要绑扎牢固，外面还应包有隔热层。

⑨感温包安装的位置可参考下列情况：当回气管径不大于 25 mm 时，应将感温包置于管子的上平面，如图 1-3-14a 所示；当回气管径大于 25 mm 时，应将感温包置于中心线下斜 45° 的地方，如图 1-3-14b 所示。热力膨胀阀的安装如图 1-3-14 所示。

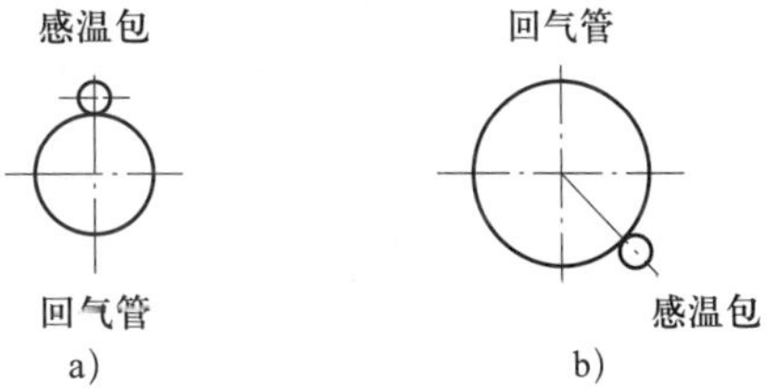

图 1-3-14　热力膨胀阀安装示意图
a）感温包置于管子的上平面
b）感温包置于中心线下斜 45° 处

（2）液体管道的安装要求

1）液体管的管道设计主要是如何防止闪发气体的发生，措施是在制冷系统中设热交换器（又称回热器），同时需要尽可能缩短贮液器和节流机构之间的距离，减少管路压降。

2）在液体管上接支管时，应从主管的底部或侧部接出。

3. 设备、工具、测量器具及材料准备

（1）选手准备（见表 1-3-7）

表 1-3-7　　选手准备

序号	名称	产地	规格与要求	单位	数量	备注
1	扩管器	国产	（1/4）~（3/4）in，英制	套	1	
2	弯管器	国产	（1/4）in，英制	把	1	
3	弯管器	国产	（3/8）in，英制	把	1	
4	弯管器	国产	（1/2）in，英制	把	1	
5	弯管器	国产	（5/8）in，英制	把	1	
6	割管器	国产	（1/8）~（$1\frac{1}{4}$）in，英制	把	1	
7	旋具	国产	3 mm × 75 mm、5 mm × 125 mm	套	1	十字旋具、一字旋具
8	尖嘴钳	国产	6 in，英制	把	1	
9	直角尺	国产	250 mm	把	1	

续表

序号	名称	产地	规格与要求	单位	数量	备注
10	卷尺	国产	3 m	把	1	
11	钢直尺	国产	300 mm	把	1	
12	锉刀	国产	200 mm	把	1	
13	倒角器	国产	通用	把	1	
14	工作服	国产	通用	套	1	最好长袖
15	焊接手套	国产	通用	副	1	
16	滤光护目镜	国产	通用	副	1	黑色
17	9 件套内六角扳手	国产	9 Pcs，1.5~10 mm	套	1	
18	活扳手	国产	8 in（200 mm × 24 mm）、10 in（250 mm × 30 mm），英制	套	1	表面镀铬
19	呆扳手	国产	8~10 mm、12~14 mm、13~15 mm、17~19 mm	套	1	
20	文具	国产	通用	套	1	签字笔、铅笔、橡皮等

（2）赛场准备（见表 1-3-8）

表 1-3-8　　赛场准备

序号	名称	产地	规格与要求	单位	数量	备注
1	双温冷库库体	国产	SX-CSC08A-01	套	1	冷风机和光管式蒸发器已安装
2	操作台	国产	SX-CSC08A-02	套	1	
3	干燥过滤器	国产	（3/8）in，外螺纹，英制	个	1	
4	视液镜	国产	（3/8）in，外螺纹，英制	个	1	
5	电磁阀	国产	（3/8）in，外螺纹，AC220 V，英制	个	2	
6	外平衡膨胀阀	丹麦	TEN2，（3/8）in，外螺纹，英制	套	1	

续表

序号	名称	产地	规格与要求	单位	数量	备注
7	热力膨胀阀	丹麦	TN2,（3/8）in×（1/2）in,外螺纹，英制	套	1	
8	膨胀阀阀芯	丹麦	N00	件	2	
9	截止阀	国产	4 in，直管 ϕ 12.8 mm，配螺母，英制	个	4	
10	管钳工工作台	国产	SX-815Q-33	张	1	
11	手提式焊炬	国产	容积 2 L，连续工作时间 3~5 h	套	1	
12	氮气减压阀	国产	YQD-06	套	1	
13	铜管（软质）	国产	ϕ 12.7 mm × 0.8 mm [（1/2）in]，英制	m	7	
14	铜管（软质）	国产	ϕ 6.35 mm × 0.7 mm [（1/4）in]，英制	m	2	
15	管码	国产	ϕ 10 mm，304 不锈钢，带胶条	个	19	
16	管码	国产	ϕ 28 mm，304 不锈钢，带胶条	个	7	
17	不锈钢水桶	国产	12 L	个	1	
18	移动式台虎钳	国产	6 in，英制	个	1	

注：表中“数量”为 1 个工位的用量。

4. 操作步骤

（1）阅读测试文档，做好竞赛准备

认真阅读测试文档，包括测试细节、内容、要求，测评标准及图样。

做好竞赛准备工作：选择合适的设备、材料、工具、测量器具；检查气焊设备、工具、测量器具等。制冷零部件的检查，对截止阀、电磁阀等阀门，应检查阀口密封螺纹有无损伤；热力膨胀阀是否完好，特别是感温包；电磁阀在安装前须检查其是否灵活可靠。

（2）管道的设计

首先根据图样和技术要求，现场测量贮液器出口截止阀至蒸发器之间的距离，按照规范和工艺流程，设计液体管道的布置图（见图 1-3-13）。需注明管道各部尺寸（注意热力膨胀阀的出口管径往往大于进口管径，而且热力膨胀阀至蒸发器这段管道很短，应按热力膨

胀阀出口管径或蒸发器进口管径来确定所需管径）；注明哪些零部件安装在操作平台上，哪些零部件安装在库体侧板上。

（3）安装制冷零部件

图 1–3–13 给出了干燥过滤器、视液镜、电磁阀和热力膨胀阀等零部件的布置及安装尺寸。首先按照图样要求将干燥过滤器、视液镜和电磁阀（2 个）安装到操作平台指定位置（注意各零部件需按制冷剂的流动方向水平安装，各零部件之间的距离应便于操作和维修），进行贮液器出口截止阀与干燥过滤器之间管道、干燥过滤器与视液镜之间管道、视液镜与电磁阀之间管道的管道布置设计；然后根据热力膨胀阀（2 个）在库体侧板的指定位置（注意靠近蒸发器），进行电磁阀与热力膨胀阀之间管道、热力膨胀阀与蒸发器之间管道的布置设计。

（4）管道的制作

按照管道布置图（见图 1–3–13）下料、加工制作各管道。首先截取适当长度的铜管，按布置图并对照实物进行弯管等制作，特别注意所有管道不允许凸出操作平台底板及侧板边缘，并与底板、侧板边缘平行。管道端口扩喇叭口（用于螺纹连接）或扩杯形口（用于焊接连接）。管加工过程中，割管后，扩喇叭口、扩杯形口及弯管前，管口必须进行除毛刺、倒角处理，并防止铜屑进入管道。

（5）管道的组装

1）预装。将各段液体管道预装好。特别注意视液镜按制冷剂的流动方向水平安装，镜面垂直向上；电磁阀必须垂直安装在水平管道上，流向与电磁阀外壳上的箭头方向一致；热力膨胀阀也必须垂直安装在水平管道上（阀体垂直放置），注意阀的进、出口连接。

2）焊接。将需焊接连接的管道管口预装好，同时在另一端管口处插入充氮气保护的毛细管，充氮气压力约为 0.05 MPa，并保证管道畅通以及与大气连通，然后采用中性焰（或氧化焰）对焊口施焊。焊接过程中，须做好零部件隔热、散热保护；应尽量避免出现黑烟、爆响现象，绝不允许产生操作性气体泄漏及回火。

3）螺纹连接的管口采用扳手规范操作、拧紧。液体管道组装好后，用管码固定在底板和侧板上。干燥过滤器需用 O 形固定码进行固定。按照图样和技术要求再检查一遍，以保证各制冷零部件与管道连接、安装正确、牢固。

六、回气管道的安装

1. 认识回气管道的零部件

压缩机吸入截止阀至蒸发器出口之间的接管，称为回气管（又称吸气管）。

回气管道的安装既要考虑使冷冻机油能顺利地返回压缩机的曲轴箱，又要考虑不能使氟利昂液体制冷剂或大量冷冻机油集中进入压缩机。因此，氟利昂制冷系统管道安装中一定要重视回气管的设计与安装。

本模块介绍的回气管道的安装，是指将蒸发器出口管段、蒸发压力调节阀、止回阀、能量调节阀、压缩机吸入截止阀等，通过管道焊接、螺纹连接方式连接起来的管道，图 1-3-15 所示为回气管道安装示意图。

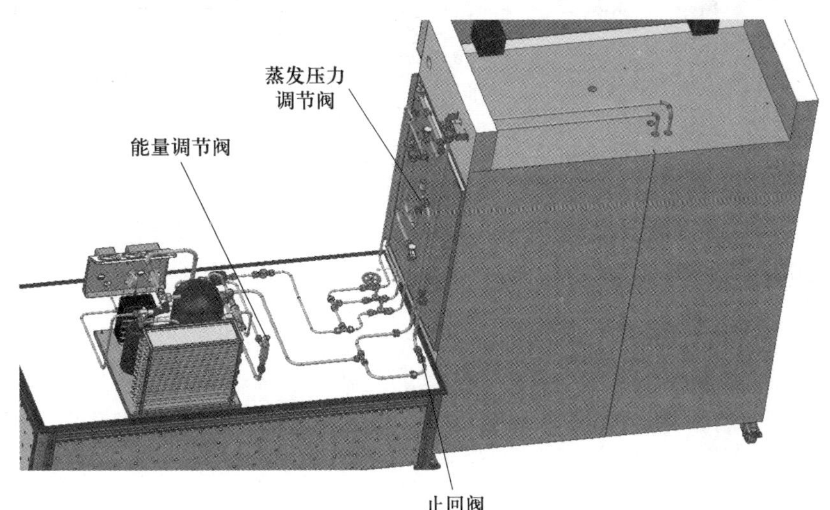

图 1-3-15　回气管道安装示意图

下面介绍回气管道的主要零部件。

（1）蒸发压力调节阀

在制冷装置中，对蒸发压力进行控制的目的有两个：一是保持蒸发压力恒定，减少冷库温度波动，保证冷藏物品质量，减少干耗；二是一机多库时，可使不同库温中的蒸气能在各自不同的蒸发压力下运行。图 1-3-15 所示的 SX-CSC08A 双温冷库系统是一机两库系统，由于各库的冷藏温度不同（低温库 -10 ℃，高温库 2 ℃），故要求各库蒸发器的工作蒸发温度（即蒸发压力）不同，高温库蒸发温度高，低温库蒸发温度低。由于压缩机运行时的吸气压力是按低温库的蒸发压力调定的，这时为了使两个蒸发器能处于不同的蒸发温度下工作，则需在高温库蒸发器的出口处装上蒸发压力调节阀（又称背压阀）。使阀前压力保持各自所需的蒸发压力，经阀节流后，阀后压力与吸气压力相同，这样就达到了各蒸发器在自己所需的蒸发压力下工作，满足冷藏食品对库温的要求。

蒸发压力调节阀分为直接作用式和控制式两种。

中、小型冷库主要使用直接作用式蒸发压力调节阀，其典型结构如图 1-3-16 所示。SX-CSC08A 双温冷库系统的蒸发压力调节阀的安装位置如图 1-3-15 所示。

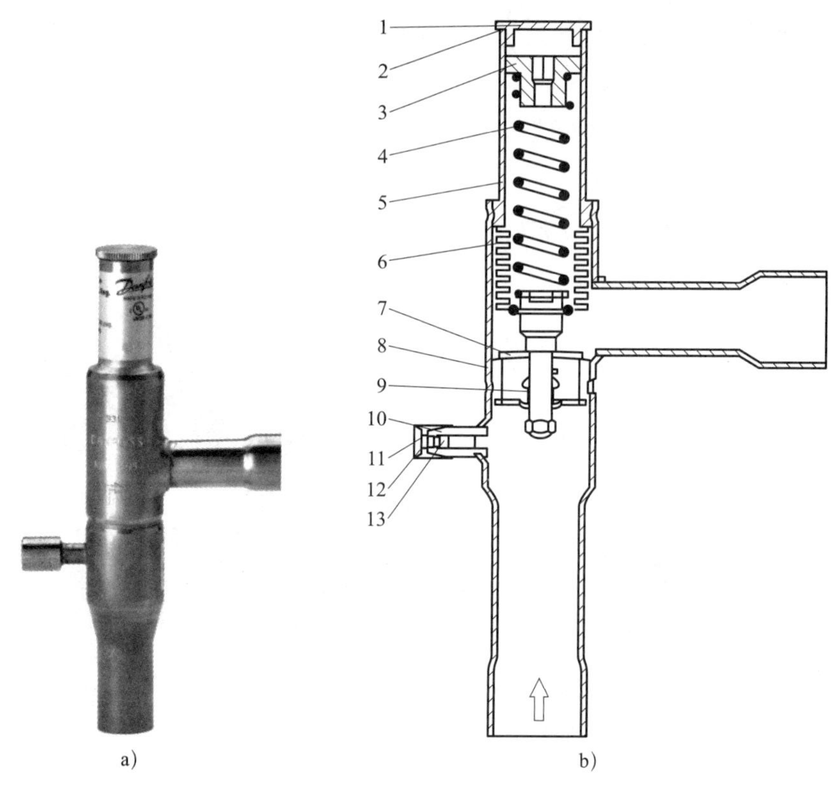

图 1-3-16　直接作用式蒸发压力调节阀

a）实物　b）结构

1—保护盖　2—密封垫；3—设定螺钉　4—主弹簧　5—阀体　6—平衡波纹管　7—阀片

8—阀座　9—阻尼机构　10—压力表接头　11—接头盖　12—垫片　13—堵头

（2）止回阀

止回阀的作用是在制冷装置中限制制冷剂的流动方向，制冷剂只能单向流动，所以又称单向阀。图 1-3-17 所示为 SX-CSC08A 双温冷库系统常用止回阀。

图 1-3-17　常用止回阀

如图 1-3-15 所示的 SX-CSC08A 双温冷库系统中，在调节蒸发压力的同时，从低温库蒸发器来的吸气管路上装有止回阀，在压缩机停止运行期间，可以防止高温库蒸发器制冷剂向低温库蒸发器倒流。

（3）能量调节阀

直接作用式能量调节阀在制冷系统中属于旁通型能量调节装置，它安装在连接压缩机排气侧与吸气侧的旁通管道上，图 1-3-18 所示为 SX-CSC08A 双温冷库系统所用直接作用式能量调节阀的构造示意图。

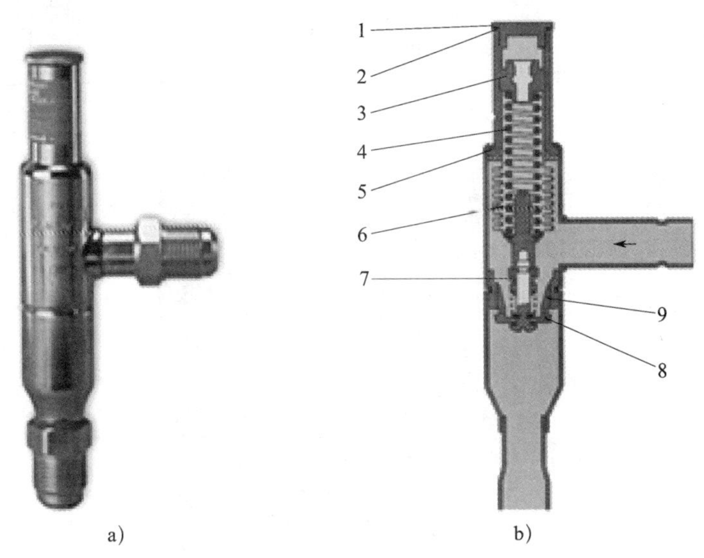

图 1-3-18 直接作用式能量调节阀

a）实物 b）结构

1—保护盖 2—密封垫 3—设定螺钉 4—主弹簧 5—阀体 6—平衡波纹管 7—阻尼机构 8—阀片 9—阀座

直接作用式能量调节阀的工作原理是：当压缩机运行负荷降低，吸气压力也会跟随降低，当吸气压力降低到能量调节阀的开启设定值时，能量调节阀开启，使压缩机的排气有一部分旁通到系统的低压侧，使压缩机在低负荷时仍能维持运行所需的吸气压力而继续运行。

（4）压缩机截止阀

压缩机的吸、排气口处安装有截止阀，俗称角阀。其结构与实物如图 1-3-19 所示。

截止阀的主要作用有以下两个方面：

1）安装监测制冷系统运行状态参数的仪器仪表，如高、低压压力继电器，高、低压压力表等。

2）仪表作为小型冷库制冷系统维修时，进行压力检漏、抽真空、充注制冷剂和冷冻机油用。

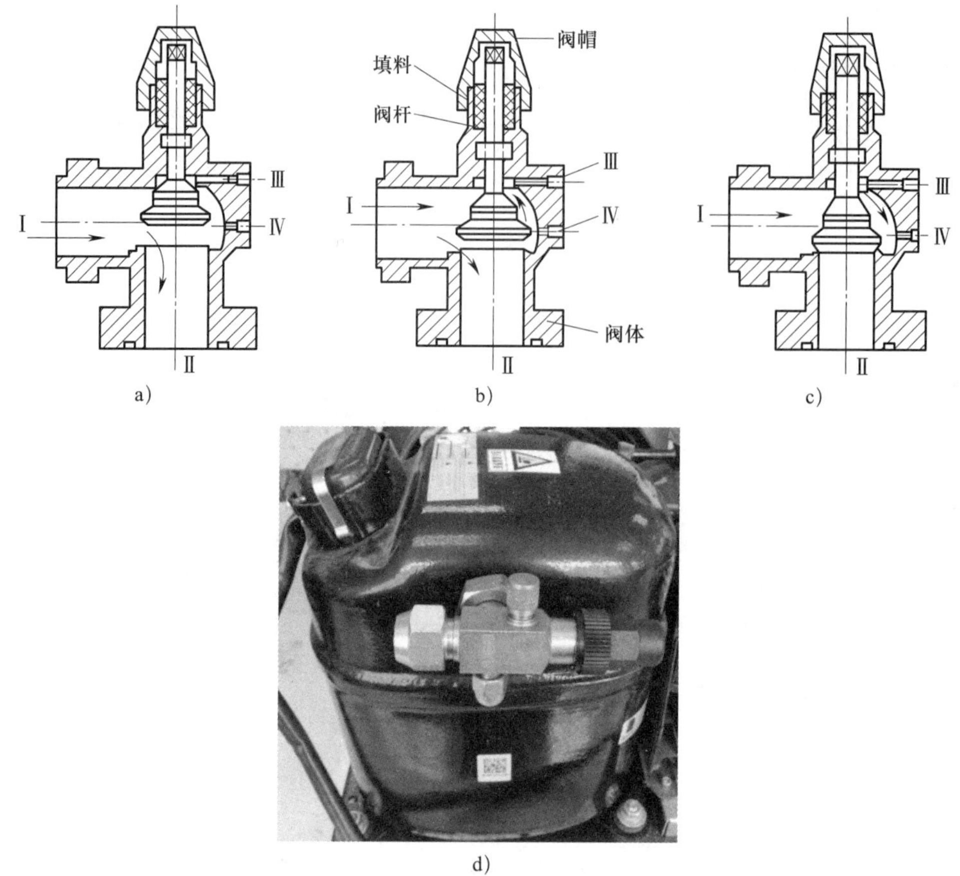

图 1-3-19　压缩机截止阀

a）全开状态　b）三通状态　c）关闭状态　d）实物

Ⅰ—接压缩机法兰　Ⅱ—接管法兰　Ⅲ—多用通道　Ⅳ—常开通道

在截止阀阀体中设计有多用通道和常开通道。全开状态时（见图 1-3-19a）用于压缩机正常运行。三通状态时（见图 1-3-19b）用于利用压缩机多用通道来进行制冷系统抽真空、充注制冷剂、补充冷冻机油或安装控制仪表等，常在压缩机运行操作、运行状态调整、检修时使用。关闭状态时（见图 1-3-19c）用于压缩机自身抽真空、压缩机更换等场合。

2. 回气管道的安装要求

回气管道的安装要求除前面述及的总体要求外，还包括下面的具体要求。

（1）回气管道零部件的安装要求

1）止回阀。原则上须垂直安装在水平管道上，制冷剂流动方向应与止回阀外壳上的箭头方向一致。

2）蒸发压力调节阀。宜垂直安装在水平管道上（阀体垂直放置），要注意辨认阀的进、出口，并正确连接。蒸发压力调节阀的安装位置宜靠近蒸发器。蒸发压力调节阀的安装如

图 1-3-15 所示。

3）能量调节阀。宜垂直安装在水平管道上，要注意辨认阀的进、出口，并正确连接。能量调节阀的安装如图 1-3-15 所示。

（2）回气管的安装要求

1）为保证冷冻机油随氟利昂气体能顺利地返回压缩机曲轴内，回气管的水平管段应有不小于 2% 的坡度坡向压缩机。

2）蒸发器出口上升立管设置回油弯。为防止制冷系统停止运行时，蒸发器存有的液体制冷剂和冷冻机油吸入压缩机引起液击，一般蒸发器的出口均装有上升立管。要使冷冻机油顺利通过上升立管，常采用在上升立管的下部设置一个小弯头，俗称“回油弯”，如图 1-3-20 所示。蒸发器内积存的冷冻机油借重力流入回油弯内，形成油封将管道堵塞，在上升立管中气体被压缩机吸入，使压力下降，在油封前后形成的压差作用下冷冻机油被动前进。为了避免油封中存油过多，造成油封前后压差过大，使吸气压力降低过多及消除油封时间过长，回油弯应尽量做得小。

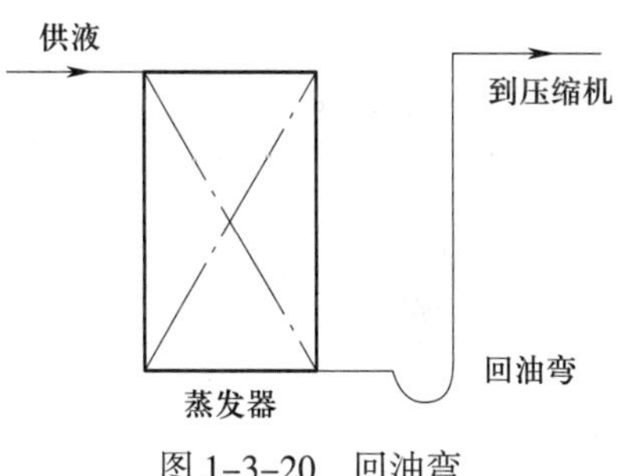

图 1-3-20　回油弯

3）在回气管上接支管时，应从主管的上部或侧部接出。

4）回气管长度应不少于 2 m。

3. 设备、工具、测量器具及材料准备

（1）选手准备（见表 1-3-9）

表 1-3-9　　选手准备

序号	名称	产地	规格与要求	单位	数量	备注
1	扩管器	国产	（1/4）~（3/4）in，英制	套	1	
2	弯管器	国产	（1/4）in，英制	把	1	
3	弯管器	国产	（3/8）in，英制	把	1	
4	弯管器	国产	（1/2）in，英制	把	1	
5	弯管器	国产	（5/8）in，英制	把	1	
6	割管器	国产	（1/8）~（1 1/4）in，英制	把	1	
7	旋具	国产	3 mm × 75 mm、5 mm × 125 mm	套	1	十字旋具、一字旋具

续表

序号	名称	产地	规格与要求	单位	数量	备注
8	尖嘴钳	国产	6 in，英制	把	1	
9	直角尺	国产	250 mm	把	1	
10	卷尺	国产	3 m	把	1	
11	钢直尺	国产	300 mm	把	1	
12	锉刀	国产	200 mm	把	1	
13	倒角器	国产	通用	把	1	
14	工作服	国产	通用	套	1	最好长袖
15	焊接手套	国产	通用	副	1	
16	滤光护目镜	国产	通用	副	1	黑色
17	9 件套内六角扳手	国产	9 Pcs，1.5~10 mm	套	1	
18	活扳手	国产	8 in（200 mm × 24 mm）、10 in（250 mm × 30 mm），英制	套	1	表面镀铬
19	呆扳手	国产	8~10 mm、12~14 mm、13~15 mm、17~19 mm	套	1	
20	手电钻	国外	2 挡，0~20 N · m	把	1	可充电的
21	旋具	国产	25 支	套	1	X 形
22	钻头	国产	ϕ 1.0~10 mm，进位 0.5 mm，19 支装	套	1	
23	文具	国产	通用	套	1	签字笔、铅笔、橡皮等

（2）赛场准备（见表 1–3–10）

表 1–3–10　　赛场准备

序号	名称	产地	规格与要求	单位	数量	备注
1	双温冷库库体	国产	SX–CSC08A–01	套	1	冷风机和光管式蒸发器已安装
2	操作台	国产	SX–CSC08A–02	套	1	

续表

序号	名称	产地	规格与要求	单位	数量	备注
3	蒸发压力调节阀	丹麦	KVP12，（1/2）in，外螺纹，英制	个	1	
4	能量调节阀	丹麦	KVC12，（1/2）in，外螺纹，英制	个	1	
5	止回阀	丹麦	NRV12，（1/2）in，外螺纹，英制	个	1	
6	管钳工工作台	国产	SX-815Q-33	张	1	
7	手提式焊炬	国产	容积 2 L，连续工作时间 3~5 h	套	1	
8	氮气减压阀	国产	YQD-06	套	1	
9	铜管（软质）	国产	ϕ 12.7 mm × 0.8 mm [（1/2）in]，英制	m	7	
10	铜管（软质）	国产	ϕ 15.88 mm × 1.0 mm [（5/8）in]，英制	m	3	
11	针阀	国产	（1/4）in，英制	个	2	
12	移动式台虎钳	国产	6 in，英制	个	1	
13	轻型塑料管夹	国产	ϕ 25 mm	个	1	
14	轻型塑料管夹	国产	ϕ 35 mm	个	3	
15	管码	国产	ϕ 25 mm，304 不锈钢，带胶条	个	9	
16	管码	国产	ϕ 28 mm，304 不锈钢，带胶条	个	1	
17	不锈钢水桶	国产	12 L	个	1	

注：表中“数量”为 1 个工位的用量。

4. 操作步骤

（1）阅读测试文档，做好竞赛准备

认真阅读测试文档，包括测试细节、内容、要求，测评标准及图样。

做好竞赛准备工作：选择合适的设备、材料、工具、测量器具；检查气焊设备、工具、

测量器具等。制冷零部件的检查，对截止阀、止回阀等阀门，应检查阀口密封螺纹有无损伤；蒸发压力调节阀、能量调节阀是否完好，在安装前须检验是否灵活、可靠。

（2）管道的设计

首先根据图样和技术要求，现场测量压缩机入口截止阀至蒸发器出口之间的距离，按照规范和工艺流程，设计回气管道的布置图，如图 1–3–21 所示。需注明管道各部尺寸；注明哪些零部件安装在操作平台上，哪些零部件安装在库体侧板上。

（3）安装制冷零部件

图 1–3–21 给出了蒸发压力调节阀、止回阀和能量调节阀等零部件的布置及安装尺寸。首先按照图样要求将能量调节阀和止回阀安装到操作平台指定位置（注意各零部件需按制冷剂的流动方向水平安装，各零部件之间的距离应便于操作和维修），进行能量调节阀与压缩机回气管、排气管之间管道，止回阀与压缩机回气管、冷风机出口之间管道的管道布置设计；然后根据蒸发压力调节阀在库体侧板的指定位置（注意靠近蒸发器），进行蒸发压力调节阀与压缩机回气管、光管式蒸发器出口之间管道的管道布置设计。

（4）管道的制作

按照管道布置图（见图 1–3–21）下料、加工制作各管道。首先截取适当长度的铜管，按布置图并对照实物进行弯管等制作，特别注意所有管道不允许凸出操作平台底板及侧板边缘，并与底板、侧板边缘平行。管道端口扩喇叭口（用于螺纹连接）或扩杯形口（用于焊接连接）。管加工过程中，割管后，扩喇叭口、扩杯形口及弯管前，管口必须进行除毛刺、倒角处理，并防止铜屑进入管道。

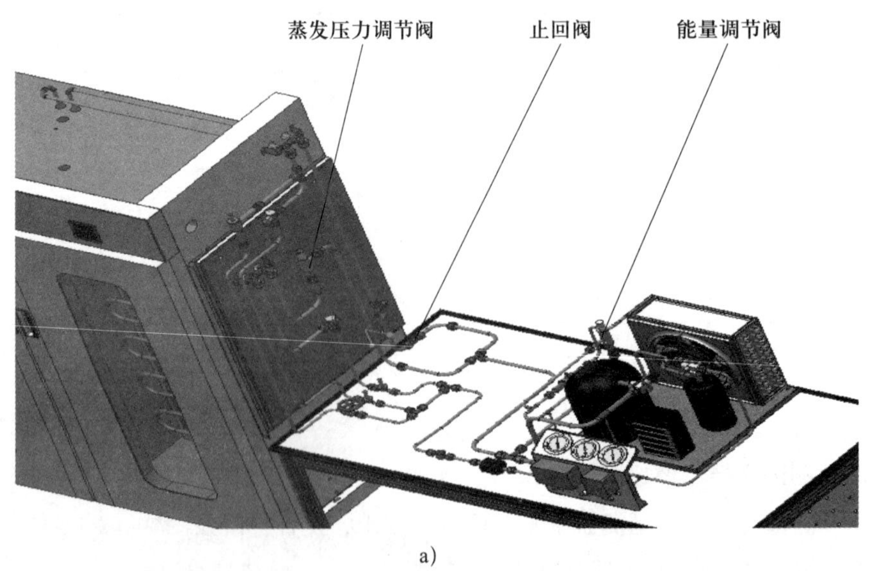

a)

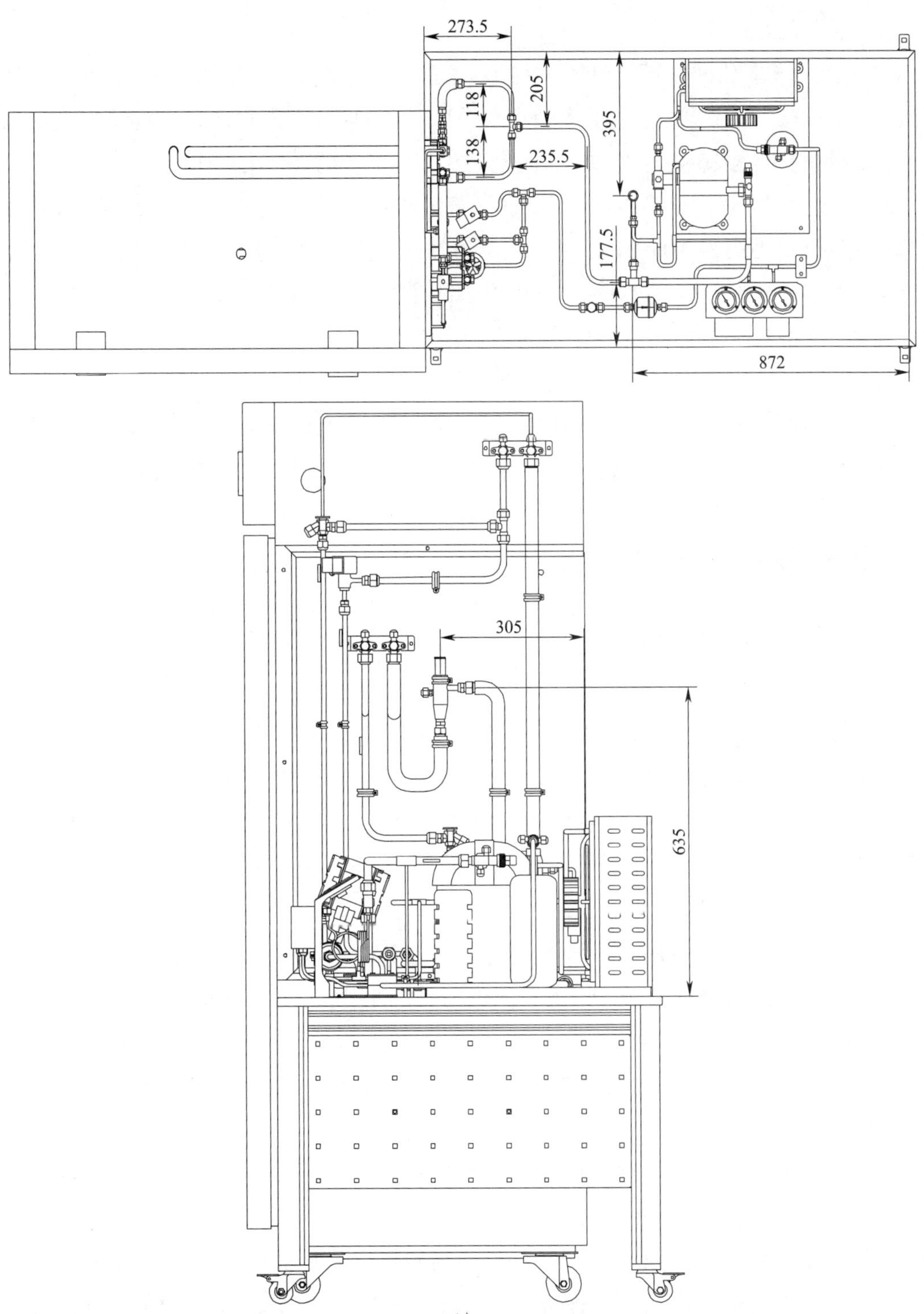

b）

图 1-3-21　回气管道的设计与安装

a）回气管道安装示意图　b）回气管道安装尺寸图

（5）管道的组装

1）预装。将各段回气管道预装好。特别注意止回阀应按制冷剂的流动方向水平安装在管道上；蒸发压力调节阀必须垂直安装在水平管道上（阀体垂直放置），注意阀的进、出口连接，能量调节阀也必须垂直安装在水平管道上，注意阀的进、出口连接。

2）焊接。将需焊接连接的管道管口预装好，同时在另一端管口处插入充氮气保护的毛细管，充氮气压力约为 0.05 MPa，并保证管道畅通以及与大气连通，然后采用中性焰（或氧化焰）对焊口施焊。焊接过程中，须做好零部件隔热、散热保护；应尽量避免出现黑烟、爆响现象，绝不允许产生操作性气体泄漏及回火。

3）螺纹连接的管口采用扳手规范操作、拧紧。

回气管道组装好后，用管码固定在底板和侧板上。止回阀需用 O 形固定码进行固定。按照图样和技术要求再检查一遍，以保证各制冷零部件与管道连接、安装正确、牢固。

七、冷库氨制冷系统的安装

1. 认识冷库氨制冷系统

（1）冷库氨制冷系统的特点

目前氨（NH_3，代号 R717）制冷剂合成工艺成熟，制取容易，价格低廉，因而氨系统在大、中型冷库中得到了广泛的应用。氨制冷剂在冷凝器和蒸发器中的压力适中（冷凝压力一般为 0.981 MPa，蒸发压力一般为 0.098~0.49 MPa）；其单位容积制冷量比 R22 大，制冷系数高，表面传热系数大，故相同温度及相同制冷量时，氨压缩机尺寸更小。

与氟利昂制冷系统比较，氨制冷系统具有以下特点。

1）氨的溶水性。在常用制冷剂中，氨是唯一在常压下其蒸气密度小于空气的制冷剂，且极易溶于水，溶液呈碱性，遇到大量泄漏的情况，可用水吸收，排除比较容易。

2）氨的非溶油性。通常的矿物油与氨不能互溶。因此，氨系统一般配备高效油分离器，尽管如此，仍有相当数量的润滑油进入管路和换热器，因而系统中需设置集油器，并不定期排油。

3）氨的安全性。氨制冷剂的缺点是易燃、有毒（二级毒性）；有强烈的刺激性气味，对眼、鼻、喉、肺及皮肤均有强烈刺激及中毒危险；氨遇水后对锌、铜、青铜合金（磷青铜除外）具有腐蚀作用。所有采用氨作为制冷剂的制冷系统必须考虑：其一是安全性，在氨系统中设置紧急泄氨阀，要有完善的密封系统和检漏系统以及完善的报警系统；其二是耐腐蚀性，在氨制冷装置中，其管道、仪表、阀门等均不能采用铜和铜合金材料。

4）供液形式和方式。在氨系统中广泛采用氨泵供液形式，对蒸发系统实行强制供液，因供液量大于蒸发量的数倍，蒸发器内制冷剂处于两相流动，所以冷却设备采用满液式蒸发器，从蒸发系统返回的制冷剂先回到低压循环贮液器内进行气液分离。

当前，在食品冷藏库的制冷系统中，氨泵供液系统对蒸发器的供液采用下进上出方式。

5）系统复杂性。氨系统由于一直无法找到合适的、与氨互溶的润滑油，需要大量的附件保证系统的回油及降低系统温度，导致系统复杂，需要大量现场安装工作，系统的质量很大程度上取决于安装队伍的素质。

（2）冷库氨制冷系统的种类和组成

按照向蒸发器的供液方式不同，氨制冷系统可分为重力供液系统和氨泵供液系统；按照压缩机的配置方式不同，氨制冷系统可分为单级压缩系统和双级压缩系统；按照制冷剂的蒸发温度不同，氨制冷系统可分为 −15 ℃制冷系统、−28 ℃制冷系统和 −33 ℃制冷系统等。

在一个完整的氨制冷系统中，除压缩机、冷凝器、膨胀阀和蒸发器四个主要设备外，为了保证系统正常、经济和安全地运行，还需设置其他起辅助作用的设备。辅助设备的种类很多，按照它们的作用，基本上可以分为两大类：一类是维持制冷循环正常工作的设备，如两级压缩的中间冷却器等；另一类是改善运行指标及运作条件的设备，如油分离器、集油器、氨液分离器、空气分离器以及各种贮液器（贮液桶）等。

此外，在制冷系统中还配有用以调节、控制与保证安全运行所需的器件、仪表和连接管道的附件等。

2. 氨制冷系统的安装

（1）制冷压缩机的安装

1）基础制作。在安装制冷压缩机前，应先检查压缩机基础的位置及尺寸是否符合技术要求。压缩机的基础应采用不低于规定标号的水泥，与砂石和适量水拌成混凝土，浇入事先预制好的基础框架中。基础的螺栓孔根据图样尺寸预先留出，在混凝土基础的浇制过程中应随时捣实，以排除空气，达到密实程度，以免运行中发生基础沉降、倾斜和机器振动过大等现象。

2）定位安装。按图样在基础面上采用放线的方法，找出纵、横中心线，然后用钢丝绳将压缩机的整个机架吊起（吊装时钢丝绳不允许套在轴上起吊），将随机附带的地脚螺栓安在（连接在）公共底座上，然后将底座对准基础中心线，放置于基础上。在每个地脚螺栓的两侧放置斜垫铁，利用调整斜垫铁的厚度来找正机架的水平。调整高度和水平时，可用撬棒或小千斤顶将机架抬起。找平后，用与浇制基础相同的混凝土填满地脚螺栓孔，边浇边捣实，待混凝土干硬后，重新校正联轴器中心，并在校正后的电动机和压缩机的支座及公共底座上各配钻 ϕ12 mm 的锥孔，打入螺尾锥销，进行最后定位。然后拧紧地脚螺栓，在公共底座与基础间的空隙中用水泥砂浆填满、抹平。

对于整体机组设备，无管道连接等问题，只需放平、防振即可。

（2）冷凝器的安装

对于立式冷凝器，应先将其放置在按图样要求划线的基础上，用铅垂线配合来保证安装的垂直度，其偏差不超过 2 mm/m。校正，浇入水泥砂浆，待混凝土干硬后拧紧地脚螺栓。

卧式冷凝器通常与贮液器一起安装，冷凝器在上，贮液器在下。冷凝器用螺钉固定在支架上，支架一般用混凝土作基础，并装有半圆形垫木，用水平仪校正。其水平允差为 1.5 mm/m，略倾斜于放油端。冷凝器的冷却水管应从端盖下部进入、从上部放出，制冷剂则从上端进入、下端流出。这样做，一方面能保证整个冷凝器内的传热管中充满冷却水，另一方面可以提高换热效率。

（3）蒸发器的安装

安装水箱式蒸发器时，先用混凝土做好基础，在基础上放置用沥青处理的垫木。垫木的长度与水箱的宽度相同，数量视水箱及蒸发器的质量而定。然后将水箱放置在垫木上，再把蒸发器吊装在水箱中，并予以固定。在水箱四周敷设隔热层，箱顶用盖板覆盖。卧式蒸发器的安装与卧式冷凝器类似，在支座上放置与隔热层厚度相同并经沥青浸泡处理过的圆弧形垫木，然后在蒸发器外侧敷设隔热层。

（4）贮液器

贮液器的安装与卧式冷凝器相同。根据使用的具体情况，贮液器可以不用地脚螺栓而直接放在支座上。冷凝器和贮液器安装时的相对高度，如图 1–3–22 所示。其相对高度应予保证，使冷凝后的制冷剂液体能靠重力流入贮液器。

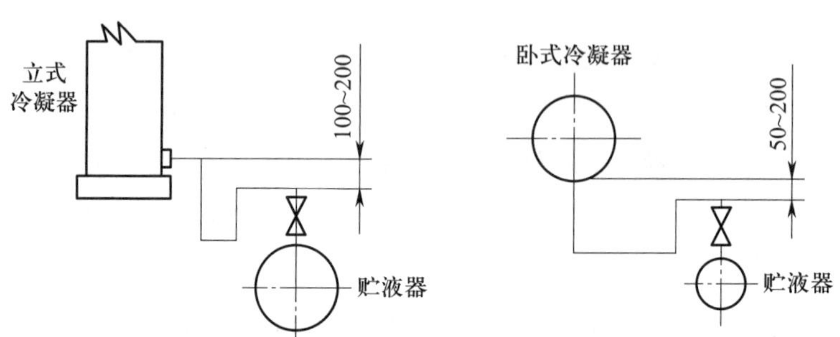

图 1–3–22　冷凝器与贮液器安装时的高度示意图

如果两个贮液器并联，可在两个贮液器下面之间设一连接管，管道上装一个截止阀，以保证两个液面高度一致。

在安装贮液器的时候，必须注意贮液器的安装方向，使出液口在靠近节流阀一边，有的进、出口液管口径一样，而且是对称布置，因此，必须弄清贮液器出液口的位置，有的贮液器放油口在上面也要判别清楚，不过放油管进入贮液器的深度比出液管深。

（5）油分离器的安装

油分离器的种类有洗涤式、填料式、离心式等。安装油分离器时，首先检查基础标高及中心线尺寸，符合要求后，实施安装。

因进入油分离器的是高温高压的气体，易产生振动，地脚螺栓固定应采用双螺母或加垫弹簧垫圈并拧紧。

其中洗涤式油分离器常用于氨制冷系统，洗涤式油分离器安装时要注意保证向油分离器的氨液供液，要求油分离器的进液口应低于冷凝器水平出液总管 200~300 mm，且从冷凝器出液总管的底部接出，保证洗涤式油分离器进液通畅。

（6）中间冷却器的安装

在安装中间冷却器时，首先根据设计图样核对基础标高及中心线的位置和尺寸，然后进行安装。

中间冷却器应垂直安装，可用水平尺和吊线锤找正。中间冷却器上接管较多，要注意配管的连接，不要接错。

中间冷却器安装时需要注意的地方很多，例如，中间冷却器的设置应尽量靠近双级制冷机，中间冷却器上各种控制元件的安装，以及与制冷机管道连接的应力考虑等。

（7）空气分离器的安装

空气分离器有卧式四重管式和立式盘管式两种。

四重管式空气分离器通常安装在墙上，安装标高一般为 1.2 m。安装时氨液进口端稍高，一般应有 0.5% 的坡度，旁通管应在下部，不得平放。

安装立式盘管式空气分离器时，氨液入口须在下端。壳体须做保温、隔热。

（8）集油器的安装

集油器在氨制冷系统中可分高压、低压集油器；在氟利昂制冷系统中一般不设置。

集油器应安装在室外宽敞、通风的场地，以便放油时带出的氨能及时散发，以及便于及时处理事故等。集油器的减压抽气管应接在距离制冷压缩机吸入口稍远的回气管上，以防抽气时抽出油中的制冷剂液体，引起湿行程。

（9）紧急泄氨器的安装

紧急泄氨器用于重大事故时的安全措施——泄氨，所以紧急泄氨器要安装在便于操作的地方。泄氨器的口径不得小于设备上的管径，泄出管下部不允许设漏斗或地漏，应直接接通排水道。

紧急泄氨器虽然是一个辅助的安全设备，相对整个制冷系统来讲又比较简单，但它的设置是必不可少的，同时也是初期设计人员的创新所在。

辅助设备中还包括再冷却器（过冷器）、氨液分离器、低压循环贮液器、氨泵等。这些设备在安装时应按设计图样要求进行，应平直、牢固、位置准确，此外还应注意以下事项：

1）安装前应检查各设备出厂试压合格证书，否则应补做单体设备的试压。

2）辅助设备运入施工现场，应予以检查和妥善保管。封口已敞开的应重新封口，防止污物进入，对放置过久的设备，安装前必须清污、除锈，然后用 0.6 MPa 压缩空气进行单体吹污。

3）低温容器安装时应增加垫木，尽量减少“冷桥”现象。垫木应预先在热沥青中浸过，以防腐蚀。有连接阀门时，应按设计要求预留隔热层厚度，以免阀门伸入隔热层。

八、测评标准

1. 制冷压缩机组的安装测评标准

（1）操作过程评分标准（见表 1–3–11）

表 1–3–11　　操作过程评分标准

序号	竞赛内容	评分要素	评分标准	配分
1	排气管、泄液管道加工	用专用工具切割铜管、扩喇叭口、扩杯形口及弯管	（1）割管后，扩喇叭口、扩杯形口及弯管前，管口必须进行除毛刺、倒角处理，并且管内无残留铜屑 （2）所有管道（管子）开口处闲置时必须封口 （3）规范操作	20
2	焊接加工	使用气焊设备、氮气瓶及附件进行管道焊接	（1）规范操作 （2）焊接气体（氧气、乙炔或燃气）压力必须符合工程标准 （3）管道焊接必须采用充氮气保护法，充氮气压力约为 0.05 MPa，并保证管道畅通以及与大气连通 （4）钎焊时，不允许任何设备、零部件、附件有烧黑或烧坏的痕迹	20
3	制冷压缩机组安装	制冷压缩机组、排气管、泄液管安装	（1）必须正确使用符合标准的工具及测量器具 （2）制冷压缩机、风冷式冷凝器、贮液器及管道闲置时必须封口 （3）规范操作	20
4	安全文明操作	制冷组件制作与钎焊全过程	（1）人员、设备、工具处于安全状态 （2）焊接操作时必须穿戴合适的劳动防护服装、鞋、滤光护目镜、焊接手套 （3）没有领取过多的铜管或零件，以最省的铜管用量完成组件的制作与钎焊 （4）操作完成后的整理工作应符合有关规定	10

（2）制作成果评分标准（见表 1-3-12）

表 1-3-12　　制作成果评分标准

序号	竞赛内容	评分要素	评分标准	配分
1	焊接加工	焊接质量	所有焊口应光亮、饱满、无砂眼、无焊渣堆积现象	10
2	制冷压缩机组安装	排气管、泄液管、制冷组件制作与安装后总体质量	（1）按图样及技术要求制作与安装排气管、泄液管 （2）按图样及技术要求安装制冷压缩机、风冷式冷凝器和贮液器，冷凝器安装尺寸误差为 ±3 mm （3）管道安装后保持横平竖直，不允许平行重叠 （4）管道制作与安装后应无凹陷、扭曲等明显变形 （5）排气管的水平管应有不少于 1% 的坡度坡向冷凝器，泄液管的水平管应有 2% 的坡度坡向贮液器 （6）制冷压缩机、风冷式冷凝器、贮液器及管道连接正确、牢固	20

2. 压力控制器管道的安装测评标准

（1）操作过程评分标准（见表 1-3-13）

表 1-3-13　　操作过程评分标准

序号	考核内容	评分要素	评分标准	配分
1	压力控制管、毛细管加工	用专用工具切割铜管、扩喇叭口、扩杯形口及弯管	（1）割管后，扩喇叭口、扩杯形口及弯管前，管口必须进行除毛刺、倒角处理，并且管内无残留铜屑 （2）所有管道（管子）开口处闲置时必须封口 （3）规范操作	20
2	焊接加工	使用气焊设备、氮气瓶及附件进行管道焊接	（1）规范操作 （2）焊接气体（氧气、乙炔或燃气）压力必须符合工程标准 （3）管道焊接必须采用充氮气保护法，充氮气压力约为 0.05 MPa，并保证管道畅通以及与大气连通 （4）钎焊时，不允许任何设备、零部件、附件有烧黑或烧坏的痕迹	20
3	压力控制管道安装	仪表板、压力控制管、毛细管安装	（1）必须正确使用符合标准的工具及测量器具 （2）压力控制器、压力表及管道闲置时必须封口 （3）规范操作	20

续表

序号	考核内容	评分要素	评分标准	配分
4	安全文明操作	压力控制管道制作与钎焊全过程	（1）人员、设备、工具处于安全状态 （2）焊接操作时必须穿戴合适的劳动防护服装、鞋、滤光护目镜、焊接手套 （3）没有领取过多的铜管或零件，以最省的铜管用量完成组件的制作与钎焊 （4）操作完成后的整理工作应符合有关规定	10

（2）制作成果评分标准（见表 1–3–14）

表 1–3–14　　制作成果评分标准

序号	考核内容	评分要素	评分标准	配分
1	焊接加工	焊接质量	所有焊口应光亮、饱满、无砂眼、无焊渣堆积现象	10
2	压力控制管道安装	仪表板、压力控制管、毛细管制作与安装后总体质量	（1）按图样及技术要求制作与安装压力控制管、毛细管 （2）按图样及技术要求安装压力控制器、高压表、低压表、仪表板；仪表板安装尺寸误差为 ± 3 mm （3）管道安装后保持横平竖直，不允许平行重叠 （4）管道制作与安装后应无凹陷、扭曲等明显变形 （5）压力控制器、高压表、低压表、仪表板及管道连接正确、牢固	20

3. 液体管道的安装测评标准

（1）操作过程评分标准（见表 1–3–15）

表 1–3–15　　操作过程评分标准

序号	考核内容	评分要素	评分标准	配分
1	液体管各管段加工	用专用工具切割铜管、扩喇叭口、扩杯形口及弯管	（1）割管后，扩喇叭口、扩杯形口及弯管前，管口必须进行除毛刺、倒角处理，并且管内无残留铜屑 （2）所有管道（管子）开口处闲置时必须封口 （3）规范操作	20

续表

序号	考核内容	评分要素	评分标准	配分
2	焊接加工	使用气焊设备、氮气瓶及附件进行管道焊接	（1）规范操作 （2）焊接气体（氧气、乙炔或燃气）压力必须符合工程标准 （3）管道焊接必须采用充氮气保护法，充氮气压力约为 0.05 MPa，并保证管道畅通以及与大气连通 （4）钎焊时，不允许任何设备、零部件、附件有烧黑或烧坏的痕迹	20
3	液体管道安装	制冷零部件、液体管道安装	（1）必须正确使用符合标准的工具及测量器具 （2）零部件及管道闲置时必须封口 （3）规范操作	20
4	安全文明操作	液体管道制作与钎焊全过程	（1）人员、设备、工具处于安全状态 （2）焊接操作时必须穿戴合适的劳动防护服装、鞋、滤光护目镜、焊接手套 （3）没有领取过多的铜管或零件，以最省的铜管用量完成组件的制作与钎焊 （4）操作完成后的整理工作应符合有关规定	10

（2）制作成果评分标准（见表 1-3-16）

表 1-3-16　制作成果评分标准

序号	考核内容	评分要素	评分标准	配分
1	焊接加工	焊接质量	所有焊口应光亮、饱满、无砂眼、无焊渣堆积现象	10
2	液体管道安装	制冷零部件、液体管道制作与安装后总体质量	（1）按图样及技术要求制作与安装液体管道 （2）按图样及技术要求安装、连接干燥过滤器、视液镜、电磁阀、热力膨胀阀等零部件及管道，固定牢固 （3）管道安装后保持横平竖直，不允许平行重叠 （4）管道制作与安装后应无凹陷、扭曲等明显变形	20

4. 回气管道的安装测评标准

（1）操作过程评分标准（见表 1–3–17）

表 1–3–17　　操作过程评分标准

序号	考核内容	评分要素	评分标准	配分
1	回气管各管段加工	用专用工具切割铜管、扩喇叭口、扩杯形口及弯管	（1）割管后，扩喇叭口、扩杯形口及弯管前，管口必须进行除毛刺、倒角处理，并且管内无残留铜屑 （2）所有管道（管子）开口处闲置时必须封口 （3）规范操作	20
2	焊接加工	使用气焊设备、氮气瓶及附件进行管道焊接	（1）规范操作 （2）焊接气体（氧气、乙炔或燃气）压力必须符合工程标准 （3）管道焊接必须采用充氮气保护法，充氮气压力约为 0.05 MPa，并保证管道畅通以及与大气连通 （4）钎焊时，不允许任何设备、零部件、附件有烧黑或烧坏的痕迹	20
3	回气管道安装	制冷零部件、回气管道安装	（1）必须正确使用符合标准的工具及测量器具 （2）零部件及管道闲置时必须封口 （3）规范操作	20
4	安全文明操作	回气管道制作与钎焊全过程	（1）人员、设备、工具处于安全状态 （2）焊接操作时必须穿戴合适的劳动防护服装、鞋、滤光护目镜、焊接手套 （3）没有领取过多的铜管或零件，以最省的铜管用量完成组件的制作与钎焊 （4）操作完成后的整理工作应符合有关规定	10

（2）制作成果评分标准（见表 1–3–18）

表 1–3–18　　制作成果评分标准

序号	竞赛内容	评分要素	评分标准	配分
1	焊接加工	焊接质量	所有焊口应光亮、饱满、无砂眼、无焊渣堆积现象	10

续表

序号	竞赛内容	评分要素	评分标准	配分
2	回气管道安装	制冷零部件、回气管道制作与安装后总体质量	（1）按图样及技术要求制作与安装回气管道 （2）按图样及技术要求安装、连接能量调节阀、止回阀、蒸发压力调节阀等零部件及管道，并固定牢固 （3）管道安装后保持横平竖直，不允许平行重叠 （4）管道制作与安装后应无凹陷、扭曲等明显变形	20

任务四
电控系统的安装与测试

一、认识双温冷库电控系统

冷库的电气控制系统主要由温度控制系统、压缩机控制系统（是个压力自动控制系统）及融霜控制系统等组成。这些系统是相互关联的，当温度控制系统工作时，压缩机控制系统也随之开始工作。自动控制元件包括电子（热力）膨胀阀、高低压压力控制器、温度控制器、电磁阀、蒸发压力调节阀、热气旁通调节阀、化霜温度控制器等。

冷库电气控制系统的主要任务是使冷库的温度、相对湿度保持在食品冷藏工艺所要求的变化范围内，以保证易腐蚀食品的质量在储存期间不发生明显变化，空耗不致过大。

冷库电气控制系统的种类通常采用继电接触器系统、电子控制系统、数字式控制系统；数字式控制系统的控制器通常是单片机、PLC 等控制器，PLC 控制系统主要在大、中型冷库中应用较多。继电接触器系统、电子控制系统主要采用温度控制器或温度继电器来实现双位式控制。温度继电器或温度控制器是用来控制冷库温度的一种控制开关。在单机单库场合，可用温度控制器直接控制压缩机的开停，使库温稳定在所需温度范围。在一机多库或多机多库场合，温度继电器一般和供液电磁阀配合使用，对各库的温度进行控制。当温度上升到上限温度时，温度继电器把电磁阀线圈电路接通，电磁阀开启，制冷剂进入冷库蒸发器而蒸发降温；当温度下降到下限温度时，温度继电器把电磁阀线圈电路切断，电磁阀关闭，制冷剂停止进入蒸发器，从而把库温稳定在所要求的范围内。冷库电气控制是通过电气控制线路实现的，一个完整的冷库电气控制线路除了要按工艺要求启动和停止压缩机、冷风机、融霜电热器、照明等设备外，还要能实现温度、压力、液位、湿度等参数的控制与调节功能，并且须具备短路、失压保护（零电压保护）、断相保护、相序保护、过载保护等保护功能，同时为了方便管理，还能实时监测制冷系统工作状况，进行事故报警，并指示故障原因。

SX-CSC08A 双温冷库电气控制采用了 PLC+ 触摸屏 + 组态监控 + 智能仪表的模式。电气原理图是根据控制线图工作原理绘制，结构简单，层次分明，主要用于研究及分析电路工作原理。电气原理图一般分为主电路和控制电路，主电路是供给某些电气设备电源的，它受控制电路的控制，控制电路一般是由开关、按钮、温度继电器触点、压力控制器触点、信号指示灯、接触器、继电器的线圈构成。看电气原理图要先清楚其中的电气原理及其图形与文字符号所表示的含义。通常，在熟记电气图形符号的基础上就可以阅读电气原理图。看图时，首先看主电路，其次看控制电路，最后看信号、保护、照明等回路。

1. 双温冷库电控系统原理图

图 1-4-1 所示为双温冷库电控系统电气原理图，该电路由主电路和辅助（控制）电路组成，系统控制器为西门子 S7-1200 PLC 控制器，温度采集采用智能温度巡检仪，电子膨胀阀采用专用控制器；智能温度巡检仪与温度数显表、PLC 主站、电量数据检测仪间通过 RS485 网络进行数据交互；主电路由压缩机 M1、冷凝器风机 M2、蒸发器风机 M3、除霜加热器、交流断路器、交流接触器和热继电器等组成，如图 1-4-2 所示。辅助电路的主要作用是根据使用要求，自动控制压缩机组、冷风机和融霜加热器的开、停，调节制冷剂流量。为方便操作管理，电气控制系统设有手动 / 自动转换开关。此外，还可进行库温、融霜控制，并对电路实施断相保护，对压缩机组、冷风机和融霜加热器实施过压、超温等自动保护，以防烧坏设备。控制电路还包括指示灯与库房灯回路、机组控制回路、低温库温控与运行回路（冷冻库电磁阀）以及高温库温控与运行回路、PLC 控制回路，如图 1-4-3 和图 1-4-4 所示。PLC I/O 分配见表 1-4-1。

2. 双温冷库电气控制系统基本构成

双温冷库电控系统主要由电控箱、PLC 控制器、温度巡检仪、多功能电量表、触摸屏、传感器与外围设备接线端子排等组成。同时系统的 PLC 与智能仪表通过串口与物联网通信，将温度、压力等数据通过 3G/4G 网络统一上传到云管理平台，现场工作站或手机 App 可以随时调用云端数据进行统计、分析与监控。

（1）电控箱

电控箱安装在操作平台，双温冷库 SX-CSC08A 控制箱如图 1-4-5 所示。控制箱面板由触摸屏、温度巡检仪、多功能电量表、总电源控制区、系统控制区、运行显示区、检修操作区组成。

L1
N1
KM1
RV2.5
X1
1L
1H
RV0.5
电源控制线路
SA1
急停
SB1
KM1
L0
N0
QF1
DZ47LE-32 2P 32A
W1
RVV
3×2.5
HL1
AC 220V红色
电源指示灯
X0
XP1
16A插头
PE
FU1
10A
FU2
1A
FU3
1A
KM2
KA5
KA6
KA10
L10
L20
L30
L11
N11
L21
N21
L31
N31
L41
N41
W2
RVV
3×1.5
X3
W3
RVV
3×1.0
W4
RVV
10×1.0
FC
X8
M1
压缩机
M2
冷凝器风机
M3
蒸发器风机
EH1
融霜电加热器

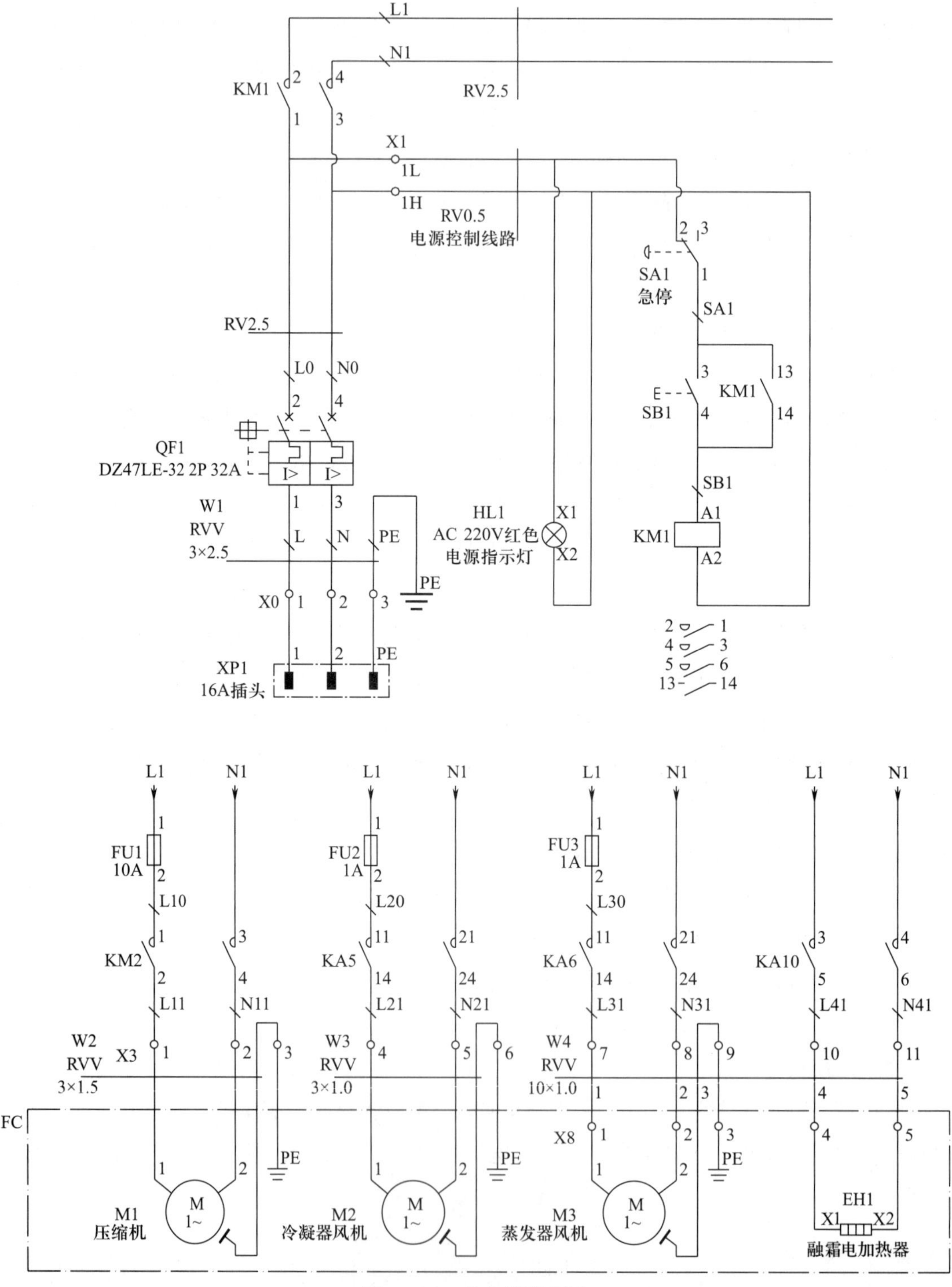

图 1-4-2　主电路原理图

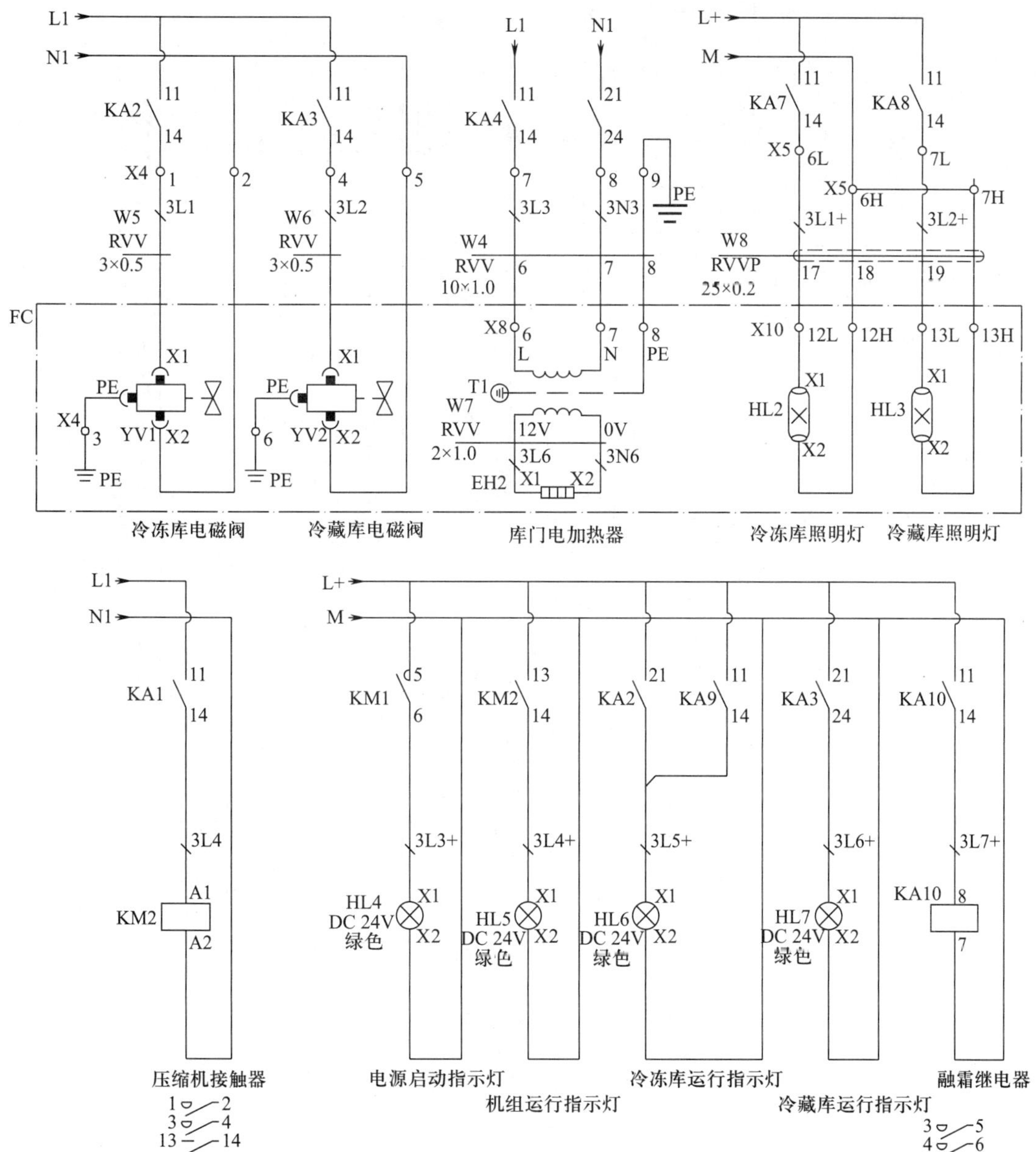

图 1–4–3　库房灯回路、机组控制回路等

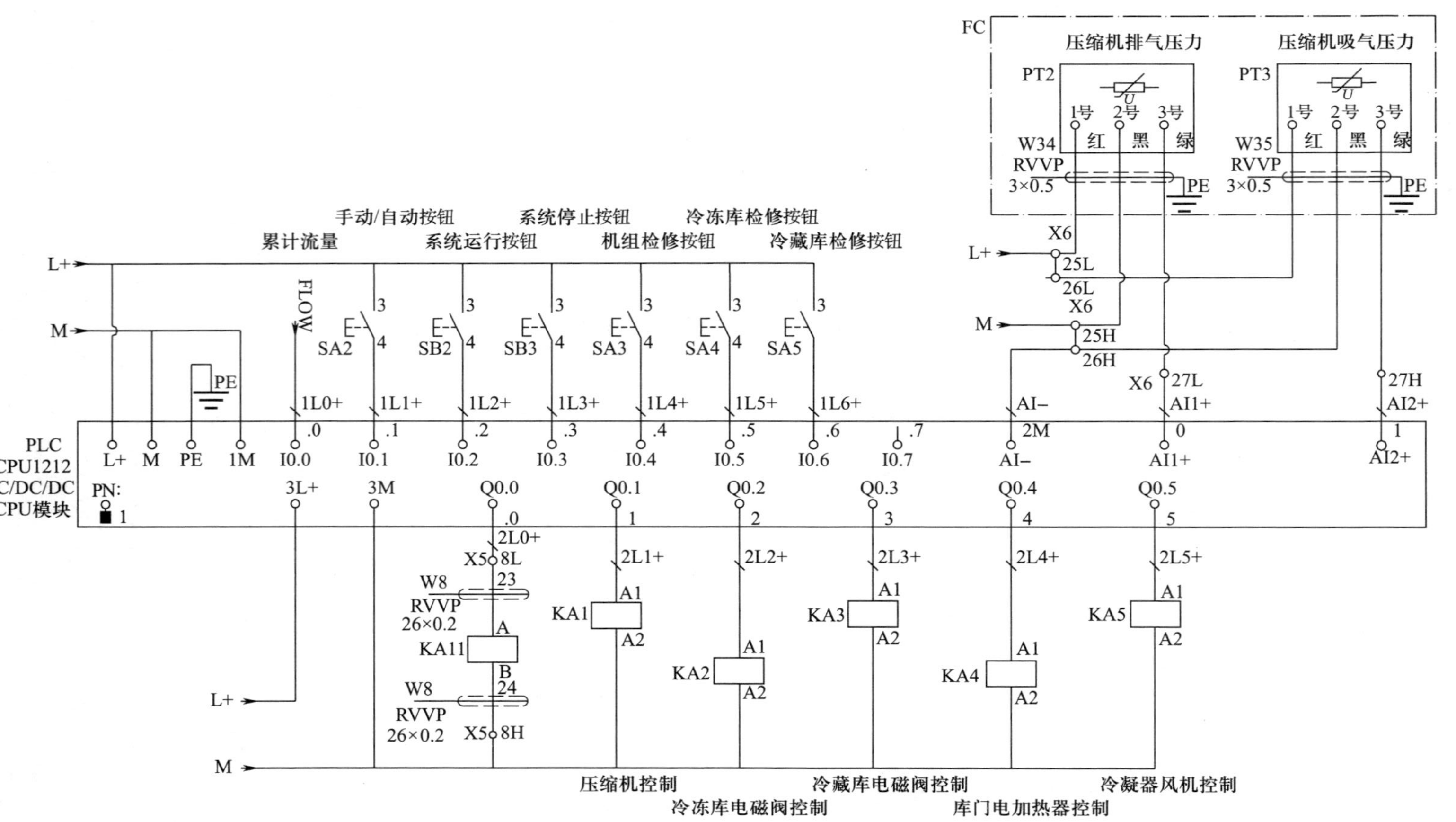

FC
压缩机排气压力
PT2
W34
RVVP
3×0.5
压缩机吸气压力
PT3
W35
RVVP
3×0.5
1号 2号 3号
红 黑 绿
PE
X6
25L
26L
25H
26H
27L
27H
L+
M
累计流量
手动/自动按钮
系统运行按钮
系统停止按钮
机组检修按钮
冷冻库检修按钮
冷藏库检修按钮
FLOW
SA2
SB2
SB3
SA3
SA4
SA5
1L0+ 1L1+ 1L2+ 1L3+ 1L4+ 1L5+ 1L6+
AI−
AI1+
AI2+
2M
PLC
CPU1212
DC/DC/DC
CPU模块
PN:
L+ M PE 1M
I0.0 I0.1 I0.2 I0.3 I0.4 I0.5 I0.6 I0.7
3L+
3M
Q0.0 Q0.1 Q0.2 Q0.3 Q0.4 Q0.5
2L0+ 2L1+ 2L2+ 2L3+ 2L4+ 2L5+
X5
8L
8H
W8
RVVP
26×0.2
KA11
KA1
KA2
KA3
KA4
KA5
A1
A2
压缩机控制
冷冻库电磁阀控制
冷藏库电磁阀控制
库门电加热器控制
冷凝器风机控制

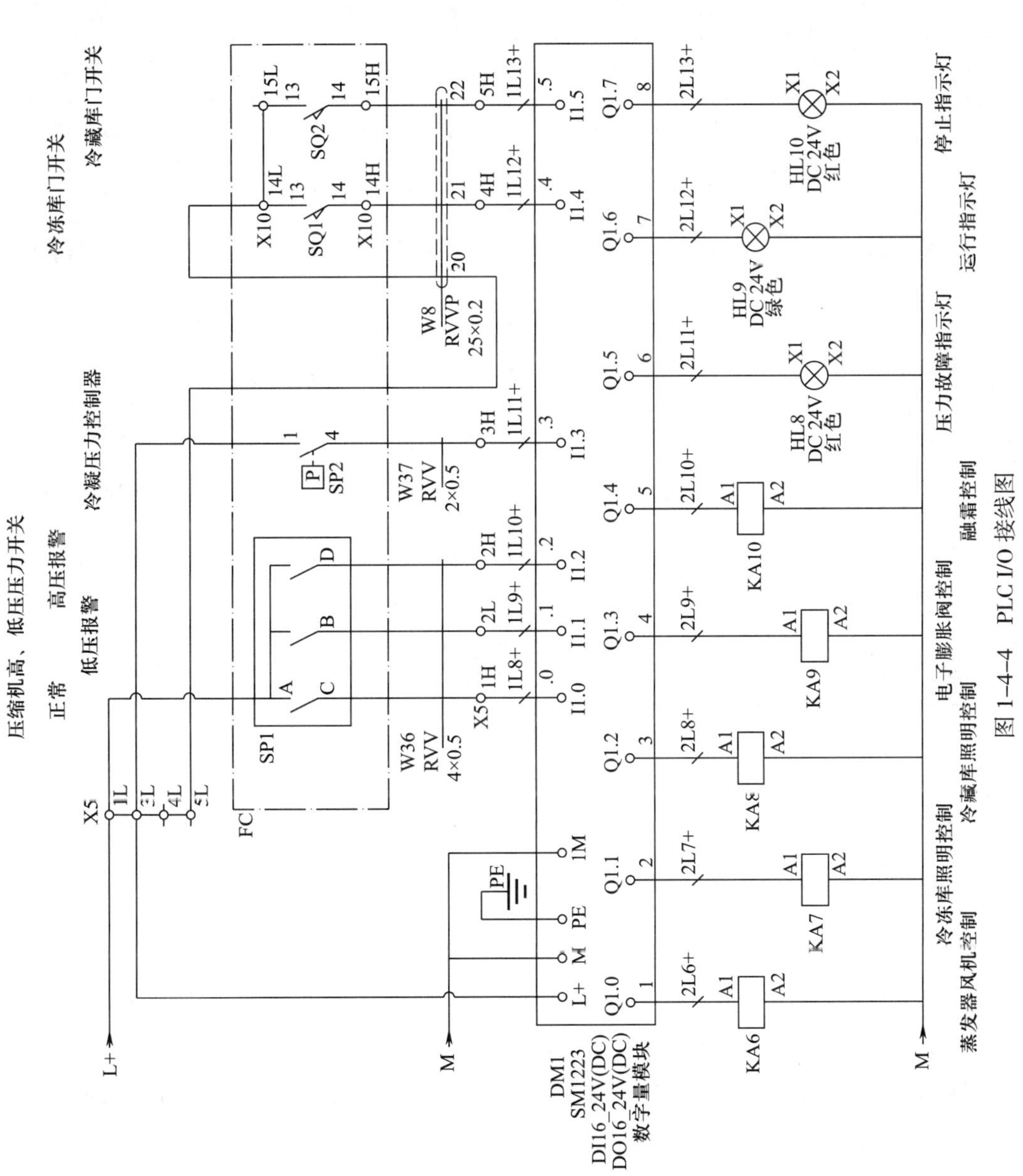

图 1-4-4　PLC I/O 接线图

表 1-4-1　　PLC I/O 分配

序号	输入 I/O 端	分配	序号	输出 I/O 端	分配
1	L+	直流电源相线	17	I1.5	冷藏库门开关
2	M	直流电源负极	18	Q0.0	冷藏库电辅热控制
3	I0.0	累计流量	19	Q0.1	压缩机控制
4	I0.1	手动 / 自动按钮	20	Q0.2	冷冻库电磁阀控制
5	I0.2	系统运行按钮	21	Q0.3	冷藏库电磁阀控制
6	I0.3	系统停止按钮	22	Q0.4	库门电加热器控制
7	I0.4	制冷机组检修按钮	23	Q0.5	冷凝器风机控制
8	I0.5	冷冻库检修按钮	24	Q1.0	蒸发器风机控制
9	I0.6	冷藏库检修按钮	25	Q1.1	冷冻库照明控制
10	AI1	压缩机排气压力	26	Q1.2	冷藏库照明控制
11	AI2	压缩机吸气压力	27	Q1.3	电子膨胀阀控制
12	I1.0	高、低压压力开关 C 端	28	Q1.4	融霜控制
13	I1.1	高、低压压力开关 B 端	29	Q1.5	压力故障指示灯
14	I1.2	高、低压压力开关 D 端	30	Q1.6	运行指示灯
15	I1.3	冷凝压力控制器	31	Q1.7	停机指示灯
16	I1.4	冷冻库门开关			

（2）PLC 控制器

可编程逻辑控制器是一种数字运算操作的电子系统，简称 PLC，专为工业环境下应用而设计，它采用可编程序的存储器，用来在其内部存储执行逻辑运算、顺序控制、定时、计数和算术运算等操作的指令，并通过数字式、模拟式的输入和输出，控制各种机械和生产过程。可编程逻辑控制器及其有关设备都应按易于使工业控制系统形成一个整体，易于扩充其功能的原则设计。PLC 硬件主要由 CPU（Central Processing Unit，中央处理器）、信号板、信号模块、通信模块、存储卡、电源模块等组成，PLC 可实现逻辑控制、过程控制、运动控制和通信联网四大功能。双温冷库 SX-CSC08A 采用的是 S7-1200 西门子控制器，其实物与结构如图 1-4-6 所示。

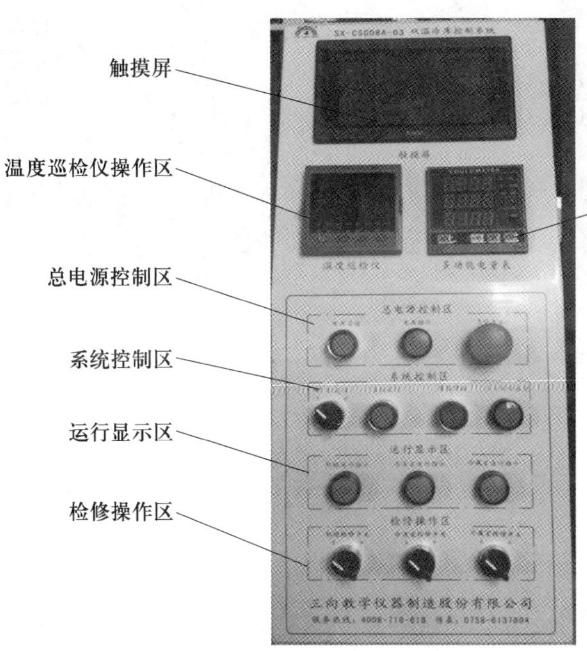

a）

b）

图 1-4-5　电气控制箱

a）操作面板　b）实物接线图

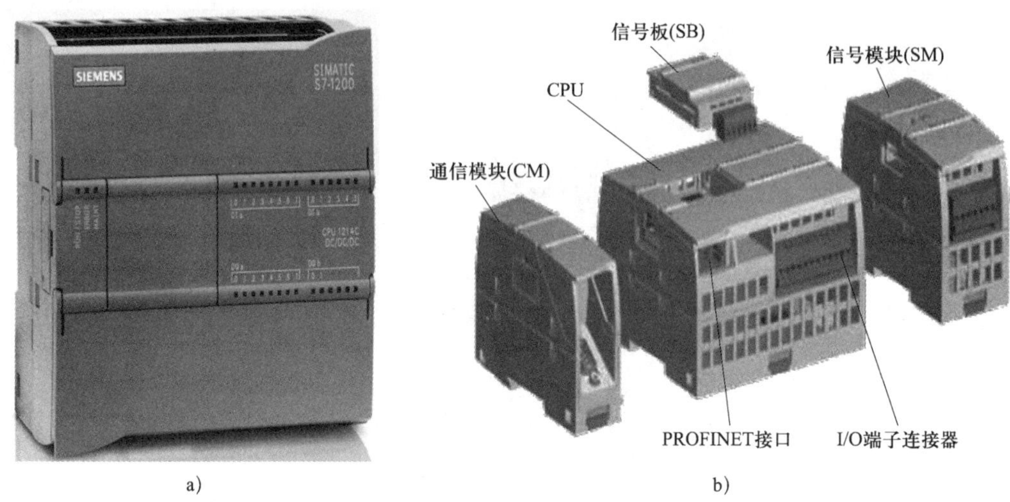

a)　　　　b)

图 1-4-6　S7-1200　PLC 的实物与结构

a）实物　b）结构

（3）温度巡检仪

双温冷库系统采用的是 AI708-9-RC10-S 16 路温度巡检仪，主要对双温冷库系统的温度进行采集处理。采用单片机技术，接入热电阻、热敏电阻等信号，可进行 16 路的数字巡回检测与报警，如图 1-4-7 所示。其主要特点是，能自动循环显示测量值、巡检路数、已报警的通道号。

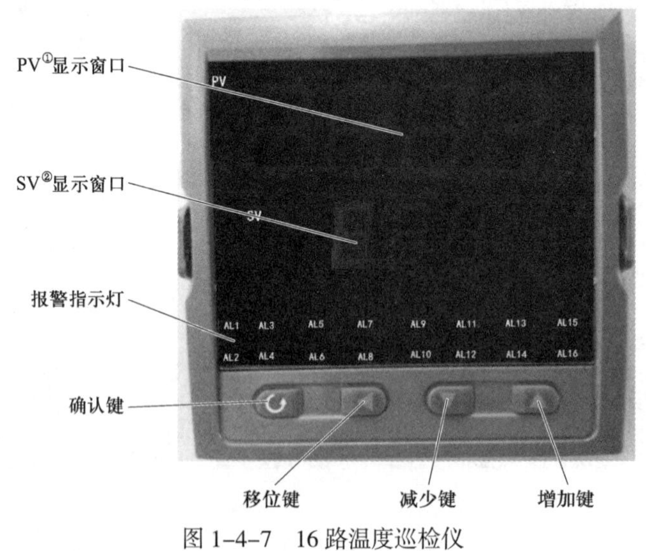

图 1-4-7　16 路温度巡检仪

① PV：Process Value，当前参数测量值。

② SV：Set Value，当前参数设定值。

16 路温度巡检仪参数调节步骤如图 1-4-8 所示。

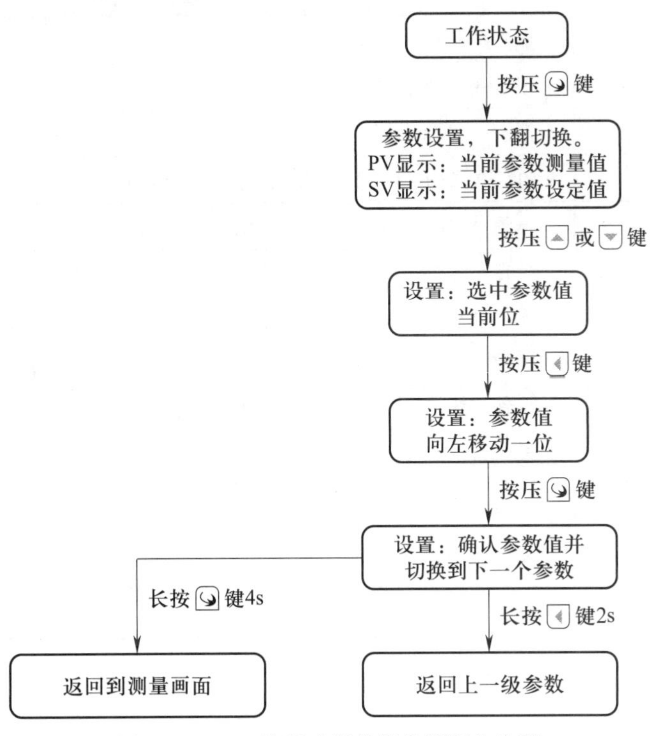

图 1-4-8　16 路温度巡检仪参数调节步骤

（4）多功能电量表

双温冷库系统采用的是 DW9-RC18B-RGB D 多功能电量表，用于计量制冷系统的用电量，是集可编程功能、自动化测量、LED（Light Emitting Diode，发光二极管）显示、电能累加、数字通信等功能为一体的智能电力参数监测仪表。其操作面板如图 1-4-9 所示。

该多功能电量表的按键功能见表 1-4-2：

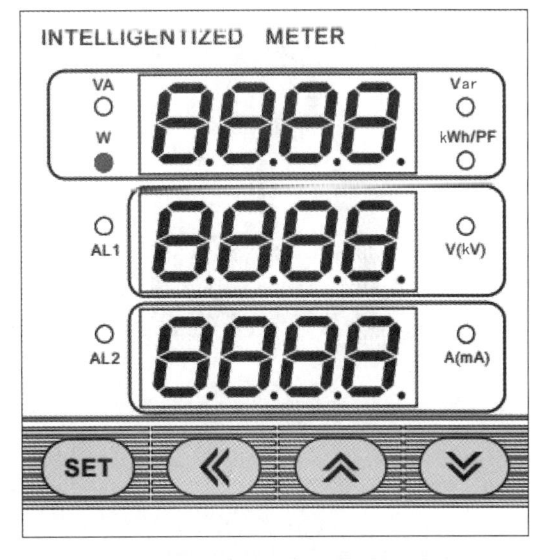

图 1-4-9　多功能电量表

表 1-4-2　　多功能电量表按键功能

面板文字	内容说明
数码管	显示测量值 / 参数设定内容
AL1	报警 1 号指示灯
AL2	报警 2 号指示灯
V（kV）	电压 V 指示灯（常亮）/kV 指示灯（闪动）
A（mA）	电流 A 指示灯（常亮）/mA 指示灯（闪动）
VA	视在功率指示灯（常亮）/ 指示灯闪动时为 kVA
Var	无功功率 Var 指示灯（常亮）/ 指示灯闪动时为 kVar
kWh、PF①	功率因数 PF 指示灯（闪动）/ 有功电度值指示灯（常亮）
W	有功功率 W 指示灯（常亮）/ 指示灯闪动时为 kW
SET	参数选择 / 确认键
《	移位键
︽	增加键
︾	减少键

（5）流量传感器

双温冷库系统采用的是 DT-LWGY-4C10WSH 智能流量计，输出标准 4~20 mA 信号，用于测量制冷系统的制冷剂的流量，并计算系统的制冷量大小。流量计实物与面板如图 1-4-10 所示。

a）

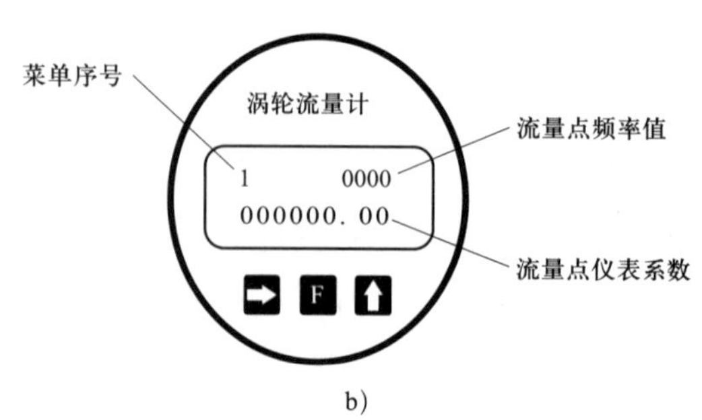

b）

图 1-4-10　流量计
a）实物　b）面板

① PF：Power Factor，功率因数。

流量计按键功能见表 1-4-3。

表 1-4-3　　流量计按键功能

按键	功能
⇨	向右移位键：光标位向右移位
⇧	增加键：光标数值增加 1
F	菜单切换键：参数菜单切换

流量计参数调节步骤如图 1-4-11 所示。

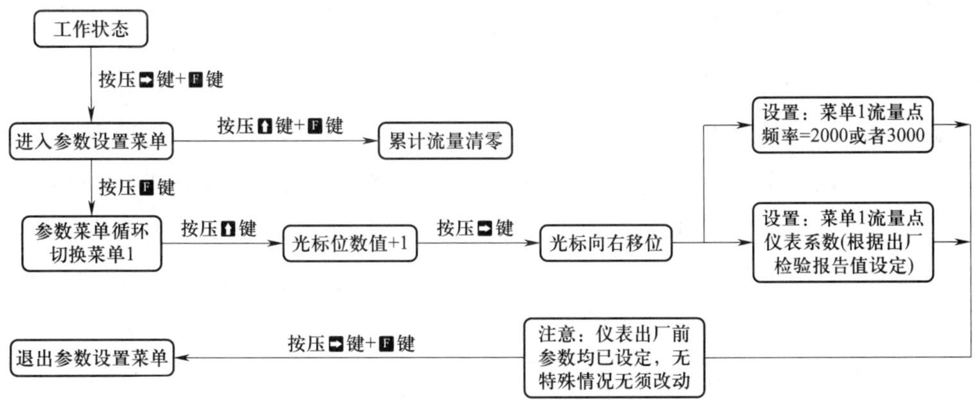

图 1-4-11　流量计参数调节步骤

（6）制冷压缩机

双温冷库系统采用的是法国泰康 CAJ4511YHR 制冷机组，小型制冷设备的压缩机电动机多为单相电动机，电动机定子中有启动绕组和运行绕组。一般情况下，启动绕组线径细，匝数多，直流电阻较大；而运行绕组线圈的线径粗，匝数少，直流电阻小。单相压缩机的机壳上有 3 个接线柱，上面分别标有 R（有的标“M”）、S、C 字母（见图 1-4-12）。R 表示运行端子，S 表示启动端了，C 表示公共端。单相压缩机电动机的启动方式如下。

1）电容分相启动式（CSIR 方式）电路。为了增加压缩机电动机的启动转矩及减小启动电流，在启动绕组支路中串接一个大容量的启动电容器 C_S，所配置的是容量为 30~100 μF、耐压为 AC 450 V 以上的无极性油浸式电容器。电动机启动后，C_S 连同启动绕组一起从电路中断开，如图 1-4-12 所示。

2）电容启动电容运行式（CSR 方式）电路。为了改善电路的功率因数，减小线路电流，降低电能的损耗。除了在启动绕组中串接一个受启动开关 K（PTC① 器件、重锤启动器）

① PTC：Positive Temperature Coefficient，正温度系数。

控制的启动电容器 C_S 外，还固定接有一只小容量的运行电容器 C_R（C_R 为 2~3 μF/450 V），如图 1-4-13 所示。

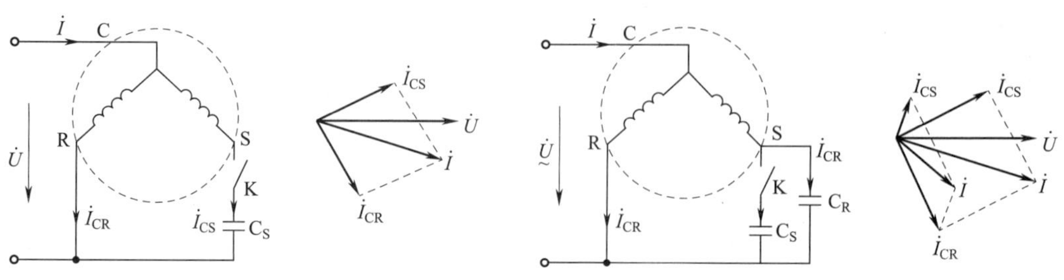

图 1-4-12　电容分相启动电路图　　　　图 1-4-13　电容启动电容运行电路图

（7）压力控制器

双温冷库系统采用的是丹佛斯 KP15 的压力控制器，压力控制器是双温冷库控制电路中的重要部件，在制冷系统的高、低压力出现异常时，能及时切断电路，其压力限值可以调节设定，即通过转动压力调节盘来调节。以低压为例，当顺时针转动压力调节盘时，使调节弹簧压缩，弹力增加，控制的低压额定值就增高；逆时针旋转压力调节盘时则压力降低，从而可使压缩机的吸、排气压力限定在一个安全范围内，无论是高压超过上限或是低压低于下限，控制器都会断开电路使压缩机保护性停机，当压力回复到设定值范围内时又能自动接通电路恢复正常工作。有些控制器上设有手动复位装置，是要求操作者确认故障已排除之后用。压力控制器接线端子通常有 A、B、C 三个或 A、B、C、D 四个，如图 1-4-14 所示。A 端接电源线，B 端接低压故障显示，C 端接压缩机控制电路，D 端接高压故障显示。

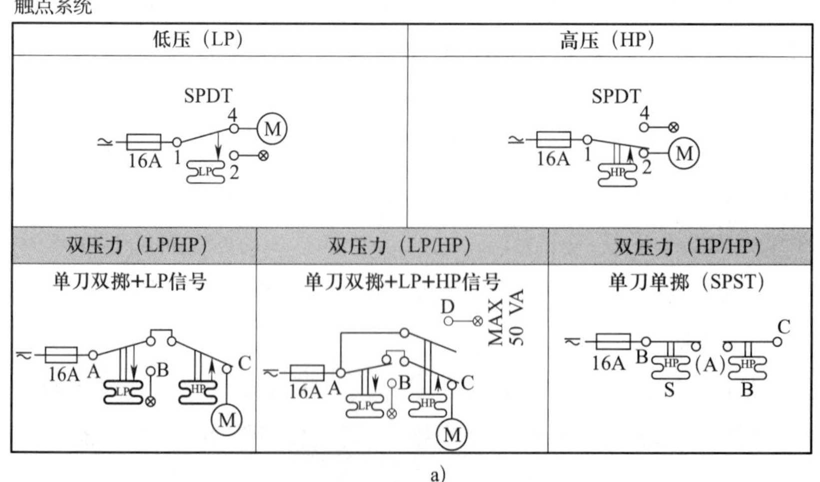

a)

1、2、4—接线端子
A、B、C、D—接线端子

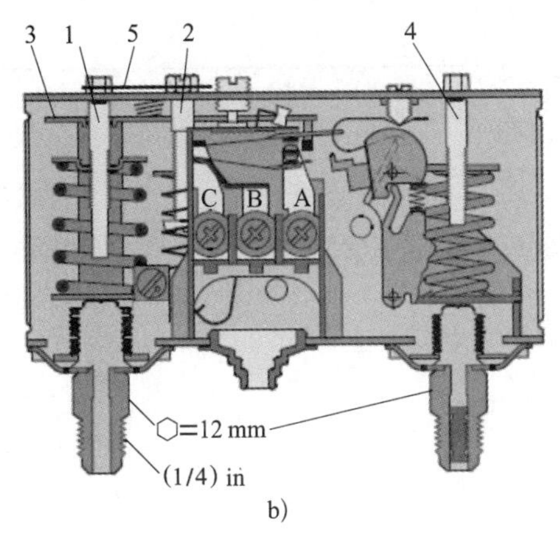

图 1-4-14　KP15 压力控制器

a）端子示意图　b）结构示意图

1—低压（LP）设定旋杆　2—低压压差设定旋杆　3—主臂

4—高压（HP）设定旋杆　5—锁定板　A、B、C—接线端子

3. 双温冷库系统的安全保护

为了使制冷系统安全正常地工作，在冷库的电气控制系统和制冷系统中设置了一些必要的安全保护措施，如短路保护、压缩机过热保护、漏电保护等，双温冷库系统的主要安全保护措施见表 1-4-4。

表 1-4-4　双温冷库系统的主要安全保护措施

安全保护名称	安全保护措施	安全保护目的
短路保护	当电动机或其他电器、电路发生短路事故时，电力电流剧增很多倍，熔断器 FU（包括 FU1、FU2 和 FU3）很快熔断或自动开关 QF1 自动跳闸，使电路和电源隔离，达到保护目的（见图 1-4-1 或图 1-4-2）	当电动机或其他电器、电路发生短路事故时，电路本身迅速切断电源，防止事故扩大
电动机过载保护	热继电器	当电动机或其他电器超载时，在一定时间内及时切断主电源电路
压缩机过热保护	电子热保护器、PTC	当由于某种原因造成电动机线圈热量增加而又不能良好地冷却时，线圈热量就会积累性地增加，严重时就会烧毁线圈。电子保护器件能有效地保证电动机在正常温升下运行

续表

安全保护名称	安全保护措施	安全保护目的
融霜过热保护	融霜继电器、融霜温度检测	控制融霜加热器的加热温度，防止冷风机内蒸发盘管温度过高，从而维持库房温度的稳定
压缩机高、低压保护	当压力超过调定值时，压力继电器开关通过 PLC 能切断压缩机的控制电源	控制吸、排气压力，防止压缩机吸气压力过低或排气压力过高，从而保护压缩机
漏电保护	保护接地、漏电开关	电器内部绝缘体老化或损坏，电就可能传到金属外壳上来，如果外壳不接地，这时人若碰上去就会触电，为防机壳带电，采用保护接地的措施

4. 双温冷库系统制冷系统的调节

为了使制冷系统适应冷库热负荷的变化，需要进行库房的温度调节、蒸发压力调节以及融霜控制等。温度和压力控制的两个系统通过制冷剂相互联系，当温度控制系统工作时，制冷剂的循环系统也随之开始工作。下面把制冷系统与电气控制系统结合起来，分析制冷系统的温度、压力、能量调节方法。制冷系统的温度、压力、能量调节方法见表 1–4–5。

表 1–4–5　　冷库制冷系统的调节方法

控制内容	控制措施	控制原理
库房温度调节	采用 PLC 与电磁阀 YV1、YV2 进行库房温度调节（见图 1–4–1 或图 1–4–3）	当库房温度回升到调定值的上限时，PLC 控制器的输出端 KA2、KA3 中间继电器线圈得电，其触点接通电路，电磁阀 YV1、YV2 打开供液，冷风机启动工作，压缩机通电正常运行 当库房温度下降到调定值的下限时，PLC 控制器的输出端 KA2、KA3 中间继电器线圈失电，其触点断开电路，分别切断冷风机和电磁阀控制电路，停止供液降温，冷风机也停止运行。当两个库房的温度都达到调定值的下限时，压缩机自动停止运行

续表

控制内容	控制措施	控制原理
压缩机能量调节	采用热气旁通能量调节阀	压缩机运行时负荷降低，吸气压力降低，当吸气压力降低到能量调节阀的开启设定值时，能量调节阀开启，使压缩机的排气有一部分旁通到系统的低压侧，从而使压缩机在低负荷时仍能维持运行所需要的吸气压力而继续运行
制冷剂流量控制	采用热力膨胀阀和电磁阀 YV 及电子膨胀阀进行制冷剂流量控制	当温度下降到设定值时，PLC 控制器动作，电磁阀 YV 关闭，系统停止向库房供液；当库温回升到设定值后，PLC 控制器输出动作，电磁阀 YV 得电开启供液，热力膨胀阀节流降压，使制冷系统正常循环
蒸发压力调节与防止倒流	蒸发压力调节阀可保证两个冷库在各自所需的蒸发压力下工作。止回阀控制制冷剂的流向，防止制冷剂回流	用于一机多库的制冷系统中，在高温库的蒸发器出口管道上安装蒸发压力调节阀（也称为背压阀），使阀前的压力保持在库房温度所对应的压力值上，通过吸气压力调节阀后，与压力值较低的回气总管相连，以保证系统中各个蒸发器在各自的要求下正常工作 在调节蒸发压力的同时，从低温库蒸发器来的吸气管路上需装止回阀，压缩机停止运行期间，可以防止高温库蒸发器制冷剂向低温库蒸发器倒流
融霜控制	采用 PLC 控制器、融霜加热器 EH1 和融霜温度传感器 TT8 进行融霜控制	电热融霜仅对低温库冷风机（蒸发器）而言。在 PLC 控制器上进行每天融霜次数、融霜温度等编程设置，每次融霜时间在 10~30 min 内调校。融霜时间开始时，电磁阀关闭，供液停止，然后融霜加热器通电发热，融化冷风机（蒸发器）内的结霜，霜水经管道流出库外，融霜完毕。加热器发出的热量影响蒸发器内的温度上升，此时，如果融霜加热器仍在融霜阶段运行，则蒸发器内的温度上升到设定值时（一般不超过 8 ℃），融霜温度传感器发出信号，PLC 控制器动作，停止加热器供电。待融霜阶段结束，PLC 控制器发出制冷信号，电磁阀动作，压缩机、冷风机才运转

5. 双温冷库电控系统运行操作步骤

双温冷库电控系统运行操作步骤如图 1-4-15 所示。

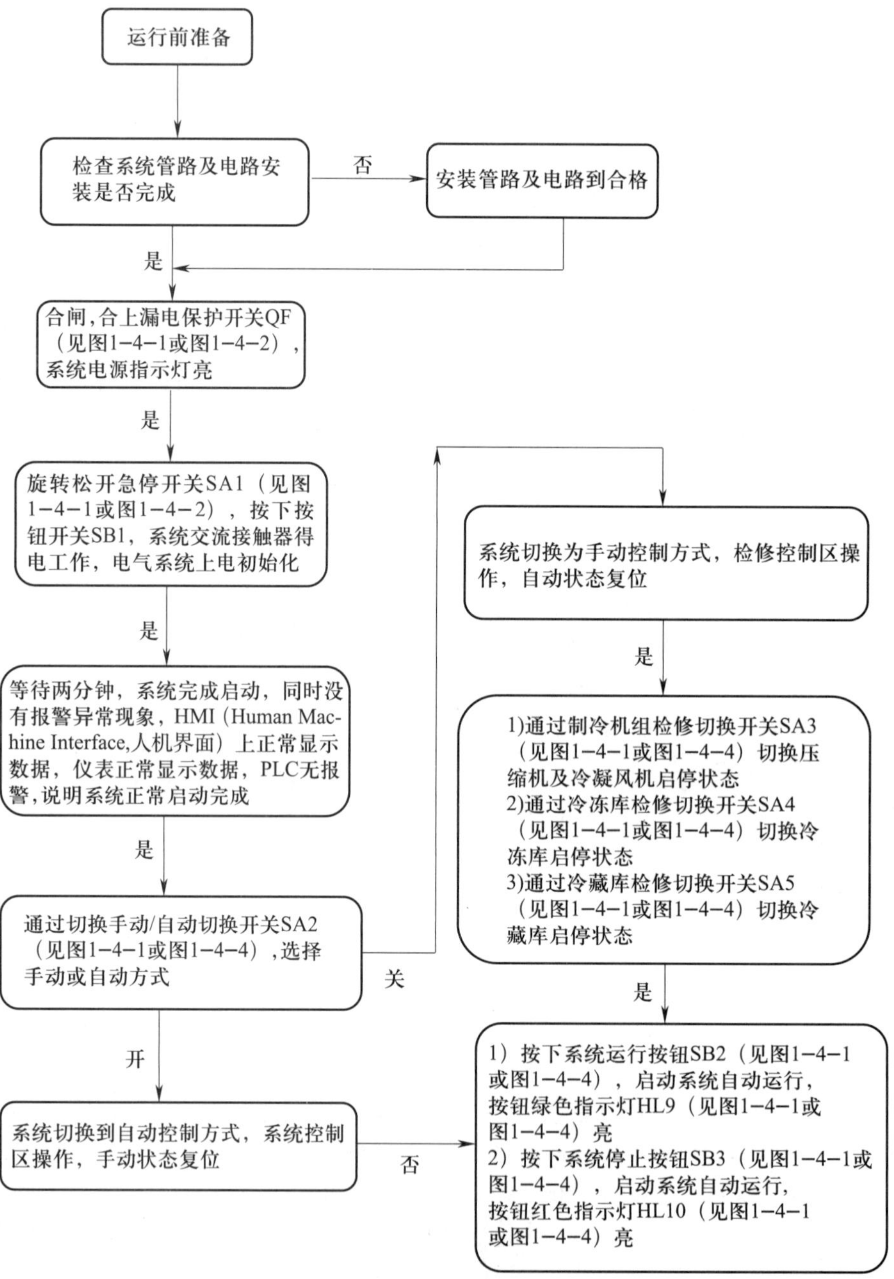

图 1-4-15　双温冷库电控系统运行操作步骤

二、双温冷库电控系统安装与测试的总体要求

1. 双温冷库电控系统安装的总体要求

双温冷库电控系统的安装是指电气控制箱的安装，以及主要制冷设备和元件，如压缩机、冷凝器风机、冷风机、电磁阀等，至电气控制箱的电路布线与接线等，其安装的总体要求如下：

（1）认真阅读技术文件及图样。

（2）必须对竞赛场地提供的元器件和电缆、数据线及附件设备进行自检。

（3）按双温冷库电控系统原理图（见图 1–4–1）进行电气布线设计，看懂电控系统电路安装图（见图 1–4–16）。

（4）电控系统连接过程中不允许设备通电。

（5）必须正确使用符合标准的工具以及测量器具。其中绝缘电阻表（又称兆欧表、摇表）测量输出电压必须大于 250 V。

（6）使用万用表、绝缘电阻表前必须自检。

（7）检修与调试前，除电路断电外，必须对大容量电容进行放电。

（8）为保证接线牢固，电线、电缆连接必须正确使用线耳、端子与接线排连接，所有位置不得露铜、露线（端子保护套不破损），严禁电缆中间使用电线驳接。

（9）所有电气元件需接地线的都必须连接地线，地线可采用 Y 形联结。地线连接必须使用符合规格的圆形线耳与地线排连接，地线排必须要有地线标示，每一个连接点只能使用一个圆形线耳，并做好地线标示。一般来说，同一条电缆的地线需比其他线长 25 mm 以上（除电磁阀与压力继电器），并固定牢固。

（10）电气控制箱内电源线必须有独立固定点，有预留长度，并固定牢固。

（11）外部电气设备与电气控制箱之间的电缆连接必须采用合适口径的金属软管保护，并用线码固定牢固，使用尼龙扎带时须把过长部分剪齐。

（12）电缆、电线与电气控制箱、零部件的连接处开口不得向上，以避免异物进入。当电缆跨越制冷管道时，必须在制冷管道上方，以避免水分渗入。

（13）所有电缆穿出电气控制箱、电磁阀处必须使用抗拉管接头（又称杯索）等密封保护，并固定牢固。

（14）温控器信号线必须与其他电线分开走线。

（15）电源线与信号线平行时，将电线放入各自的电线管中，而且要留有合适的线间距

离（电源线电流容量 10 A 以下为 300 mm，10~50 A 为 500 mm）。

（16）如有两条或两条以上的电缆并排布线，必须使用尼龙扎带固定，固定长度不超过 200 mm，使用尼龙扎带时须把过长部分剪掉。

（17）所有电缆与线管都需用线码固定，固定长度不超过 200 mm，并尽可能做到横平竖直，不能与其他部件及铜管相碰，如不可避免相碰触，必须做好隔离保护。使用尼龙扎带时须把过长部分剪掉。

（18）接线完成后，电路通电前必须进行总电路的短路、对地、绝缘性能的检查，以及对电源的电压、相位以及地线的检查。绝缘检查必须确保系统不是真空状态。对独立电气元器件进行绝缘检查，必须保证其独立，不能与其他电路连通。

（19）试运行通电与设备调试必须使用钳形电流表检测启动电流和运行电流。

（20）压缩机运行时严禁手动排气阀门关闭，以及空载、过载运行。

（21）设备维修、试运行期间，必须在设备电源处悬挂维修牌，操作完成后由操作者取下。

（22）系统带电或不确定是否带电的情况下操作，以及使用绝缘电阻表操作时必须戴绝缘手套。

（23）所有的电缆终端不能过紧，需预留一次剪切的余量。

（24）不得擅自开启（接通电源）除手持电动工具以外的任何电气设备。

（25）所有通电操作必须使用合格的绝缘手套。

2. 双温冷库电控系统电气测试的总体要求

（1）系统真空状态下严禁进行绝缘测试。

（2）绝缘电阻表测量输出电压必须大于 250 V。

（3）万用表必须具有 ×1 Ω 或 ×10 Ω 挡位。

（4）试电笔必须是非接触式的。

（5）使用绝缘电阻表、万用表、试电笔前必须自检。

（6）电气接线后，对所有电气连接的电阻阻值、绝缘性能以及地线与零线的连通性进行质量检查，以确保无短路、断路、接触不良及漏电。

（7）零部件、电路绝缘性能要求大于 2 MΩ。

（8）地线、零线的连通性能要求小于 2 Ω。

（9）绝缘测试必须保证其独立，不能与其他电路连通。

（10）连接插头通电前，应保证所有电气元件处于正确的位置，零部件齐全，固定牢靠。

（11）连接插头通电前，对电源的电压、相位以及地线进行检查。

（12）电源电压性能要求为：额定电压 -15%~10%。

（13）电源地线电压性能要求为：不小于额定电压的 5%。

（14）电源相位性能要求为：左零右相（火）。

（15）设备通电期间，使用试电笔测试冷库库体及制冷机组应无漏电情况。

（16）设备维修期间，带电或不确定是否带电情况下进行电路操作时，必须戴绝缘手套。

三、双温冷库电气系统的安装

1. 双温冷库电气控制箱安装

（1）冷库电气控制箱安装基本要求

1）必须遵守机电设备安装规程。

2）选择通风、干燥、太阳不直射的安装环境。

3）不得靠近冷凝器或其他热源。

4）尽量避开强磁场或其他干扰源。

5）机箱固定按图样要求采用螺钉进行安装。

6）严格按照接线端子图连接有关线路。

7）传感器应单独布线，且尽量远离其他强电控制线，温度传感器探头建议安装在距离蒸发器背后 20 cm 左右且回风良好的位置。

（2）操作步骤

1）阅读测试文档，做好竞赛准备。认真阅读测试文档，包括测试细节、内容、要求，测评标准及图样。

做好竞赛准备工作：选择合适的设备、材料、仪器仪表、工具、测量器具；检查电气控制箱等。

2）安装电气控制箱。根据图 1-3-2 所示给出的电气控制箱在操作台的安装尺寸和竞赛任务，首先按照图样要求将电气控制箱安装到指定位置，划线定位，然后采用手电钻钻孔，用螺栓将电气控制箱安装固定到支架上，最后用测量器具进行电气控制箱安装尺寸的校正。

2. 系统电路连接

根据竞赛提供的设备总接线图（见图 1-4-16），按竞赛技术要求选择合适的导线和器件，完成双温冷库电气控制线路连接，其中主要是电气控制箱与外部器件等的连接。

（1）系统电路连接基本要求

1）接线时用力要适中，防止用力过大将螺栓、螺母滑丝，发现已滑丝的螺栓、螺母应及时更换。

2）用螺钉旋具紧固或松动螺钉时，必须用力使螺钉旋具顶紧螺钉，然后再进行紧固或松动，防止螺钉旋具与螺钉打滑，造成螺钉损伤不易拆装。

3）导线接头连接时，要求接触面光滑且无氧化现象，接触要紧密，接头电阻尽可能小。

4）选择合适的电缆和接线端子，与端子排连接的导线须采用冷压端子连接。电源线与接地线选用 1.5 mm^2 的导线，压力控制器、传感器选用 0.5 mm^2 的导线。

（2）操作步骤

1）阅读测试文档，做好竞赛准备。认真阅读测试文档，包括测试细节、内容、要求，测评标准及图样。

做好竞赛准备工作：选择合适的设备、材料、仪器仪表、工具、测量器具；重点检查电气控制箱、压线钳、剥线钳、各种导线、接线端子等。

2）制作接线端子。首先，测量电气控制箱到器件布线距离长度，截取相应规格及长度的导线，其次，用剥线钳对截取电缆进行剥线，剥线长度根据接线端子型号、规格而定，一般为 8~10 mm，最后，用压线钳制作接线端子。各种类型的接线端子如图 1–4–17 所示。

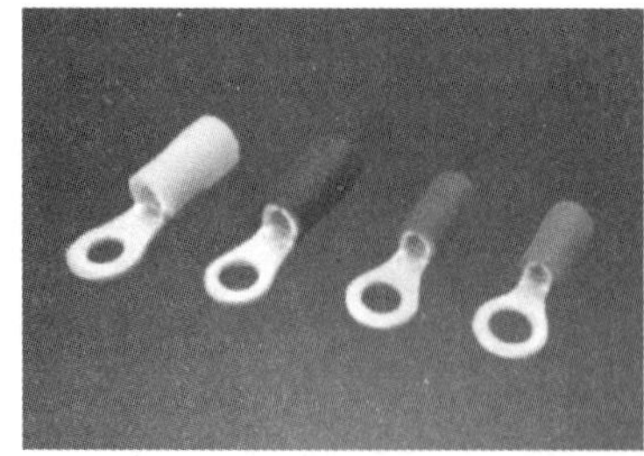
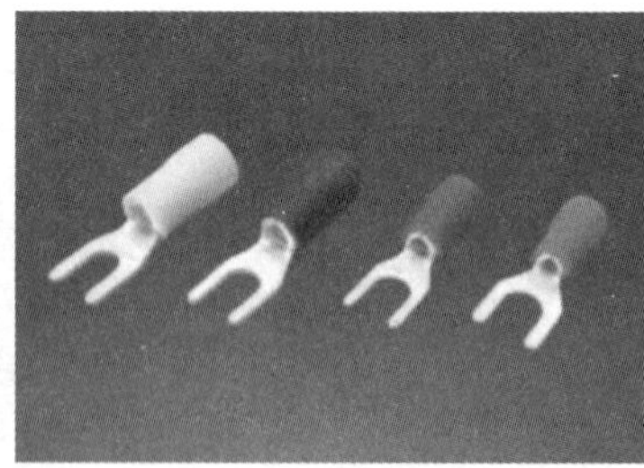
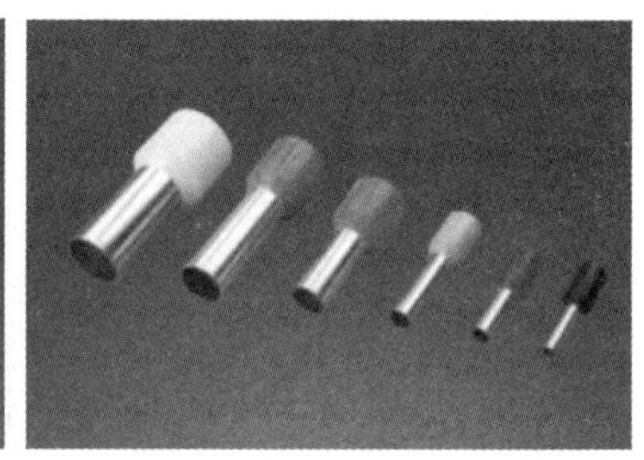

图 1–4–17　接线端子

3）确定双温冷库电气接线端子分配表。根据竞赛提供的设备总接线图，确定连接分配表，见表 1–4–6。

表 1-4-6　双温冷库电气接线端子分配表（部分）

接线排号	端子排号	设备或器件	接线排号	端子排号	设备或器件
X3	1	压缩机 L	X4	1	冷冻库电磁阀
	2	压缩机 N		2	冷冻库电磁阀
	3	接地线 PE		3	冷冻库电磁阀 PE
	4	冷凝器风机 L		4	冷藏库电磁阀
	5	冷凝器风机 N		5	冷藏库电磁阀
	6	冷凝器风机 PE		6	冷藏库电磁阀 PE

4）连接设备。根据接线图及端子分配表，依次接入设备与电气控制箱端子排，并检查连接是否固定牢靠。

3. 设备、工具、测量器具及材料准备

（1）选手准备（见表 1-4-7）

表 1-4-7　选手准备

序号	名称	产地	规格与要求	单位	数量	备注
1	电工刀	国产	通用	把	1	
2	手电钻	国产	2 挡，0~20 N · m	把	1	
3	钳形电流表	国产	直流、交流电压 ≤ 600 V，交流电流 ≤ 200 A，电阻 ≤ 20 kΩ	个	1	
4	数字万用表	国产	含表笔、K 型热电偶	套	1	含有 R×1 挡
5	数字绝缘电阻表	国产	数显，量程 500 kΩ ~ 5 GΩ，测量输出电压必须大于 250 V	个	1	
6	试电笔	国产	非接触式报警	支	1	

续表

序号	名称	产地	规格与要求	单位	数量	备注
7	多功能插座	国产	3 m（电流 ≤ 10 A，功率≤ 2.5 kW）	件	1	
8	旋具	国产	25 支	套	1	X 形
9	钻头	国外	ϕ 1.0 ~ 10 mm，进位 0.5 mm，19 支装	套	1	
10	尖嘴钳	国产	6 in，英制	把	1	
11	钢丝钳	国产	6 in（不带花腮孔），英制	把	1	
12	斜嘴钳	国产	6 in，英制	把	1	
13	绝缘端子压线钳	国产	0.5 ~ 6 mm^2	把	1	
14	剥线钳	国产	B 型，0.5 ~ 3.2 mm^2	把	1	
15	线针压线钳	国产	0.5 mm^2、0.75 mm^2、1.0 mm^2、1.5 mm^2、2.5 mm^2、4.0 mm^2、6.0 mm^2	把	1	
16	旋具	国产	3 mm × 75 mm、5 mm × 125 mm	套	1	十字旋具、一字旋具
17	呆扳手	国产	8 ~ 10 mm、12 ~ 14 mm、13 ~ 15 mm、17 ~ 19 mm	套	1	镜面双开
16	活扳手	国产	8 in（200 mm × 24 mm）、10 in（250 mm × 30 mm），英制	套	1	表面镀铬
17	9 件套内六角扳手	国产	9 Pcs，1.5 ~ 10 mm	套	1	
18	直角尺	国产	250 mm	把	1	
19	卷尺	国产	3 m	把	1	
20	钢直尺	国产	300 mm	把	1	

续表

序号	名称	产地	规格与要求	单位	数量	备注
21	水平尺	国产	300 mm	把	1	
22	歧管压力表	国产	双表，配三色加液管，管长 900 mm	套	1	复合压力表、双表修理阀
23	三色加液管	国产	R134a，黄、蓝、红，2 m，双英制	套	1	
24	剪刀	国产	通用	把	1	
25	手电筒	国产	5 W	个	1	
26	工作服	国产	通用	套	1	最好长袖
27	防割手套	国产	一面有胶	副	1	
28	绝缘手套	国产	进口乳胶（500 V）	副	1	XL
29	安全袖套	国产	通用	对	1	
30	防刺穿劳动防护鞋	国产	通用	双	1	
31	透明护目镜	国产	通用	副	1	
32	文具	国产	通用	套	1	签字笔、铅笔、橡皮等

（2）赛场准备（见表 1-4-8）

表 1-4-8　　　　赛场准备

序号	名称	产地	规格与要求	单位	数量	备注
1	双温冷库库体	国产	SX-CSC08A-01	套	1	
2	电气控制箱	国产	SX-CSC08A-03	个	1	
3	制冷压缩机组	法国	CAJ4511YHR	台	1	
4	压力控制器	丹麦	KP15	套	1	
5	冷凝压力控制器	丹麦	KP1	个	1	
6	流量计	国产	DT-LWGY-4C	个	1	
7	电子膨胀阀	丹麦	EKD316+ETS6-14	件	1	
8	温度传感器	国产	Pt1000-F4-30 mm-4 m	件	1	

续表

序号	名称	产地	规格与要求	单位	数量	备注
9	压力传感器	国产	VP415–1.2 MPa–（7/16）in（内）	件	1	
10	电磁阀	国产	（3/8）in，外螺纹 AC 220V，英制	个	2	
11	电缆	国产	$3\times0.75\ mm^2$	m	5	
12	电缆	国产	$3\times1.5\ mm^2$	m	3	
13	电缆	国产	$4\times1.5\ mm^2$	m	2	
14	电缆固定座	国产	HC–4	个	20	
15	电缆固定座	国产	HC–3	个	80	
16	电缆接头	国产	AG–12	个	3	
17	电缆接头	国产	AG–16	个	2	
18	接线端子	国产	旗插式	个	5	
19	接线端子	国产	直插式	个	5	
20	接线端子	国产	SV1.25–4S	个	25	
21	接线端子	国产	RV2–5S	个	10	
22	接线端子	国产	RV2–8S	个	5	
23	接线端子	国产	E1008	个	15	
24	地线标示	国产	R5	个	2	
25	地线标示	国产	R2	个	3	
26	电工胶布	国产	通用	卷	1	
27	自攻螺钉	国产	M4 × 20（沉头）	个	20	
28	自攻螺钉	国产	M4 × 20	个	20	
29	自攻螺钉	国产	M4 × 40	个	15	
30	自攻螺钉	国产	M4 × 70	个	20	
31	垫圈	国产	4	个	30	

续表

序号	名称	产地	规格与要求	单位	数量	备注
32	螺栓	国产	M4 × 8	套	20	带螺母、垫圈
33	螺栓	国产	M8 × 30	套	5	带螺母、垫圈
34	螺栓	国产	M8 × 50	套	5	带螺母、垫圈
35	电源维修牌	国产	通用	个	1	

注：表中“数量”为 1 个工位的用量。

四、双温冷库电气控制系统电气测试

冷库电气控制系统接线完成后，电路通电前，须进行总电路检测与检查，并按规定进行通电测试，均需现场裁判确认数据与操作。在裁判的全程监控下，完成所有必需的安全检查以确保测试项目能够安全供电以及设备的安全运行。

电气测试分为通电前测试及通电试运行测试。

1. 操作步骤

（1）对照电路图或接线图进行检查。从电源端开始，逐一检查接线是否正确；检查导线连接接点是否牢固。

（2）用万用表进行通断检查。合上空气开关 QF1（见图 1-4-1），将万用表置于欧姆挡，将其表笔分别放在 L 和 N 以及 L 和 PE 之间的接线端子上，读数不能为零或无穷大；为零或无穷大时必须进行检查调整。

（3）用绝缘电阻表进行绝缘检查。将电源相线 L 与绝缘电阻表的接线柱 L 相连，压缩机组的外壳和绝缘电阻表的接线柱 E 相连，测量其绝缘电阻应大于或等于 2 MΩ。

（4）在裁判的监护下，通电试机。合上空气开关 QF1，按下系统运行启动按钮 SB2，观察接触器 KM1、KM2 是否吸合，制冷压缩机是否运转。在观察的过程中，若遇到异常现象，应立即停车，检查故障。

（5）通电测试过程应全程观察系统的启动电流和运行电流，且其应在正确的范围内。

通电前测试，如达不到安全要求，需重新测试。若仍无法达到测试要求，设备将不允许通电运行。

通电试运行测试，如达不到安全要求，应马上停机、断电。须按安全规范重新测试。若选手仍无法达到测试要求，设备将不允许通电运行。

2. 测试报告（供选手填写）

供选手填写的测试报告见表 1–4–9。

表 1–4–9　　　　测试报告（常温下）

检查项目	电控系统安装—零部件测量（Ω）
压缩机绝缘电阻	
电气控制箱绝缘电阻	
冷藏库电磁阀电阻	
冷冻库电磁阀电阻	
冷藏库传感器电阻	
冷冻库传感器电阻	
电子膨胀阀电阻	
压缩机电动机 C 与 S 电阻	
压缩机电动机 C 与 R（M）电阻	
压缩机电动机 S 与 R（M）电阻	
冷凝器风机电阻	
蒸发器风机电阻	

3. 测试报告（供检测裁判填写）

供检测裁判填写的测试报告见表 1–4–10。

表 1–4–10　　　　测试报告

电气系统的测试内容	结论
所有电气连接的零线检测是否在现场裁判的见证下进行？	□是 / □否
所有电气连接的地线检测是否在现场裁判的见证下进行？	□是 / □否
所有电气连接的电阻检测是否在现场裁判的见证下进行？	□是 / □否
所有电气连接的绝缘电阻检测是否在现场裁判的见证下进行？	□是 / □否
设备通电前，是否进行插头电阻的检测？	□是 / □否
设备通电前，是否进行插头绝缘电阻的检测？	□是 / □否
设备通电前，是否确保元件固定牢靠、安装正确、零件齐全？	□是 / □否

续表

电气系统的测试内容	结论
设备通电前，是否进行电源电压、相位以及地线的检测？	□是 / □否
设备通电，是否检测有无漏电情况？	□是 / □否
设备通电，是否检测电流启动及运行情况？	□是 / □否
是否一次通电成功？	□是 / □否

五、测评标准

1. 操作过程评分标准（见表 1-4-11）

表 1-4-11　　操作过程评分标准

序号	竞赛内容	评分要素	评分标准	配分
1	电气控制箱安装	电气控制箱及其支架的安装	（1）必须正确使用符合标准的工具、量具 （2）规范操作	10
2	电控系统安装操作	按图样安装电控系统及制作	（1）压缩机、冷凝器风机组、高压保护压力控制器、低压保护压力控制器、温度控制器、电磁阀等器件是否根据电气标准进行接线 （2）电缆终端是否安装使用合适的端子，并绝缘良好 （3）所有电气元件是否规范接地 （4）控制电缆与电力电缆是否并排布线 （5）通电前，是否悬挂电源“危险”标志 （6）通电前，是否按规范测量电气元件的质量 （7）电气测试开始前，是否检查绝缘电阻表 （8）通电前，是否按规范测量电源，确保安全 （9）通电前，是否按规范测量设备，确保安全 （10）通电及绝缘电阻测量时严禁压缩机真空 （11）通电，是否用钳形电流表监控电流	40
3	安全文明操作	电气安装全过程	（1）人员、设备总是在一个安全的条件下 （2）总是穿戴正确的安全服装、手套与鞋，正确使用工具 （3）通电或不确定带电时总是戴绝缘手套 （4）半高空作业是否正确使用人字梯	10

2. 制作成果评分标准（见表 1-4-12）

表 1-4-12　　制作成果评分标准

序号	竞赛内容	评分要素	评分标准	配分
1	电气控制箱安装	电气控制箱及其支架的安装	（1）按图样及技术要求安装电气控制箱及其支架 （2）电气控制箱安装正确、牢固	10
2	接线与装配	接线质量	（1）所有接线应牢固、无松动 （2）电缆布线应横平竖直 （3）电线、电缆、线管应无破损	20
3	通电测试	装配调试	（1）测试报告是否正确 （2）是否一次通电成功	10

任务五
制冷系统吹污和气密性试验

一、制冷系统吹污和气密性试验的总体认识

冷库制冷系统安装后，在系统中可能存有杂质、污物；而系统稍有不严密处，就会造成制冷剂泄漏，影响系统的正常工作，对人体有害。因此，冷库制冷系统安装完毕，必须对系统进行吹污处理和气密性试验。

1. 认识制冷系统吹污

用0.6 MPa（表压）的氮气，对小型氟利昂制冷系统进行吹污。在距吹污口300 mm处以白色标识板检查，直至无污物排出为合格。氟利昂系统吹污不能用压缩空气，因压缩空气中含水蒸气，若残留在氟利昂系统内，将会导致氟利昂制冷系统冰堵故障的发生。

大型氨制冷系统的吹污，一般可用空压机将空气压缩后排至储气罐中，再由储气罐向管组或系统充入气体。在系统吹污时，如果没有空压机，也可用制冷压缩机进行，吹污压力为0.6 MPa，但要注意制冷压缩机的排气温度，不应超过125 ℃，否则会降低润滑油的黏度，引起压缩机运动部件的损坏。冷间排管组装后可进行分管组吹污；低压系统的多层库房可进行分层吹污；高压设备及其他设备可进行分段吹污。

2. 认识气密性试验

气密性试验一般分为压力试验、真空试验和制冷剂试验三个阶段。

（1）压力试验

通过对整个制冷系统充以一定压力的氮气，使管壁设备的内壁受压，以检查安装后的接头、管材、设备等是否有泄漏。因氟利昂系统对残留水量有严格的要求，故多采用工业氮气进行试漏。试验压力的大小，通常由制冷系统所使用制冷剂的种类及试验部位来确定。

（2）真空试验

压力试验后，让制冷系统处在适当真空状态下一定的时间，从真空压力表的读数是否

变化，来反映和观察空气是否渗入系统，以检验系统的密封性能。同时，抽除系统中残留的气体和水分，也为制冷剂的充注做好充分的准备。

（3）制冷剂试验

在完成压力试验和真空试验后，就应进行充注制冷剂检漏试验（充液试漏），目的是进一步检查系统的严密性。因为制冷剂的渗透性强，当系统只要存在微小的漏点时，仅用上述两种方法，往往难以确定系统是否存在泄漏隐患，还需要用制冷剂检漏。

制冷系统吹污和气密性试验的操作过程如下：

系统吹污→压力试验→抽真空试验→充注制冷剂试验→系统充注制冷剂。

二、制冷系统吹污和气密性试验的总体要求

双温冷库制冷系统吹污和气密性试验的总体要求如下：

1. 系统吹污

（1）使用氮气进行吹污，吹污气体压力为 0.6 MPa（表压）。

（2）吹污过程中，不允许设备通电。

（3）排污口排出的气体吹在白纸或白布上没有明显污点时，可认为系统已吹除干净。

2. 压力试验

（1）使用氮气进行压力试验，分别对系统高压部分和低压部分进行压力试验。系统试验压力标准：高压部分是 45 ℃时制冷剂对应压力的 1.4 倍，低压部分是 32 ℃时制冷剂对应压力的 1.4 倍。

（2）压力试验过程中，不允许设备通电。

（3）压力试验过程中，使用泡沫检漏液进行检漏，并确保系统处于正压状态。

（4）确认没有泄漏点后，移除复合压力表及维修软管。进入保压程序，保压时间必须大于规定时间。

3. 真空试验

（1）必须使用精度大于 100 mic① 的真空仪和可达到绝对压力 1 000 mic 以下的真空泵，以及能进行保真空操作的复合压力表。

（2）真空试验过程中，不允许设备通电。

（3）系统抽真空必须采用高、低压双侧抽真空法进行。

（4）抽真空必须在规定时间内达到相关技术要求。达到要求后进入保真空，保真空过

① mic：micron，1 mic=0.133 Pa。

程中必须移除真空泵。保真空必须在规定时间内达到相关技术要求。

4. 制冷剂试验

（1）真空状态充注制冷剂过程中，不允许设备通电。

（2）初次制冷剂试漏压力为 0.2~0.4 MPa。

（3）系统充注制冷剂试漏必须以气体方式在低压侧进行充注。

（4）充注过程中，不可排放任何制冷剂液体和气体。

（5）充注制冷剂结束后，不可排放制冷剂液体，并尽量减小制冷剂气体的排放。

三、系统吹污

双温冷库制冷系统安装后必须进行吹污处理。系统吹污方式有两种：一种是制冷系统整体吹污，适用于小型制冷装置；另一种是分段进行，先吹高压系统，后吹低压系统，排污口应分别选择较低的部位，适用于大、中型制冷装置。

双温冷库制冷系统属于小型氟利昂制冷系统，宜采用整体吹污方式。

1. 设备、工具、测量器具及材料准备

（1）选手准备（见表 1-5-1）

表 1-5-1　　选手准备

序号	名称	产地	规格与要求	单位	数量	备注
1	旋具	国产	3 mm × 75 mm、5 mm × 125 mm	套	1	十字旋具、一字旋具
2	尖嘴钳	国产	6 in，英制	把	1	
3	钢丝钳	国产	6 in（不带花腮孔），英制	把	1	
4	斜嘴钳	国产	6 in，英制	把	1	
5	呆扳手	国产	8~10 mm、12~14 mm、13~15 mm、17~19 mm	套	1	镜面双开
6	活扳手	国产	8 in（200 mm × 24 mm）、10 in（250 mm × 30 mm），英制	套	1	表面镀铬
7	9 件套内六角扳手	国产	9 Pcs，1.5~10 mm	套	1	

续表

序号	名称	产地	规格与要求	单位	数量	备注
8	工作服	国产	通用	套	1	最好长袖
9	防割手套	国产	一面有胶	副	1	
10	透明护目镜	国产	通用	副	1	
11	文具	国产	通用	套	1	签字笔、铅笔、橡皮等

（2）赛场准备（见表 1-5-2）

表 1-5-2　　赛场准备

序号	名称	产地	规格与要求	单位	数量	备注
1	双温冷库库体	国产	SX-CSC08A-01	套	1	制冷系统已安装
2	管钳工工作台	国产	SX-815Q-33	张	1	
3	干燥过滤器	国产	（3/8）in，外螺纹，英制	个	10	
4	磁性控制器	国产	管径 18 mm	个	2	
5	氮气减压阀	国产	YQD-06	套	1	
6	加液管	国产	5 m，（1/4）in，双英制	根	1	黄色
7	加液球阀带转换接头	国产	（5/16）in（弯芯）×（5/16）in（外），英制	套	1	
8	白布	国产	专用	块	1	
9	泡沫检漏液	国产	200 g/ 瓶	瓶	2	
10	不锈钢水桶	国产	12 L	个	1	

注：表中“数量”为 1 个工位的用量。

2. 操作步骤

（1）阅读测试文档，做好竞赛准备

认真阅读测试文档，包括测试细节、内容、要求，测评标准及图样。

做好竞赛准备工作：选择合适的设备、材料、工具、测量器具；检查氮气设备、工具、测量器具等。

（2）系统吹污具体操作步骤及方法

1）如图 1-5-1 所示，分别断开压缩机吸气截止阀、排气截止阀与制冷系统其他部件的连接口。

2）把制冷系统中的所有阀门打开（特别是电磁阀，应设法使电磁阀开启）。

3）将高压氮气经减压阀后，通过转换接头连接到冷凝器进口，减压至 0.6 MPa（表压），对压缩机以外的制冷系统进行吹污，吹污时间的长短应视具体情况确定。

4）反复多次吹污（一般不少于 3 次），直到吹污口排出的气体吹在白纸或白布上没有明显污点时为止。

5）系统吹污结束后，拆卸过滤器及阀门的阀芯并进行清洗。

6）重新装好过滤器及阀门的阀芯。

7）将压缩机吸、排气截止阀与制冷系统其他部件连接固牢。

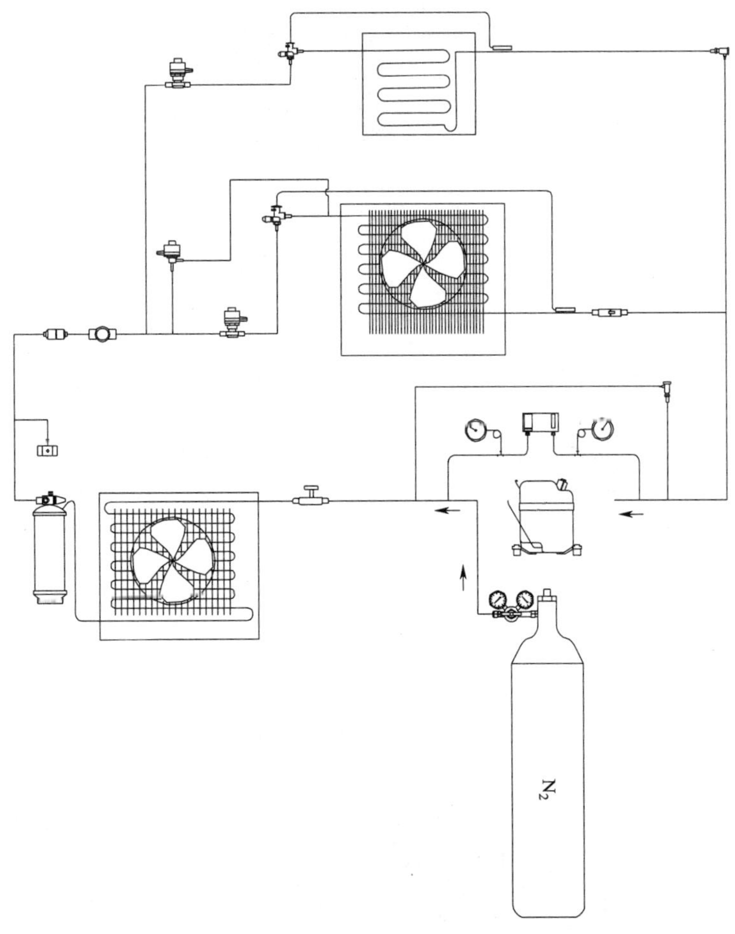

图 1-5-1　系统吹污示意图

四、压力试验

在制冷系统吹污工作合格后，还必须对整个制冷系统进行压力试验等气密性试验。双温冷库制冷系统吹污后应用氮气进行试压，并将系统分为高压和低压两部分进行试压。

如图 1–5–2 所示是双温冷库制冷系统的压力试验示意图。

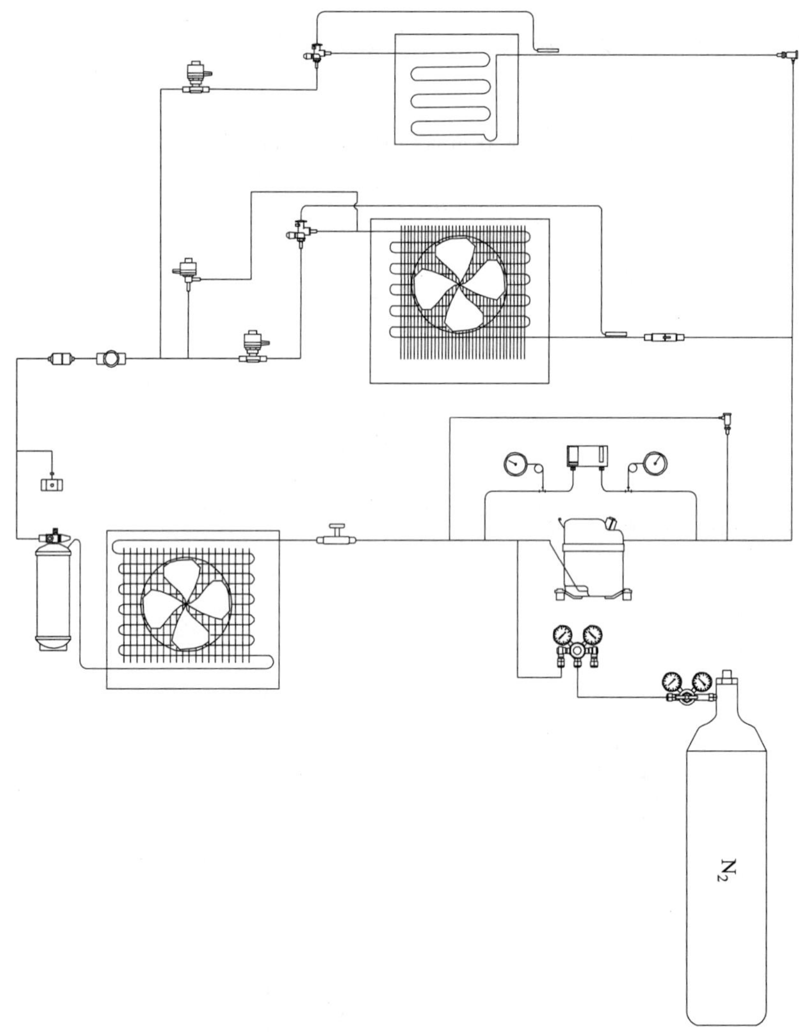

图 1–5–2　系统压力试验示意图

1. 设备、工具、测量器具及材料准备

（1）选手准备（见表 1-5-3）

表 1-5-3　　选手准备

序号	名称	产地	规格与要求	单位	数量	备注
1	旋具	国产	3 mm × 75 mm、5 mm × 125 mm	套	1	十字旋具、一字旋具
2	尖嘴钳	国产	6 in，英制	把	1	
3	钢丝钳	国产	6 in（不带花腮孔），英制	把	1	
4	斜嘴钳	国产	6 in，英制	把	1	
5	呆扳手	国产	8 ~ 10 mm、12 ~ 14 mm、13 ~ 15 mm、17 ~ 19 mm	套	1	镜面双开
6	活扳手	国产	8 in（200 mm × 24 mm）、10 in（250 mm × 30 mm），英制	套	1	表面镀铬
7	9 件套内六角扳手	国产	9 Pcs，1.5 ~ 10 mm	套	1	
8	工作服	国产	通用	套	1	最好长袖
9	防割手套	国产	一面有胶	副	1	
10	透明护目镜	国产	通用	副	1	
11	文具	国产	通用	套	1	签字笔、铅笔、橡皮等

（2）赛场准备（见表 1-5-4）

表 1-5-4　　赛场准备

序号	名称	产地	规格与要求	单位	数量	备注
1	双温冷库库体	国产	SX-CSC08A-01	套	1	制冷系统已安装
2	管钳工工作台	国产	SX-815Q-33	张	1	

续表

序号	名称	产地	规格与要求	单位	数量	备注
3	氮气减压阀	国产	YQD–06	套	1	
4	加液管	国产	5 m，（1/4）in，双英制	根	1	黄色
5	加液球阀带转换接头	国产	（5/16）in（弯芯）×（5/16）in（外），英制	套	1	
6	磁性控制器	国产	管径 18 mm	个	2	
7	不锈钢水桶	国产	12 L	个	1	

注：表中“数量”为 1 个工位的用量。

2. 操作步骤

（1）阅读测试文档，做好竞赛准备

认真阅读测试文档，包括测试细节、内容、要求，测评标准及图样。

做好竞赛准备工作：选择合适的设备、材料、工具、测量器具；检查氮气设备、工具、测量器具等；检查歧管压力表是否完好。

如图 1–5–3 所示为歧管压力表、加液管的组装示意图及实物。

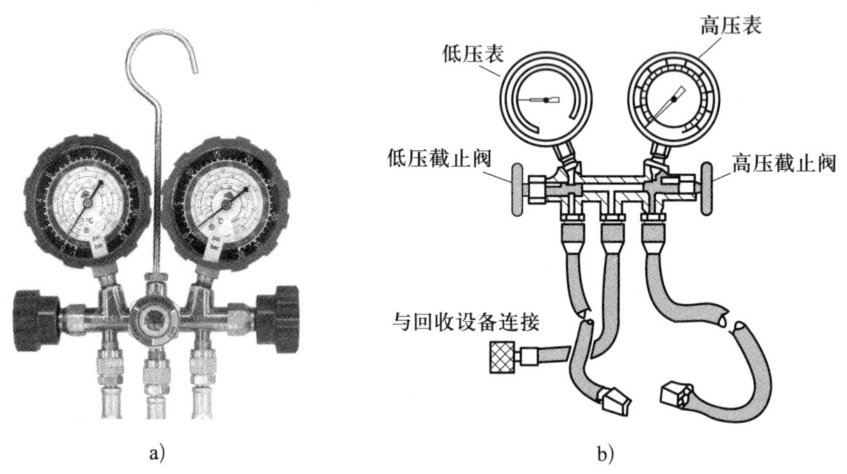

图 1–5–3　歧管压力表、加液管的组装示意图及实物

a）实物　b）歧管压力表、加液管组装示意图

（2）压力试验具体操作步骤及方法

1）充氮气前应把压缩机排气截止阀旁通孔与歧管压力表高压侧连接，把高压氮气减压

阀口与歧管压力表的中间接口连接。

2）关闭压缩机吸气截止阀，打开压缩机排气旁通孔，打开系统中其他所有阀门。

3）打开氮气阀门，将氮气充入系统，为了节省气源，可采用逐步加压的方法，先升到 0.3~0.5 MPa，用泡沫检漏液涂于各连接处与焊缝处进行检漏，检查有无大的泄漏处，在排除泄漏后再加压到低压系统的试验压力值，如 R134a 制冷剂加压到 0.98 MPa，保持 10 min。若表压无变化，即认为低压压力试漏合格，并记下压力表的具体读数和环境温度。

4）关闭贮液器出液阀，只向高压部分充压，使压力升高至 1.57 MPa，保持 10 min。若表压无变化，即认为高压压力试漏合格，并记下压力表的具体读数和环境温度。

在对高压侧进行压力试漏时，高压侧不能充至高于 1.57 MPa 的气压，因为高压侧气体漏入低压侧后，会破坏某些部件的气密性（如轴封和膨胀阀等）。

凡在检查中查明的渗漏点，应做好记号，等全部检查完毕后进行补漏工作。补漏工作不宜在充压状态下进行，因为不安全，应将氮气放掉后再做补漏工作。做好补漏工作后应再次充压试验直至整个系统不漏为止。

按照规范规定：压力试验时，系统中承受规定的试验压力，保压 30 min 后的压力降不应超过 2%，其余时间应能保持压力稳定。

进行压力试验时，应考虑环境温度变化对系统压力值的影响。因为环境温度下降而引起的压力降，不能误认为是有泄漏。

五、真空试验

制冷系统真空试验应在系统排污和压力试验合格后进行。

系统抽真空可用真空泵进行，如无真空泵时，可用自身制冷压缩机代替。对于较大的制冷系统通常用自身抽真空试验法。

双温冷库制冷系统采用真空泵进行真空试验，如图 1-5-4 所示。

常用的抽真空方法有低压单侧抽真空和高低压双侧抽真空两种。

根据技术要求，双温冷库制冷系统抽真空须采用高低压双侧抽真空的方法。

高低压双侧抽真空是指在干燥过滤器的进口处另设一根工艺管（或贮液器截止阀旁通孔），与压缩机吸气截止阀旁通孔并联在一台真空泵上，同时进行抽真空的方法。

高低压双侧抽真空对制冷系统性能有利，且可适当缩短抽真空时间，已被广泛应用。

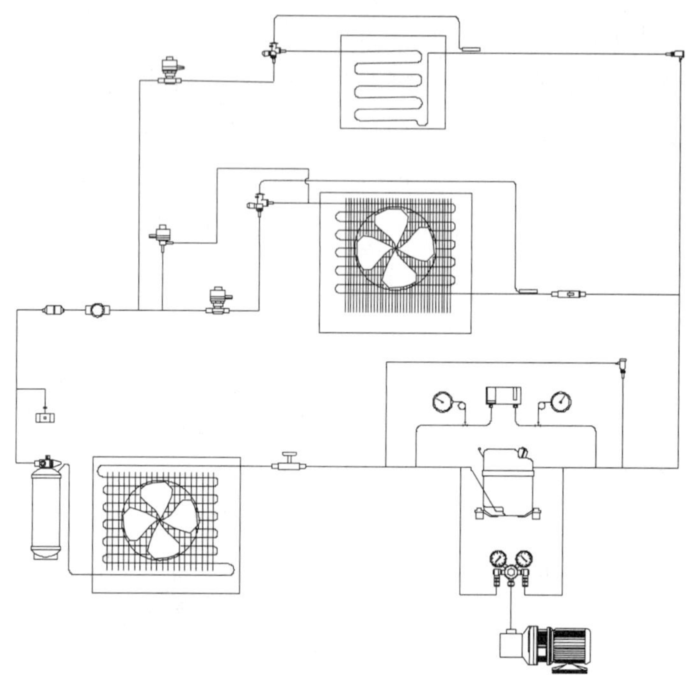

图 1–5–4　制冷系统真空试验示意图

1. 设备、工具、测量器具及材料准备

（1）选手准备（见表 1–5–5）

表 1–5–5　　选手准备

序号	名称	产地	规格与要求	单位	数量	备注
1	歧管压力表	国产	双表，配三色加液管，管长 900 mm	套	1	复合压力表、双表修理阀
2	三色加液管	国产	R134a，黄、蓝、红，2 m，双英制	套	1	
3	旋具	国产	3 mm × 75 mm、5 mm × 125 mm	套	1	十字旋具、一字旋具
4	尖嘴钳	国产	6 in，英制	把	1	
5	钢丝钳	国产	6 in（不带花腮孔），英制	把	1	
6	斜嘴钳	国产	6 in，英制	把	1	
7	呆扳手	国产	8 ~ 10 mm、12 ~ 14 mm、13 ~ 15 mm、17 ~ 19 mm	套	1	镜面双开

续表

序号	名称	产地	规格与要求	单位	数量	备注
8	活扳手	国产	8 in（200 mm × 24 mm）、10 in（250 mm × 30 mm），英制	套	1	表面镀铬
9	9 件套内六角扳手	国产	9 Pcs，1.5～10 mm	套	1	
10	工作服	国产	通用	套	1	最好长袖
11	防割手套	国产	一面有胶	副	1	
12	透明护目镜	国产	通用	副	1	
13	文具	国产	通用	套	1	签字笔、铅笔、橡皮等

（2）赛场准备（见表 1-5-6）

表 1-5-6　　赛场准备

序号	名称	品牌	规格与要求	单位	数量	备注
1	双温冷库库体	国产	SX-CSC08A-01	套	1	制冷系统已安装
2	管钳工工作台	国产	SX-815Q-33	张	1	
3	单级真空泵	国产	220 V，3 L/s	台	1	
4	磁性控制器	国产	管径 18 mm	个	2	
5	数显真空表	国产	绝对压力 0～10 000 Pa	套	1	

注：表中“数量”为 1 个工位的用量。

2. 操作步骤

（1）阅读测试文档，做好竞赛准备

认真阅读测试文档，包括测试细节、内容、要求，测评标准及图样。

做好竞赛准备工作：选择合适的设备、材料、工具、测量器具；检查抽真空仪器、设备、工具等；检查真空表（精度大于 100 mic）、歧管压力表和真空泵（绝对压力 1 000 mic 以下）。

（2）抽真空试验具体操作步骤

1）用带有真空表的歧管压力表的加液管将真空泵与吸气截止阀、干燥过滤器（或贮液器截止阀）上的旁通孔连接好。

2）把系统内的所有阀门打开。

3）连通真空泵电源，开动真空泵，把歧管压力表截止阀逆时针方向全部旋开，对系统进行高低压双侧抽真空。

4）观察真空表的读数变化，当真空表读数稳定在 133 Pa 以下后，停止真空泵工作。抽真空时间 30 min。

5）保真空。保真空过程中必须移除真空泵，保真空时间 10 min，若真空度不变，则认为制冷系统真空试验合格。

六、制冷剂试验

制冷剂试验是制冷系统在真空状态下，充入少量制冷剂进行检漏，是气密性试验的最后一个阶段，其目的是进一步检查系统的气密性，并为系统充注制冷剂做好准备。对于氟利昂制冷系统，系统中压力达 0.1 MPa（表压）即可。氟利昂制冷系统的检漏可用卤素检漏灯或检漏仪进行检漏。

双温冷库制冷系统充注制冷剂试验示意图如图 1–5–5 所示。采用电子卤素检漏仪进行检漏。

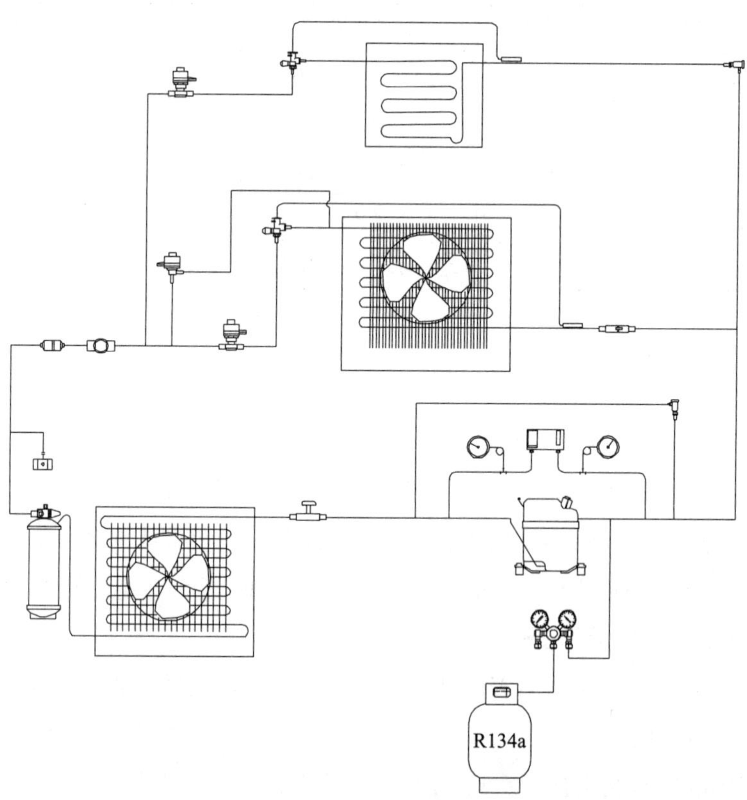

图 1–5–5　冷库制冷系统充注制冷剂检漏试验示意图

1. 设备、工具、测量器具及材料准备

（1）选手准备（见表 1-5-7）

表 1-5-7　　选手准备

序号	名称	产地	规格与要求	单位	数量	备注
1	歧管压力表	国产	双表，配三色加液管，管长 900 mm	套	1	复合压力表、双表修理阀
2	三色加液管	国产	R134a，黄、蓝、红，2 m，双英制	套	1	
3	旋具	国产	3 mm × 75 mm、5 mm × 125 mm	套	1	十字旋具、一字旋具
4	尖嘴钳	国产	6 in，英制	把	1	
5	钢丝钳	国产	6 in（不带花腮孔），英制	把	1	
6	斜嘴钳	国产	6 in，英制	把	1	
7	呆扳手	国产	8 ~ 10 mm、12 ~ 14 mm、13 ~ 15 mm、17 ~ 19mm	套	1	镜面双开
8	活扳手	国产	8 in（200 mm × 24 mm）、10 in（250 mm × 30 mm），英制	套	1	表面镀铬
9	9 件套内六角扳手	国产	9 Pcs，1.5 ~ 10 mm	套	1	
10	工作服	国产	通用	套	1	最好长袖
11	防割手套	国产	一面有胶	副	1	
12	透明护目镜	国产	通用	副	1	
13	文具	国产	通用	套	1	签字笔、铅笔、橡皮等

（2）赛场准备（见表 1-5-8）

表 1-5-8　　赛场准备

序号	名称	产地	规格与要求	单位	数量	备注
1	双温冷库库体	国产	SX-CSC08A-01	套	1	制冷系统已安装
2	管钳工工作台	国产	SX-815Q-33	张	1	
3	R134a 回收瓶	国产	通用	个		5 个工位 1 个
4	R134a 钢瓶	国产	通用	个	1	
5	电子检漏仪	国产	精度 5 g/ 年	套	1	
6	制冷剂回收充注机	国产	220 V，1PH(单相)，5A	台	1	
7	电子秤	国产	数显，220 V，量程≤ 50 kg，分辨率 2 g	台	1	
8	冷媒瓶带阀	国产	工作压力≤ 3 MPa	个	1	
9	制冷剂	国产	R134a，13.6 kg	瓶	1	5 台次 / 瓶

注：表中“数量”为 1 个工位的用量。

2. 操作步骤

（1）阅读测试文档，做好竞赛准备

认真阅读测试文档，包括测试细节、内容、要求，测评标准及图样。

做好竞赛准备工作：选择合适的设备、材料、工具、测量器具；检查充注制冷剂仪器、设备、工具等；正确检查电子卤素检漏仪（精度为 5 g/ 年）；检查制冷剂回收充注机是否完好；检查 R134a 钢瓶是否正确、完好。

（2）充注氟利昂制冷剂试验具体操作步骤

1）把歧管压力表的中间接口与制冷剂钢瓶阀口连接，把歧管压力表的低压侧与压缩机吸入阀的旁通孔口连接。接旁通孔的螺母暂不拧紧，先把瓶阀开启一点，排除管内的空气，然后马上关闭，拧紧螺母。

2）使压缩机吸气截止阀置于三通位置，缓慢开启制冷剂瓶阀，因系统内是真空状态，氟利昂制冷剂在压力差作用下进入低压部分和气缸。因氟利昂制冷剂以湿蒸气的形式进入制冷系统，所以开启制冷剂瓶阀时要恰当，以防止压缩机发生液击。

3）当系统压力上升到 0.1 MPa 时，停止充注制冷剂。

4）将压缩机的吸、排气阀门都开启，让制冷压缩机同系统连通，用电子卤素检漏仪进行全面检漏。

5）如发现有泄漏，则需把制冷剂回收。接通大气后，对焊接处进行补焊或将螺纹接口拆下检修，修补完泄漏点后，必须重新进行充注制冷剂试漏。如无泄漏，则可继续充注制冷剂，直至补足制冷剂。

七、测评标准

1. 吹污操作测评标准

（1）操作过程评分标准（见表 1-5-9）

表 1-5-9　操作过程评分标准

序号	考核内容	评分要素	评分标准	配分
1	吹污操作	使用氮气进行吹污处理	（1）规范操作（特别是吹污前各阀门是否打开） （2）吹污气体（氮气）压力必须符合工程标准 （3）必须正确使用符合标准的工具及测量器具 （4）正确选择吹污方法、排污口位置	10
2	安全文明操作	操作全过程	（1）人员、设备、工具处于安全状态 （2）吹污操作时必须穿戴合适的劳动防护服装、鞋、平光护目镜、线手套 （3）没有消耗过多的氮气 （4）操作完成后的整理工作符合有关规定	5

（2）操作成果评分标准（见表 1-5-10）

表 1-5-10　操作成果评分标准

考核内容	评分要素	评分标准	配分
吹污操作	氮气吹污后总体质量	（1）排污口排出的气体吹在白纸或白布上没有明显污点 （2）系统吹污完毕，制冷系统零部件及管道安装连接完好、牢固	10

2. 压力试验测评标准

（1）操作过程评分标准（见表 1-5-11）

表 1-5-11　　操作过程评分标准

序号	考核内容	评分要素	评分标准	配分
1	压力试验	使用氮气进行系统压力检漏	（1）规范操作（特别是压力试漏前各阀门是否打开或关闭） （2）使用的氮气压力必须符合工程标准 （3）正确选择压力试验方法（初步试漏、低压试漏、高压试漏） （4）正确判断系统有无泄漏 （5）歧管压力表、氮气减压阀软管与制冷系统连接正确 （6）必须正确使用符合标准的工具及测量器具	10
2	安全文明操作	氮气压力试漏全过程	（1）人员、设备、工具处于安全状态 （2）压力试验操作时必须穿戴合适的劳动防护服装、鞋、平光护目镜、线手套 （3）没有消耗过多的氮气 （4）操作完成后的整理工作符合有关规定	5

（2）操作成果评分标准（见表 1-5-12）

表 1-5-12　　操作成果评分标准

考核内容	评分要素	评分标准	配分
压力试验	氮气压力试漏后总体质量	（1）初步试漏、低压试漏、高压试漏试验值设置正确 （2）保压时间超过规定时间，压力试验一次成功 （3）准确记录初步试漏、低压试漏、高压试漏的试验压力值，保压压力值 （4）若系统有泄漏，准确判断出泄漏点	10

3. 真空试验测评标准

（1）操作过程评分标准（见表 1-5-13）

表 1-5-13　　操作过程评分标准

序号	考核内容	评分要素	评分标准	配分
1	真空试验	使用真空泵进行系统抽真空与保真空	（1）规范操作（特别是抽真空前各阀门是否打开） （2）使用的真空表、真空泵必须符合工程标准 （3）正确选择高低压双侧抽真空方法 （4）正确判断系统有无泄漏 （5）真空表、歧管压力表、真空泵与制冷系统连接正确 （6）必须正确使用符合标准的工具及测量器具	10
2	安全文明操作	真空试验全过程	（1）人员、设备、工具处于安全状态 （2）真空试验操作时必须穿戴合适的劳动防护服装、鞋、平光护目镜、线手套 （3）操作完成后的整理工作，符合有关规定	5

（2）操作成果评分标准（见表 1-5-14）

表 1-5-14　　操作成果评分标准

考核内容	评分要素	评分标准	配分
真空试验	抽真空、保真空后总体质量	（1）抽真空达到规定值的时间＜ 30 mim （2）保真空时间超过规定时间，真空试验一次成功 （3）准确记录抽真空数值和保真空数值	10

4. 制冷剂试验测评标准

（1）操作过程评分标准（见表 1-5-15）

表 1-5-15　　操作过程评分标准

序号	竞赛内容	评分要素	评分标准	配分
1	充注制冷剂试漏	使用 R134a 制冷剂进行系统检漏	（1）规范操作（特别是充注制冷剂前须排除管内的空气等） （2）充注制冷剂型号和充注压力必须符合工程标准 （3）正确选择充注方式 （4）正确判断系统有无泄漏 （5）必须正确使用符合标准的工具及测量器具	10

续表

序号	竞赛内容	评分要素	评分标准	配分
2	安全文明操作	充注制冷剂检漏全过程	（1）人员、设备、工具处于安全状态 （2）充注制冷剂检漏操作时必须穿戴合适的劳动防护服装、鞋、平光护目镜、防冻手套 （3）没有消耗过多的制冷 （4）操作完成后的整理工作，符合有关规定	5

（2）操作成果评分标准（见表 1-5-16）

表 1-5-16　　操作成果评分标准

竞赛内容	评分要素	评分标准	配分
充注制冷剂检测	充注制冷剂检测后总体质量	（1）正确记录制冷剂型号 （2）准确记录制冷剂充注压力 （3）若系统有泄漏，准确判断出泄漏点	10

任务六 制冷剂的充注与回收

一、制冷剂充注与回收的总体认识

1. 认识制冷剂的充注

（1）制冷剂充注量的确定

在制冷系统隔热保温工作已完成，且充注制冷剂试漏合格后，可继续进行充注制冷剂。制冷剂的充注量可按以下方法进行。

1）计算法。

公式：$3/4D \times 2LV \times 0.7 \times 0.8=G$（kg）（对于壳管式冷凝器）

或 $3/4\ D2LV \times 0.8=G$（kg）（对于贮液器）

式中 D——冷凝器、贮液器的内径，单位为 m；

L——冷凝器或贮液器的长度，单位为 m；

V——制冷剂的比体积，单位为 m^3/kg；

0.7——管道系数（在 0.6~0.8 范围内选取）；

0.8——最大值。

注：该公式是制冷剂最大充注量公式，理论上，在设定温度下，制冷剂足够循环时，冷却面积最大。

2）经验法。如果选手在以往的工作中操作、维修过类似的制冷系统，则根据经验可以粗略估计需要充注的制冷剂量。一般正规的制冷产品在机组铭牌上都标有额定制冷量、功率和制冷剂种类、制冷剂充注量等参数。

3）估算法。估算法是通过测算制冷系统各部分存储制冷剂液体的容积，乘以制冷剂的密度得出制冷剂的充注量。

充注量（kg）=（0.25~0.35）× 蒸发器容积 × 制冷剂的密度 +（0.10~0.15）× 冷凝器

容积 × 制冷剂的密度 +（1.0）× 液体管路容积 × 制冷剂的密度 +（0.7~0.8）× 贮液器容积 × 制冷剂的密度

或按照表 1–6–1 中推荐的数值进行估算，然后根据估算的数量来灌注。

表 1–6–1　　制冷设备的充注量

设备名称	充注量占设备容积（%）	设备名称	充注量占设备容积（%）
各式冷凝器	15	立式蒸发器	80
贮液器	80	卧式冷凝器	80
中间冷却器	30	盘管式墙排管	60
再冷器	100	顶排管	50
氨液分离器	30	冷风机	50
低压循环桶	30	供液管	100
洗涤式油分离器	15~20		

注：液态氨的密度按 0.65 kg/L，R12 按 1.43 kg/L，R22 按 1.3 kg/L，R134a 按 1.4 kg/L 计算。

4）调试法。制冷系统在带负荷下运转，慢慢充注制冷剂，同时测试有关参数，以判断制冷剂是否充注到合适的质量。

①压缩机吸气压力达到要求值。

②从液体管路上的视液镜看到，制冷剂呈透明液体流动，没有气泡，没有闪发。

③冷凝器液体流出管路的温度比冷凝器饱和温度低 3 ℃左右。

④离压缩机 0.15 m 处的压缩机吸气管温度比蒸发温度高 20 ℃左右。

⑤测量压缩机的电流，达到合适值，不超过额定值。

⑥测量蒸发压力和冷凝压力，达到规定值。

⑦蒸发器全部结霜，且一般也会在压缩机回气管出现结霜。

（2）充注制冷剂的方法

根据充注制冷剂的形态不同，制冷剂充注可分为气态充注和液态充注。气态充注安全，但速度慢、效率低，当系统存在潜在冻结危险时应使用气态充注，如制冷系统在真空或饱和压力状态以下充注制冷剂；液体充注高效快速，特别是对非共沸制冷剂的充注（如 R410a 的充注），仅可采用液态充注，但一定要注意防止冻结风险，避免在充注过程中出现由于液态制冷剂汽化时吸热造成水冷式热交换器中冷却水冻结膨胀，胀破换热管导致制冷系统泄漏乃至进水等严重故障。

制冷剂的充注方法有控制低压压力充注法和定量充注法两种。定量充注法有使用定量充注器、抽空充注机和称量法三种。称量法操作简单有效，应用广泛。

双温冷库制冷系统制冷剂的充注方法采用称量法，如图 1-6-1 所示。注意制冷剂充注量不得高于机组最大设定值。

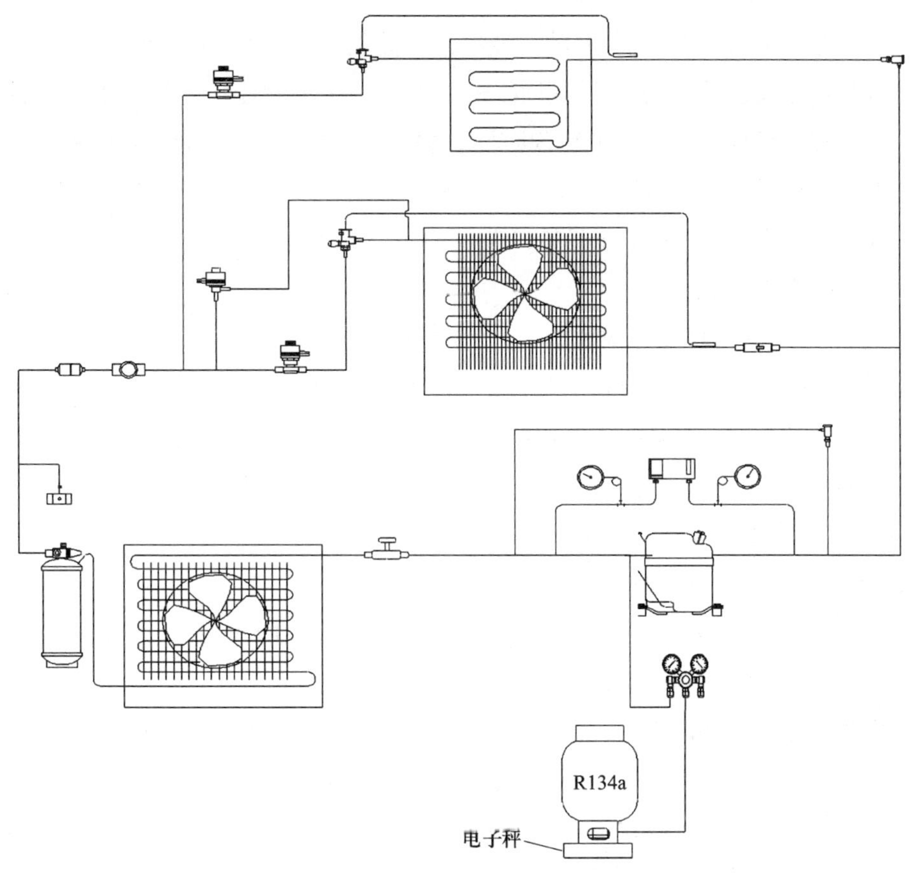

图 1-6-1　制冷剂称量法充注示意图

2. 认识制冷剂的回收

当制冷系统试运行时，如发现氟利昂制冷剂充注过多，或在制冷空调装置维修时需回收制冷剂，通过制冷剂回收充注机将制冷剂回收、净化后，进入制冷剂回收容器的过程称为制冷剂的回收。

在回收制冷剂的同时往往对制冷剂进行一定的净化处理，如干燥、过滤、分离油等，以便于制冷剂的重复利用，这一过程也称为再生。回收后的制冷剂如不能够重复使用时，需做报废处理，由回收单位运送至有资质的单位进行处理。

在对制冷空调装置进行维修时，对系统内的制冷剂进行回收和循环再利用，减少了制冷剂对大气的排放，既减少了大气中臭氧层的损耗又可降低温室效应，保护人类共同生活的环境。同时，制冷剂的再利用也降低了用户的运行费用，特别是随着 HCFC（表示含氢氯的氟化碳）制冷剂的限制生产和消费，新生产的制冷剂量大幅度减少，而正在运行的制冷设备还在寿命期内，更显出回收再利用的意义。

（1）制冷剂回收方法

按照制冷装置内制冷剂被回收时的物理状态，制冷剂回收可分为气态回收和液态回收。

1）气态回收。气态回收是指制冷剂回收充注机入口直接连接制冷装置内的气态工艺口，制冷装置内的气态制冷剂直接被吸入制冷剂回收充注机后进行回收。进入制冷剂回收充注机的制冷剂经过制冷剂回收充注机的压缩、冷凝，然后被制冷剂回收充注机压入制冷剂回收容器中。

气态回收速度较慢，适宜于少量制冷剂的回收，或者是不具备液态工艺口或制冷剂回收容器没有气液双阀的情况。

2）液态回收。液态回收有两种形式，一种是使用液泵进行回收。使用液泵进行回收时，液泵的一端接制冷装置的液态工艺口，另一端接回收容器。制冷装置内的液态制冷剂直接被泵入回收容器中。液泵回收使用条件比较严格，较少使用。另一种是使用制冷机回收充注机进行回收。

（2）制冷剂回收装置

1）制冷剂回收装置的分类

①根据使用场合，制冷剂回收装置可分为便携式制冷剂回收装置、移动式制冷剂回收装置和车载式制冷剂回收装置几种。

②根据要回收制冷剂的特点，制冷剂回收装置可分为高压制冷剂回收装置、中压制冷剂回收装置、低压制冷剂回收装置和易燃易爆制冷剂的回收装置。

2）制冷剂回收装置的构成。一般情况下，制冷剂回收装置由压缩机、冷凝器、干燥器、过滤器、油分离器、控制部分等组成。

其他制冷剂回收设备有制冷剂加液管、干燥过滤器、回收容器和电子秤等。

3）便携式制冷剂回收装置。便携式制冷剂回收充注机如图 1–6–2 所示，一般质量为 10～25 kg，目前有些质量已经降至 10 kg 以下。气态制冷剂回收速度一般为 100 g/min 左右。多缸压缩机的出现使回收气态制冷剂的速度达到 200 g/min 以上。

部分制冷剂回收装置具有直接抽液态的能力，回收速度达到 2 kg/min 以上，具备了回收大型制冷装置制冷剂的能力。

图 1–6–2　便携式制冷剂回收充注机

二、制冷剂充注与回收的总体要求

1. 制冷剂充注的总体要求

制冷剂充注的总体要求除前面所述的充注冷剂试验总体要求外，还包括下面的具体要求。

（1）在充入制冷剂前必须确认制冷剂的类型，根据机组铭牌标明的制冷剂种类与制冷剂充注量进行充注。

（2）制冷剂充注量不得高于机组最大设定值。

（3）制冷系统运行后，如发现制冷剂过多，必须使用制冷剂回收充注机进行制冷剂回收。

（4）制冷系统运行后，确保系统中无水分，多功能视液镜应显示为干燥状态。

（5）当充注制冷剂总量到机组额定充注量的 90% 以上时，需放慢充注速度，同时要注意机组各项运行参数，以防制冷剂加注过多。

2. 制冷剂回收的总体要求

（1）制冷剂回收过程中不允许制冷设备通电。

（2）必须正确使用符合标准的工具以及测量器具。

（3）回收制冷剂必须在保证制冷系统内部畅通的情况下进行。

（4）制冷剂回收可根据不同的需求选择使用自身机组把制冷剂回收到高压侧。

（5）制冷剂回收可根据不同的需求选择使用制冷剂回收充注机把制冷剂回收到回收瓶。

（6）确保制冷剂型号与回收瓶所标制冷剂型号相同。

（7）使用回收瓶时，必须按照产品说明正确连接管道，并使用真空泵对空回收瓶及维修管道进行抽真空。

（8）制冷剂回收充注机回收制冷剂时，回收瓶必须连接加液管，回收瓶瓶阀不允许处于完全打开的状态。

（9）制冷剂回收充注机回收制冷剂时，不允许用人为方式加速制冷剂回收速度。

（10）制冷剂回收充注机回收完毕，必须将制冷剂回收充注机内的液体制冷剂输送到制冷剂回收瓶。

（11）制冷剂回收充注机回收完毕，移除维修管道、制冷剂回收充注机、回收瓶后，须马上对刚移除的连接口进行制冷剂检漏。

（12）回收全过程不允许排放制冷剂液体，并尽可能减少制冷剂气体的排放。

（13）为确保系统制冷剂回收干净，回收后系统内制冷剂残存压力在 1 min 内不能回升高于 0.1 MPa。

（14）为确保系统内为非真空状态，回收后系统内制冷剂残存压力不能低于 0 MPa。

承担氟利昂制冷剂回收作业的选手，应该了解和遵守回收作业的基本程序，特别是要通过限制氟利昂制冷剂向大气排放，以保护臭氧层，以及通过保持回收氟利昂制冷剂的纯度，达到再利用的目的。一定要重视回收作业的准备工作及基本注意事项，否则就可能发生回收的氟利昂污染、回收效率低、设备故障等问题，进而造成事故。

三、制冷剂的充注

SX-CSC08A 双温冷库制冷系统采用 R134a 制冷剂，制冷剂充注量约为 2 kg。

1. 设备、工具、测量器具及材料准备

（1）选手准备（见表 1-6-2）

表 1-6-2　　选手准备

序号	名称	产地	规格与要求	单位	数量	备注
1	歧管压力表	国产	双表，配三色加液管，管长 900 mm	套	1	复合压力表、双表修理阀
2	三色加液管	国产	R134a，黄、蓝、红，2 m，双英制	套	1	
3	旋具	国产	3 mm × 75 mm、5 mm × 125 mm	套	1	十字旋具、一字旋具
4	尖嘴钳	国产	6 in，英制	把	1	
5	钢丝钳	国产	6 in（不带花腮孔），英制	把	1	
6	斜嘴钳	国产	6 in，英制	把	1	
7	呆扳手	国产	8 ~ 10 mm、12 ~ 14 mm、13 ~ 15 mm、17 ~ 19 mm	套	1	镜面双开
8	活扳手	国产	8 in（200 mm × 24 mm）、10 in（250 mm × 30 mm），英制	套	1	表面镀铬
9	9 件套内六角扳手	国产	9 Pcs，1.5 ~ 10 mm	套	1	

续表

序号	名称	产地	规格与要求	单位	数量	备注
10	工作服	国产	通用	套	1	最好长袖
11	防割手套	国产	一面有胶	副	1	
12	透明护目镜	国产	通用	副	1	
13	文具	国产	通用	套	1	签字笔、铅笔、橡皮等

（2）赛场准备（见表 1–6–3）

表 1–6–3　赛场准备

序号	名称	产地	规格与要求	单位	数量	备注
1	双温冷库库体	国产	SX–CSC08A–01	套	1	制冷系统已安装
2	管钳工工作台	国产	SX–815Q–33	张	1	
3	R134a 回收瓶	国产	通用	个		5 个工位 1 个
4	R134a 钢瓶	国产	通用	个	1	
5	电子检漏仪	国产	精度 5 g/ 年	套	1	
6	制冷剂回收充注机	国产	220 V，1PH（单相），5 A	台	1	
7	电子秤	国产	数显，220 V，量程 ≤ 50 kg，分辨率 2 g	台	1	
8	冷媒瓶带阀	国产	工作压力≤ 3 MPa	个	1	
9	制冷剂	国产	R134a，13.6 kg	瓶	1	5 台次 / 瓶

注：表中“数量”为 1 个工位的用量。

2. 操作步骤

（1）阅读测试文档，做好竞赛准备

认真阅读测试文档，包括测试细节、内容、要求，测评标准及图样。

做好竞赛准备工作：选择合适的设备、材料、工具、测量器具；检查充注制冷剂仪器、设备、工具等；检查电子卤素检漏仪（精度为 5g/ 年）；检查制冷剂回收充注机是否完好；检查 R134a 钢瓶是否正确、完好。

（2）充注制冷剂具体操作步骤

1）准备一台电子秤，将 R134a 钢瓶过磅，记录总质量。扣去钢瓶的自重后，就是钢瓶内 R134a 制冷剂的净重。

2）把钢瓶放在电子秤上，如图 1–6–1 所示。把歧管压力表的中间接口与 R134a 钢瓶阀口连接，把歧管压力表的高压侧与压缩机排气阀的多用孔口连接。接多用孔道的螺母暂不拧紧，先把钢瓶阀开启一点，随即又马上关掉，则把接管内的空气排净，然后再把螺母旋紧。

3）制冷剂是以液体形式充注，如图 1–6–1 所示。灌注时钢瓶位置应比系统的贮液器高，靠钢瓶内的制冷剂与系统之间的压力差和高度差自行进入系统。当系统内压力高于 0.3 MPa 时，应停止在高压侧充液。若充注量不够可改为在吸入侧充注制冷剂蒸气。采用高压侧充注氟利昂时，切不可启动压缩机，并注意排气阀不能漏泄，否则会产生液击。

四、制冷剂的回收

1. 设备、工具、测量器具及材料准备

（1）选手准备（见表 1–6–4）

表 1–6–4　　选手准备

序号	名称	产地	规格与要求	单位	数量	备注
1	歧管压力表	国产	双表，配三色加液管，管长 900 mm	套	1	复合压力表、双表修理阀
2	三色加液管	国产	R134a，黄、蓝、红，2 m，双英制	套	1	
3	旋具	国产	3 mm × 75 mm、5 mm × 125 mm	套	1	十字旋具、一字旋具
4	尖嘴钳	国产	6 in，英制	把	1	
5	钢丝钳	国产	6 in（不带花腮孔），英制	把	1	
6	斜嘴钳	国产	6 in，英制	把	1	
7	呆扳手	国产	8 ~ 10 mm、12 ~ 14 mm、13 ~ 15 mm、17 ~ 19 mm	套	1	镜面双开
8	活扳手	国产	8 in（200 mm × 24 mm）、10 in（250 mm × 30 mm），英制	套	1	表面镀铬

续表

序号	名称	产地	规格与要求	单位	数量	备注
9	9 件套内六角扳手	国产	9 Pcs，1.5～10 mm	套	1	
10	工作服	国产	通用	套	1	最好长袖
11	防割手套	国产	一面有胶	副	1	
12	透明护目镜	国产	通用	副	1	
13	文具	国产	通用	套	1	签字笔、铅笔、橡皮等

（2）赛场准备（见表 1-6-5）

表 1-6-5　　赛场准备

序号	名称	产地	规格与要求	单位	数量	备注
1	双温冷库库体	国产	SX-CSC08A-01	套	1	制冷系统已安装
2	管钳工工作台	国产	SX-815Q-33	张	1	
3	R134a 回收瓶	国产	通用	个		5 个工位 1 个
4	R134a 钢瓶	国产	通用	个	1	
5	电子检漏仪	国产	精度 5 g/ 年	套	1	
6	制冷剂回收充注机	国产	220 V，1PH（单相），5A	台	1	
7	电子秤	国产	数显，220 V，量程 ≤ 50 kg，分辨率 2 g	台	1	
8	冷媒瓶带阀	国产	工作压力≤ 3 MPa	个	1	
9	制冷剂	国产	R134a，13.6 kg	瓶	1	5 台次 / 瓶

注：表中“数量”为 1 个工位的用量。

2. 操作步骤

（1）阅读测试文档，做好竞赛准备

认真阅读测试文档，包括测试细节、内容、要求，测评标准及图样。

做好竞赛准备工作：选择合适的设备、材料、工具、测量器具；检查回收制冷剂仪器、设备、工具等；检查电子卤素检漏仪（精度为 5 g/ 年）；检查歧管压力表［耐压 3.0 MPa（表压）以上］。特别是要检查回收瓶和制冷剂回收充注机。

1）检查回收瓶。确认制冷剂的种类→确认制冷剂的充注量→确认回收瓶已抽成真空。

2）检查制冷剂回收充注机。检查防过充装置→检查油分离器→检查干燥过滤器芯体或更换→检查电源→检查附件→确认设备完好。

（2）回收制冷剂具体操作步骤

1）与被回收制冷剂的制冷系统的连接。如图 1–6–3 所示，用歧管压力表及加液管，通过下列连接回收气体制冷剂：把歧管压力表低压侧与低压侧充注口连接；把歧管压力表高压侧与高压侧充注口连接；把制冷剂回收充注机吸入接口与歧管压力表的中间接口连接；连接制冷剂回收充注机的吸入阀，确认连接部件没有泄漏。

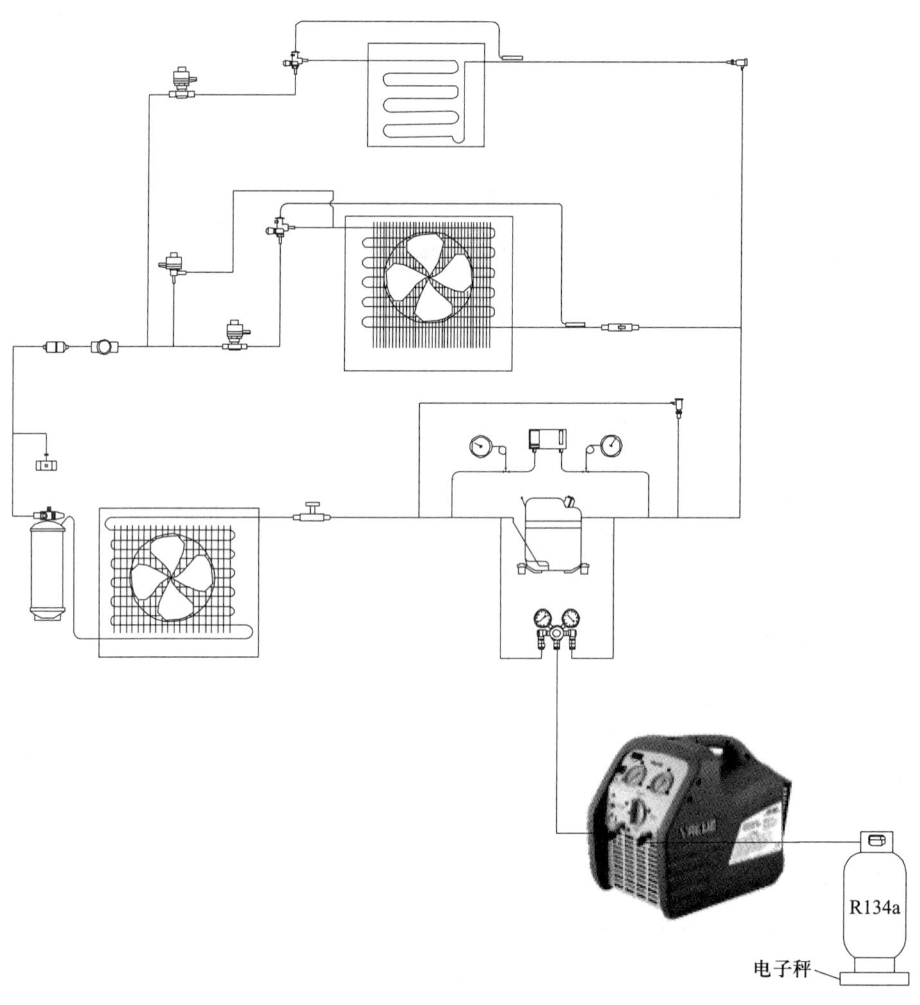

图 1–6–3　制冷剂回收示意图

2）与回收瓶的连接。把回收瓶平稳地放到电子秤上，并进行防倾倒处理。把制冷剂回收充注机的出液口阀通过加液管与回收瓶上的阀连接。

3）把制冷剂回收充注机的吸入阀打开，与被回收制冷剂的制冷系统接通。

4）把制冷剂回收充注机的出液口阀与加液管固定，把出液口阀打开一点，使很少量的制冷剂通入回收瓶。

5）把制冷剂回收充注机的出液口阀和回收瓶上的阀打开。

6）制冷剂回收充注机开机运行，进行制冷剂的回收。确认制冷剂回收充注机运行情况良好，对运行状态进行监控，以便在出现紧急情况时能及时处理；确认电子秤的指示，当达到规定回收质量还不能自动停止时，应手动停机。

7）回收制冷剂作业终了，由于低压控制器动作，制冷剂回收充注机自动停机，可由指示灯和压力表的显示确认。

8）回收终了后的操作如下：

①关闭被回收制冷剂的制冷系统、制冷剂回收充注机、回收瓶的阀门。

②切断制冷剂回收充注机的电源，拔下电源插头。

③把加液管的连接接头慢慢松开，放出加液管内的制冷剂（须按要求排放，下同）。

④确认歧管压力表连接管的高压、低压和中间各阀门已打开，把制冷剂回收充注机吸入阀侧的接头慢慢打开，放出歧管压力表连接管内的制冷剂。

⑤把加液管从制冷剂回收充注机及被回收制冷剂的制冷系统上卸下。

⑥卸下充装好的回收瓶，并把它保管好，等待进行再生等措施（根据有关法规进行保管）。

⑦确认被回收制冷剂的制冷系统的阀门处于关闭状态。

五、测评标准

1. 制冷剂的充注测评标准

（1）操作过程评分标准（见表 1-6-6）

表 1-6-6　　操作过程评分标准

序号	竞赛内容	评分要素	评分标准	配分
1	充注制冷剂	充注制冷剂方式、操作步骤	（1）规范操作（特别是充注制冷剂前须排除加液管内的空气等） （2）充注制冷剂型号和充注压力必须符合工程标准 （3）正确选择充注方式 （4）正确判断系统有无泄漏 （5）必须正确使用符合标准的工具及测量器具	20

续表

序号	竞赛内容	评分要素	评分标准	配分
2	安全文明操作	充注制冷剂全过程	（1）人员、设备、工具处于安全状态 （2）充注制冷剂检漏操作时必须穿戴合适的劳动防护服装、鞋、平光护目镜、防冻手套 （3）没有消耗过多的制冷剂 （4）操作完成后的整理工作应符合有关规定	10

（2）操作成果评分标准（见表 1–6–7）

表 1–6–7　　操作成果评分标准

竞赛内容	评分要素	评分标准	配分
充注制冷剂	充注制冷剂后总体质量	（1）正确记录制冷剂型号和质量 （2）准确记录制冷剂充注压力 （3）若系统有泄漏，准确判断出泄漏点	20

2. 回收制冷剂操作测评标准

（1）操作过程评分标准（见表 1–6–8）

表 1–6–8　　操作过程评分标准

序号	考核内容	评分要素	评分标准	配分
1	回收制冷剂	回收制冷剂方式、操作步骤	（1）规范操作（特别是回收设备的连接；回收终了后的作业等） （2）回收制冷剂型号和回收压力必须符合工程标准 （3）正确选择回收方式 （4）正确判断系统有无泄漏 （5）必须正确使用符合标准的工具及测量器具	20
2	安全文明操作	回收制冷剂全过程	（1）人员、设备、工具处于安全状态 （2）回收制冷剂操作时必须穿戴合适的劳动防护服装、鞋、平光护目镜、防冻手套 （3）没有排放过多的气体制冷剂到大气中 （4）操作完成后的整理工作应符合有关规定	10

（2）操作成果评分标准（见表 1-6-9）

表 1-6-9　　操作成果评分标准表

考核内容	评分要素	评分标准	配分
回收制冷剂	回收制冷剂后总体质量	（1）正确记录制冷剂型号 （2）准确记录回收制冷剂质量 （3）若系统有泄漏，准确判断出泄漏点	20

任务七 双温冷库系统的调试

一、双温冷库系统调试的总体认识

制冷系统的性能优劣往往取决于三方面的因素：一是系统设计水平，只有一个完美的设计，才会有一个完美的结果；二是系统安装水平，它是设计水平的具体实施；三是系统调试水平，它是在设计完美、系统安装优良的基础上，使系统呈现出最佳的性能与效果。所以制冷系统的调试，对于制冷工程项目来说尤为重要。

制冷系统调试是综合性较强的工作，应根据设计条件、工艺条件、环境条件测定运行参数，对最基本的运行时间、运行模式等进行调整设定，确保系统发挥尽可能大的效能。同时通过运行调试，可以及时发现安装、维修过程中存在的问题，找出原因，进而提出修改建议和解决方法并解决问题。

本任务制冷系统调试内容主要介绍双温冷库系统安装后进行调试相关内容。

1. 制冷系统的工况参数分析及正常标志

冷库制冷系统是一个封闭系统，其运行状况可以通过压力和温度等参数反映出来。通过对制冷系统运行工况参数的分析，可以衡量制冷系统是否处于安全、高效、经济的运行状态。

制冷系统比较重要的运行工况参数主要有蒸发压力和蒸发温度、冷凝压力和冷凝温度、压缩机吸气温度和排气温度、过冷度、过热度等。其中，蒸发压力和蒸发温度、冷凝压力和冷凝温度是最主要的参数。

（1）蒸发温度与蒸发压力

蒸发温度是指液体制冷剂在一定压力下沸腾时的饱和温度，其对应的压力称为蒸发压力。

在生产实践中，一般通过制冷压缩机吸气压力变化来了解蒸发压力的变化。在生产工艺上所要求的温度越低，则所需的蒸发温度也越低，其相应蒸发压力也越低。因此，对蒸发温度的调节，实际上是对蒸发压力的调节。在实际的制冷装置运行中，都是通过调节蒸发压力来实现对蒸发温度控制的，蒸发温度的高低是根据生产工艺或用冷场合所需温度来确定的。

制冷系统正常工作时，蒸发温度的正常标志如下：

1）蒸发温度一般比设定库房温度低 8~10 ℃，比载冷剂在蒸发器出口温度低 5 ℃。其中，在空气自然冷却系统中，如冷库中的光管式蒸发器，蒸发温度比冷间温度低 10 ℃；在强制空气冷却系统中，蒸发温度比冷间温度低 8 ℃。例如，双温冷库的冷冻库库温要求为 -10 ℃，则冷冻库蒸发温度约为（-18 ± 2）℃。

2）当某些冷库对相对湿度要求较严时，蒸发温度可按相对湿度的不同来选用。相对湿度要求在 90% 时，蒸发温度比冷间温度低 5~6 ℃；相对湿度要求在 80% 左右时，蒸发温度比冷间温度低 6~7 ℃；相对湿度要求在 75% 时，蒸发温度比冷间温度低 7~9 ℃。

在制冷设备的设计中，提高蒸发温度将使制冷系统的压缩比降低、功耗减少，这对节能是十分有利的。问题是蒸发温度取决于被冷却对象，调整蒸发温度必须以不影响被冷却对象的制冷工艺要求为前提。但在制冷装置的操作调节中，应注意观察，及时采取相应措施，如适当除霜、适当增大供液量、对蒸发器进行放油除污垢、对压缩机实施有效能量调节等，使蒸发温度稳定在设计温度，避免蒸发温度不必要的过低。

（2）冷凝温度与冷凝压力

在冷凝器内，制冷剂气体在一定的压力下凝结为液体时的温度称为冷凝温度，其相对应的压力称为冷凝压力。冷凝温度与冷凝压力是相对应的，冷凝温度越高，冷凝压力也越高。

制冷系统运行时冷凝温度的高低取决于冷却介质的温度，与冷凝器的形式和冷却介质的出口温度有关。其中，水（风）冷式冷凝器的冷凝温度取决于冷却水（空气）温度、水（空气）量、冷凝面积、水（空气）的流速、压缩机的排气量，以及空气、油污等都是影响冷凝器传热的各种因素。

制冷系统正常工作时，冷凝温度正常的标志如下：

1）水冷式冷凝器的冷凝温度比冷却水出口温度高 4~6 ℃；风冷式冷凝器的冷凝温度比空气温度高 8~10 ℃。

2）蒸发式冷凝器的冷凝温度比夏季室外空气湿球温度高 5~10 ℃。

从操作调节的角度，应控制制冷设备在尽可能低的冷凝温度下运行，以提高制冷效率，降低运行费用。冷凝温度决定于冷却介质的温度、流量、流速、冷凝面积、压缩机的排气量以及空气湿度、油污、水垢等影响冷凝器传热效率的各种因素。要使冷凝温度尽量低，主要从两方面入手：一方面是保持换热面积的清洁，消除影响热交换的因素，即及时除垢、放油、排除不凝结气体；另一方面是控制冷却介质的流量、流速，保证冷却介质均匀地流过换热面积。

（3）压缩机的吸气温度和过热度

制冷压缩机吸入气缸内的低压制冷剂的温度称为吸气温度。为了保证制冷压缩机的安全运转，防止液体制冷剂进入气缸，一般要求吸气温度高于蒸发温度，吸气温度与蒸发温度之差称为吸气过热度（简称过热度）。过热度数值的大小取决于蒸发温度的高低、回气管路的长短、隔热层的好坏及环境温度等因素。

一般情况下，在没有气液过冷器（又称回热器）的氟利昂制冷装置，吸气温度应比蒸发温度高 5 ℃左右（即有 5 ℃的过热度）是比较适宜的，在有气液过冷器时，保持 15 ℃的过热度是合适的，对于氨制冷装置，过热度一般为 5~10 ℃。

过热度过大或过小都应避免，若过热度过大，则会使制冷量下降，排气温度升高，功耗增大；反之，过热度过小，易产生液击冲缸现象。

（4）压缩机的排气温度

制冷压缩机的排气温度是指排气阀处的高压制冷剂的温度。为了保证制冷压缩机的安全运行，规定 R134a 制冷装置的排气温度不能超过 130 ℃。R22 和氨制冷装置的排气温度不能超过 150 ℃。

制冷压缩机排气温度的高低取决于蒸发温度和冷凝温度，制冷压缩机的吸气过热度也对排气温度有影响。排气温度同压缩比及吸气温度成正比，压缩比越大，吸气过热度越高，则排气温度越高。排气温度过高，会使润滑油因温度升高而降低黏度，使润滑效果变差，易造成运转部件的损坏。当排气温度升高到接近润滑油闪点时，还容易出危险。

（5）过冷度

由于制冷剂液体经过节流装置膨胀时，因节流损失而使少量制冷剂蒸发，产生闪气现象，它会影响制冷剂的流动性，会使制冷量下降。为了弥补这种缺陷，实际中使制冷剂进一步冷却，使其温度低于冷凝压力下所对应的饱和温度，成为过冷液。冷凝器冷凝压力对应的饱和液体温度和冷凝器出口液体实际温度的差值称为过冷度。工程上，一般将排气压力近似看作冷凝压力，排气压力对应的饱和液体温度和冷凝器出口液体的温度之差，作为过冷度。

2. 双温冷库系统调试主要内容

（1）双温冷库系统调试主要任务

双温冷库系统调试主要包括制冷系统试运行和冷库降温调试两方面，彼此相互关联，但侧重点不同。制冷系统试运行调试重点是制冷系统的运行参数；冷库降温调试重点是冷库的降温速度和温度。

双温冷库系统调试的主要任务：开机前根据相关标准和技术要求进行双温冷库制冷系

统电子温控器、压力继电器等部件的参数设置；开机后进行膨胀阀、蒸发压力调节阀、能量调节阀等部件的调整设定，达到相关技术参数要求，以及系统要求的库体温度，并填写任务测试报告。

（2）双温冷库系统主要技术参数

1）制冷剂：R134a。

2）指导环境温度：23～25 ℃（干球温度），20～22 ℃（湿球温度）。

3）冷冻库库体设定温度：（−10±1）℃。

4）冷藏库库体设定温度：（5±1）℃。

5）冷冻库蒸发温度：（−18±2）℃。

6）冷藏库蒸发温度：（−5±2）℃

7）冷冻库过热度：（5±3）K。

8）冷藏库过热度：（8±3）K。

（3）控制及安全设置

1）当吸气压力达到约 0.1 bar，低压压力开关断开。

2）当吸气压力达到约 1.5 bar，低压压力开关接通。

3）当排气压力达到冷凝温度 45 ℃所对应制冷剂的饱和压力时高压压力开关断开。

二、双温冷库系统调试的总体要求

制冷系统的运行调节就是要控制各个运行工况参数，使制冷系统在安全、经济的条件下运行，以达到功耗少、制冷量大、效率高，并确保安全运行的目的。

1. 双温冷库系统的试运行

（1）双温冷库制冷系统启动前的准备工作

双温冷库制冷系统启动前的准备工作主要有以下内容。

1）检查制冷压缩机组周围及运转部件附近有无妨碍运转的因素或障碍物。

2）若贮液器带有液面指示器，可通过贮液器的液面指示器观察制冷剂的液位是否正常，一般要求液面高度应在视液镜的 1/3～2/3 处。

3）开启压缩机的排气阀及高、低压系统中的有关阀门，但压缩机的吸气阀和贮液器上的出液阀可暂不开启。

4）对于半封闭或开式的压缩机，应检查压缩机曲轴箱的油位是否合乎要求，油质是否清洁。

5）接通电源，检查电源电压、相序，用电笔检查外壳是否带电。

6）先开启冷凝风机。

7）调整压缩机高、低压力继电器及温度控制器的设定值，使其指示值在所要求的范围内。压力继电器的压力设定值应根据系统所使用的制冷剂、运转工况和冷却方式而定，一般使用 R134a 为制冷剂时，高压设定范围为 1.3～1.5 MPa；使用 R22 为制冷剂时，高压设定范围为 1.5～1.7 MPa。

（2）双温冷库制冷系统的试运行操作

1）启动准备工作结束以后，向压缩机电动机瞬时通、断电，点动压缩机运行 2~3 次，观察压缩机、电动机启动状态和转向，确认正常后，重新合闸正式启动压缩机。

2）压缩机正式启动后逐渐开启压缩机的吸气阀，注意防止出现“液击”的情况。

3）同时缓慢打开贮液器的出液阀，向系统供液，待压缩机启动过程完毕，运行正常后将出液阀开至最大。

4）在压缩机启动过程中应注意观察。压缩机运转时的振动情况是否正常；系统的高、低压及油压是否正常；电磁阀、能量调节阀、膨胀阀等工作是否正常等。

5）注意吸、排气压力的变化，刚开机时吸、排气压力都比较高，随着运行时间的增加，库温或被冷却物质的温度下降，吸、排气压力也会逐渐降低。

6）检查制冷剂的充注量是否合适。

7）检查整个系统的管路和阀门是否存在泄漏处。

在运行正常的情况下，即可着手对制冷系统进行调试。

2. 双温冷库制冷系统调试的总体要求

制冷系统的调试就是把系统的各个运行工况参数调整到所要求的范围内，从而使制冷系统的运行既能满足设计要求，同时又使制冷系统在安全、高效、经济的条件下运行。

双温冷库制冷系统调试的总体要求如下：

（1）认真阅读技术文件及图样。

（2）必须对竞赛场地提供的制冷设备、阀门、控制仪器及附件进行自检。

（3）正确使用符合标准的工具及测量器具。

（4）系统调试主要通过看、摸、听、嗅、测，并根据技术规范与题目要求进行调试。

（5）随时观察，确保各电流、压力、温度在安全范围内，确保系统在任何时候都没有安全隐患。

（6）系统试运行

1）试运行过程中，严禁压缩机空载或过载运行，严禁手动关闭排气阀门。

2）试运行过程中，设备上不放置任何无必要的物品。

3）必须确保系统中无水分，多功能视液镜应显示为干燥状态。

4）机组正常运行期间，不得打开电气控制箱箱门进行电路操作（除必须检测电流外）。

5）试运行过程中，设备电源处悬挂维修牌，操作完成后取下。

（7）系统调试与设定：调试项目操作过程应确保制冷系统都处于正压。

1）高压切断（高压保护）。高压切断安全开关按设置的最大允许压力（MOP）的 0.9 倍来确定。根据竞赛技术文件要求，双温冷库的高压保护值调节到高于 10 bar 时（CUT OUT 值），压缩机断电停机。

2）低压切断开关作为温度控制装置。切断温度设置必须在死区控制温度 2 ℃以下。接通温度必须设定为控制温度加上死区控制温度。例如，当要求控制设定值是 –10 ℃，和死区控制温度是 2 ℃，要求接通温度为 –9 ℃，而切断温度为 –11 ℃，则低压切断设定将是对应于 –13 ℃的饱和压力，低压接通设定将是对应于 –9 ℃的饱和压力。

3）低压切断开关用来作为安全设备。为了防止压缩式制冷系统因制冷剂的损失系统出现一定的真空，开关切断应被设置为 0 bar 以上，但不超过 0.1 bar。

3. 设备、工具、测量器具准备

（1）选手准备（见表 1–7–1）

表 1–7–1　　选手准备

序号	名 称	产地	规格与要求	单位	数量	备注
1	歧管压力表	国产	双表，配三色加液管，管长 900 mm	套	1	复合压力表、双表修理阀
2	三色加液管	国产	R134a，黄、蓝、红，2 m，双英制			
3	旋具	国产	3 mm × 75 mm、5 mm × 125 mm	套	1	
4	剥线钳	国产	B 型，0.5 ~ 3.2 mm^2	把	1	
5	手电筒	国产	5 W	个	1	
6	旋具	国产	25 支	套	1	X 形
7	温度表	国产	–50 ~ 300 ℃，非红外式	个	2	数字探针温度表
8	活扳手	国产	8 in（200 mm × 24 mm）、10 in（250 mm × 30 mm），英制	套	1	

续表

序号	名 称	产地	规格与要求	单位	数量	备注
9	棘轮扳手	国产	通用	把	1	
10	电工刀	国产	通用	把	1	
11	钳形电流表	国产	直流、交流电压 ≤ 600 V，交流电流 ≤ 200 A，电阻 ≤ 20 kΩ	个	1	
12	数字万用表	国产	含表笔、K 型热电偶	个	1	有 ×1Ω 挡
13	绝缘电阻表	国产	数显，量程 500 kΩ ~ 5 GΩ，测量输出电压必须大于 250 V	个	1	
14	试电笔	国产	非接触式报警	支	1	
15	电子检漏仪	国产	精度 5 g/ 年	个	1	
16	压焓图、饱和压力温度表	国产	通用	张	1	
17	防冻手套	国产	通用	副	1	

（2）赛场准备（见表 1–7–2）

表 1–7–2 赛场准备

序号	名 称	产地	规格与要求	单位	数量	备注
1	双温冷库库体	国产	SX–CSC08A–01	台	1	已安装侧板
2	系统操作台	国产	SX–CSC08A–02	张	1	已安装面板
3	仪表安装板	国产	SX–CSC08A–04–15	块	1	
4	蒸发器安装板	国产	SX–CSC08A–01–006	块	1	
5	电气控制箱	国产	SX–CSC08A–03	个	1	带电源插头
6	库体连接电缆	国产	定制	根	1	
7	温控器感温包	国产	通用	个	1	
8	制冷压缩机组	法国	CAJ4511YHR	台	1	

续表

序号	名 称	产地	规格与要求	单位	数量	备注
9	干燥过滤器	丹麦	DFS-053，（3/8）in，外螺纹，英制	个	1	
10	视液镜	国产	（3/8）in，外螺纹，英制	个	1	含纳子
11	热力膨胀阀	丹麦	TN2	个	2	含感温包固定夹
12	外平衡膨胀阀	丹麦	TEN2	个	1	含感温包固定夹
13	电子膨胀阀	丹麦	EKD316+ETS6-14	套	1	含控制组件
14	电磁阀阀芯	丹麦	N00	个	1	
15	电磁阀阀芯	丹麦	N01	个	1	
16	电磁阀阀芯	丹麦	N0X	个	1	
17	电磁阀	国产	（3/8）in，外螺纹，AC 220V，英制	个	2	
18	手阀	国产	（3/8）in，外螺纹，英制	个	1	含纳子
19	球阀	丹麦	GBC10S，（3/8）in，外螺纹，英制	个	1	
20	止回阀	丹麦	NRV12，（1/2）in，外螺纹，英制	个	1	
21	能量调节阀	丹麦	KVC15，（5/8）in，外螺纹，英制	个	1	
22	蒸发压力调节阀	丹麦	KVP12，（1/2）in，外螺纹，英制	个	1	
23	压力控制器	丹麦	KP15	套	1	
24	冷凝压力控制器	丹麦	KP1	个	1	
25	高压表	国产	HS-OG-3.8H	个	1	
26	低压表	国产	HS-OG-1.8L	个	2	
27	歧管压力表	国产	双表，配三色加液管，管长 900 mm	套	1	复合压力表、双表修理阀

注：表中“数量”为1个工位的用量。

三、双温冷库制冷系统的调试

冷库制冷系统运行调节方法有多种，本任务介绍的双温冷库系统的运行调节方法有制冷系统制冷剂流量的调节、蒸发压力的调节、压缩机能量调节等。制冷剂流量调节是在调节压缩机输气能力的基础上，通过节流装置膨胀阀调节进入蒸发器的给液量；热交换器能力的调节则表现为冷凝压力及蒸发压力的控制。

1. 热力膨胀阀的调节

热力膨胀阀通常用于干式蒸发器的供液量调节，其特点是能根据蒸发器出口的蒸气过热度大小，自动调节阀门的开启，以调节制冷剂的流量。

冷库制冷系统热力膨胀阀调节方法如下：

（1）开机，让压缩机运行 15 min 以上，进入稳定运行状态，使压力指示和温度显示达到某一稳定值。蒸发器出口安装温度表或利用吸气温度（压力）来检查过热度。将数字温度表的探头插入到蒸发器回气口处（对应感温包位置）的保温层内。将压力表与压缩机低压阀的三通相连。由于蒸发器表面无法放置温度表，可以利用压缩机的吸气压力作为蒸发器内的饱和压力，查相应的压焓图得到近似蒸发温度。

（2）读出数字温度表温度 $T1$ 与压力表测得压力所对应的温度 $T2$，过热度为两读数之差 $T1-T2$。注意：必须同时读出这两个读数。热力膨胀阀过热度应为 3~6 ℃，如果不是，则进行适当的调整。

（3）若过热度太小（供液量太大），可将调节杆按顺时针方向转动半圈或一圈（即增大弹簧力，减少阀开度），此时制冷剂流量减少；反之，若感到过热度太大，即供液不足，则可把调节螺杆朝相反方向（逆时针）转动，使流量增大。调节杆螺纹一次转动的圈数不宜过多（调节杆螺纹转动一圈，过热度改变 1~2 ℃），经多次调整，直至满足要求为止。

（4）当蒸发器出口处制冷剂蒸气的过热度稳定以后，进行微调，并使过热度稳定在一定范围内。调节方法分为粗调和精调。粗调时，每调一次可使调节杆旋转 1~2 圈，调节时间每次间隔 20~30 min。精调时，每调节一次使调节杆旋转 1/2~1/4 圈，时间间隔 20~30 min。

2. 压力控制器的调节

SX-CSC08A 双温冷库装有高、低压压力控制器（又称高、低压压力继电器）。高压控制器感受压缩机排气压力（冷凝压力），排气压力高于设定值时，它切断压缩机控制电器，实现保护性停车。低压控制器以压缩机吸入压力为信号，控制压缩机启停。即压缩机根据制冷的需要自动间断地工作，当吸入压力过低时实现保护性停车，防止空气漏入系统。

双温冷库高、低压压力控制器的调节工作按以下程序进行：

（1）开机前高、低压力的设定

按以下方法选定高、低压压力控制器的整定值：

1）高压断开压力（上限）：如图 1–7–1 所示，表盘刻度是“CUT OUT”刻度，可按规定的最高工作压力（制冷剂 45~55 ℃所对应的饱和压力）选取。

2）高压闭合压力（下限）：高压控制器大多采用人工复位，通常都为固定幅差（差压）。一般调到闭合压力比断开压力低 0.2~0.3 MPa 即可。双温冷库采用的压力控制器高压是没有 DIFF 刻度的，差压固定为 4 bar。

3）低压断开压力（下限）：一般情况取设计的蒸发温度减去 5 ℃后所对应制冷剂饱和压力，但不能低于表压 10 kPa。以低压管路不致漏入空气为原则，尽量取低些，如 10 kPa。这样，既可起保护作用（以低压控制器压缩机启停的装置），还可以减少个别库仍在进液而停车的可能性，减轻压缩机启停的频繁程度。

4）低压闭合压力（上限）：如图 1–7–1 所示，表盘刻度是“CUT IN”刻度，适当提高低压闭合压力（增大幅差），可减轻压缩机启停频繁程度，但低压闭合压力所对应的制冷剂饱和温度应适当低于库温上限，否则库温升到上限，供液电磁阀开启后，吸入压力仍难迅速达到闭合压力，压缩机会迟迟不能启动。

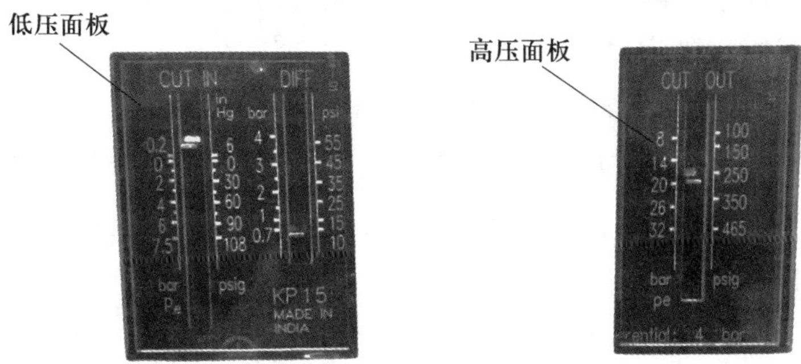

图 1–7–1　压力控制器面板

5）压差：压力控制器触头从“断开”到“闭合”的压力差值，称为压差，如图 1–7–1 所示，表盘刻度是“DIFF”刻度，DIFF= 低压闭合压力（上限）– 低压断开压力（下限）。

压力控制器本身的刻度比较粗略，仅供调试读数参考，仪表面板如图 1–7–1 所示。实际动作值应以调试表读数为准。

带有自动复位的压力控制器（低压侧）：在“CUT–IN”挡上设定低压侧闭合压力。低压旋杆旋转一圈约 0.7 bar。在“DIFF”挡上设定低压侧压差。压差旋杆旋转一圈约 0.15 bar。低压侧断开压力为低压侧闭合压力减去压差后的值，如图 1–7–2 所示。

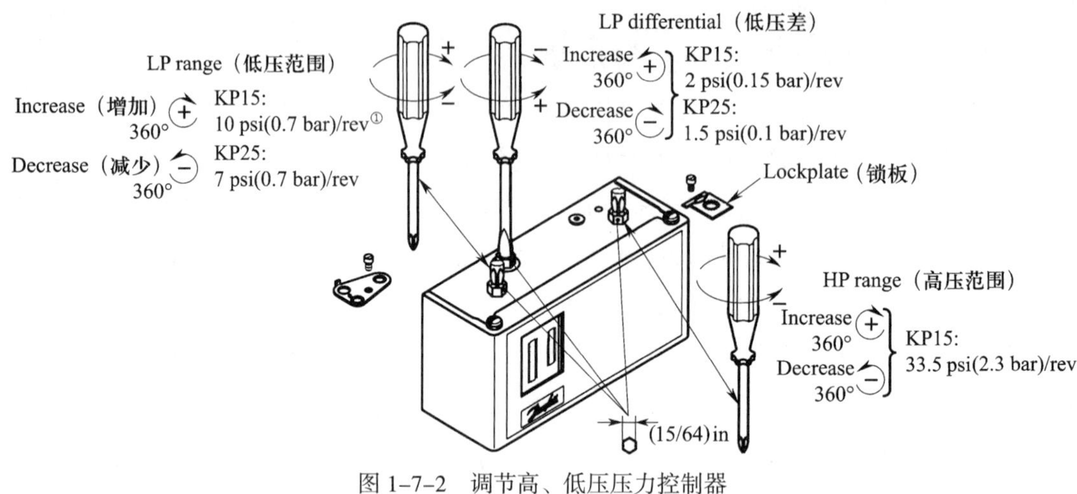

图 1-7-2　调节高、低压压力控制器

注意：低压侧断开压力必须高于绝对真空压力（表压力 P_e=-1 bar）；调节前应拆卸“Lockplate”，调节后须装回复原。

带有自动复位的压力控制器（高压侧）：在“CUT-OUT”挡上设定高压侧断开压力。高压旋杆旋转一圈约 2.3 bar。

另外，对系统低压侧和高压侧的闭合及断开压力的检测核对，还可以专门连接氮气、安装精确的压力表或歧管压力表进行调整检测。

（2）高、低压压力控制器的运行调节（见图 1-7-3）

1）低压控制器用于压缩机吸气压力的控制与调节。调试低压控制器时应慢慢关小压缩机吸入截止阀，注意吸入压力表读数变化，压缩机停车和重新启动时的读数即为低压控制器动作的下限和上限。

2）高压控制器用于压缩机排气压力的控制与调节。试验高压控制器可以慢慢关闭压缩机排出截止阀，读出排出压力表在压缩机停车时的读数，即为高压断开压力。试验时不要将排出截止阀全部关死，以确保安全。或者用一块挡板堵住冷凝器的风路，让压力慢慢上升，进行调试。

注：低压调节螺杆：调节压缩机接通压力（上限压力）；低压幅差调节螺杆：调节压缩机低压断电和接通压力之差（幅差压力）；高压调节螺杆：调节压缩机高压断电压力。根据竞赛技术文件要求双温冷库的高压断开压力为 10 bar，低压压缩机接通压力为 1 bar，幅差压力设置为 0.7 bar。

① rev：revolution，旋转。

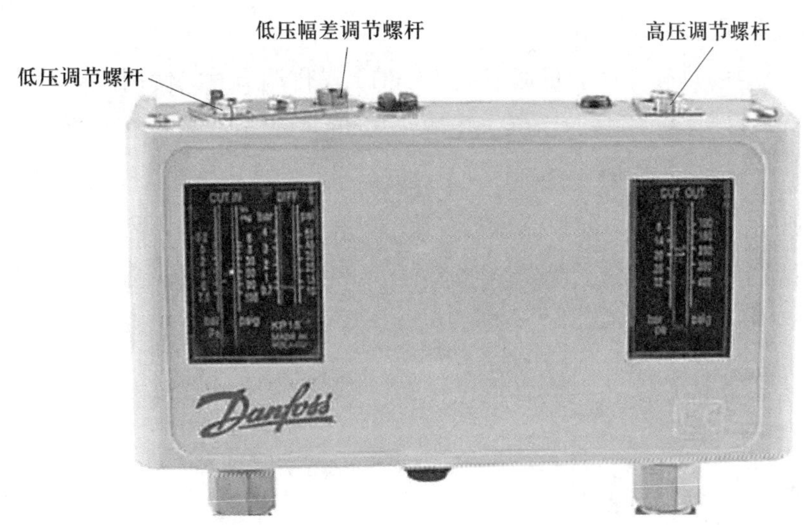

图 1-7-3　调节高、低压压力控制器

3. 能量调节阀的调节

SX-CSC08A 双温冷库系统安装有能量调节阀（KVC），采用能量调节阀的目的是：当双温冷库中的低温库没有达到温度设定值，而压缩机的吸气压力降低到某一设定值时，系统的旁通调节阀自动打开，让一部分高压制冷剂蒸气直接进入压缩机的吸气管道，使其吸气压力稳定在设定值上，以避免压缩机出现停机问题，从而使制冷压缩机组持续工作。实际上这部分旁通量为蒸发器提供了一个“虚负荷”，在蒸发器实际负荷发生变化时，使压缩机的能力与蒸发器的实际负荷相适应。能量调节阀 (KVC) 的开启大小是由低压侧的吸气压力来决定的，在低压侧出口压力降低时开启，相反则关闭；它不能作为系统的安全阀来使用，只是起旁通阀的作用。

能量调节阀一般安装于制冷系统高压侧之间的旁通管路上，高压侧直接注入回气管中（或蒸发器入口），如图 1-7-4 所示。

能量调节阀 (KVC) 的调节设定需要考虑几个方面的因素：一是制冷系统正常运行时的吸气压力，二是系统设计的最低吸气压力（最低吸气温度），三是调节阀的压力调节范围。以 R134a 为例，假定设计的蒸发温度为 -8 ℃，当实际负荷降低时，蒸发温度和蒸发压力均下降，若将热气旁通能量调节阀设定到 -11 ℃所对应的蒸发压力（1.17 bar）时开始打开，当实际负荷降低到所对应的蒸发压力为 1.17 bar 时，热气旁通能量阀就会打开，

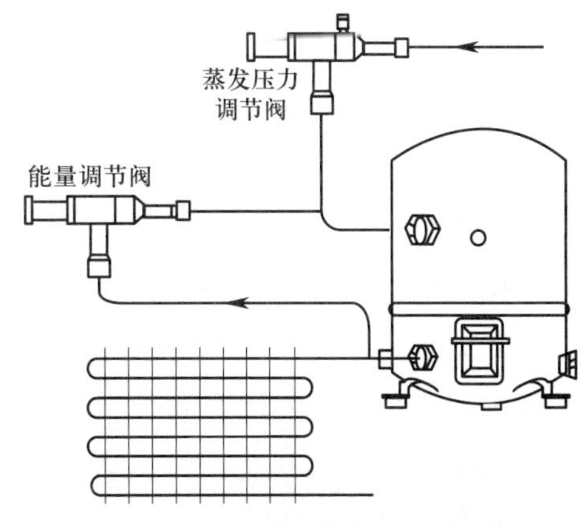

图 1-7-4　能量调节阀安装示意图

打开阀门的开度和压力调节范围有关。

对制冷系统中的热气旁通能量调节阀（KVC）操作调节时，使用出厂设置作为起始点比较好（出厂设置是打开）。通过游标卡尺测量从阀门顶部到设置螺杆的距离 X 可以得到出厂设置。如图 1–7–5 所示，表 1–7–3 中列出了出厂设置、压力调节范围出厂设置、X 和设置螺杆每圈的压力变化。为方便检测读数，调节时可按图 1–7–5 所示通过压力表进行调试，或通过吸气管路上的压力表进行调试，调节螺母顺时针旋转，弹簧力增大，开启的吸气压力将增大；反之吸气压力则减小。

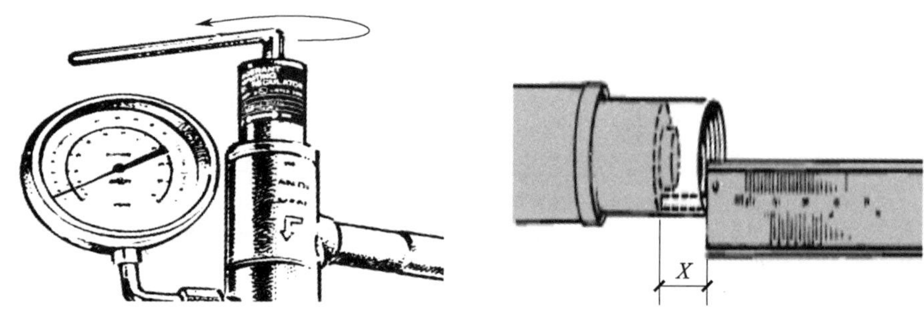

图 1–7–5　调节能量调节阀

表 1–7–3　调节能量调节阀出厂设置

类型	出厂设置	压力调节范围出厂设置（P–band）	X（mm）	bar/ 每圈
KVC–12	2 bar	2 bar	24.6	0.45

4. 蒸发压力的调节

根据技术文件与测试文件要求，SX–CSC08A 双温冷库的冷藏库蒸发温度为（–5 ± 2）℃，冷冻库蒸发温度为（–18 ± 2）℃。换算对应的表压力分别为 1.43 bar 和 0.33 bar。因为一机双库，须分 2 批次进行调节，首先先调整冷冻库的蒸发压力，将冷藏库电磁阀关闭，根据前面热力膨胀阀调节的要求进行调节，调节过程中反复观察低压表的读数，将低压压力控制稳定在 0.33 bar 左右，然后开启冷藏库电磁阀，对冷藏库蒸发压力进行调节，调节前须在蒸发压力调节阀压力检测处安装一个低压表，先开大蒸发压力调节阀，让阀开始工作，应等到冷藏库的库温降到设定温度时，用内六角扳手调节蒸发压力调节阀顶部的调节螺钉，直至压力表读数稳定在 1.43 bar，这样才能保证调节效果。

双温冷库在高温库蒸发器出口安装蒸发压力调节阀，可保证 2 个冷库在各自所需的蒸发压力下工作。蒸发压力调节阀（KVP）的工作原理是：KVP 型调节阀的打开是由进口压力决定的，当蒸发压力（进口压力）升高时，克服弹簧的压力，推动阀座上移，阀口开大，使蒸发器流出的制冷剂量增多，蒸发器的压力降低，保持在给定值范围内；相反，若蒸发压力下降，则阀口关小，流出的制冷剂减少，使蒸发压力回升至给定值范围内。可以用于一台压缩机配置蒸发压力不同的两个或两个以上蒸发器的制冷系统。其结构与安装如图 1–7–6 所示。

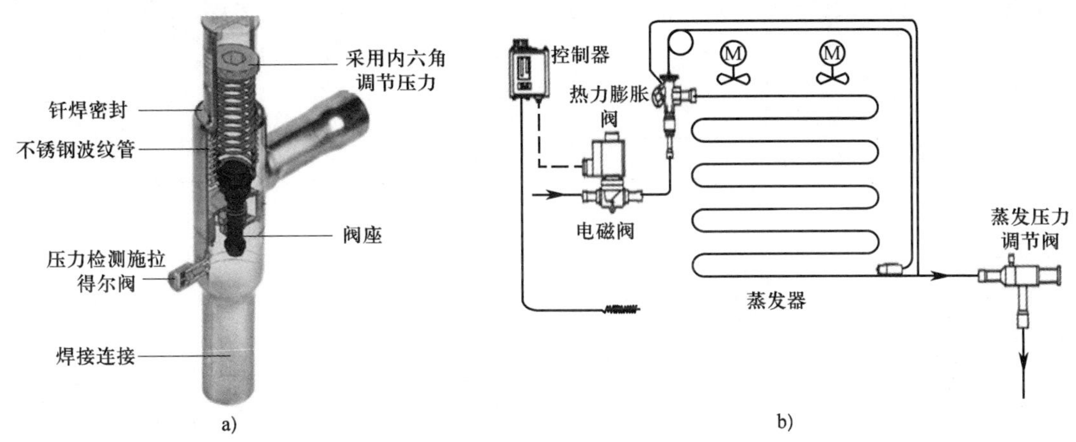

图 1–7–6　蒸发压力调节阀的结构与安装示意图

a）结构　b）安装示意图

蒸发压力调节阀（见图 1–7–7）的调节方法是按照比高温库库温低 5～10 ℃来决定制冷剂的蒸发温度，查出其对应的饱和压力，作为选定蒸发压力，这就是阀进口处制冷剂气体压力的给定值。在调节前，应在压力表接头上再接一个压力表，并将压力表阀门打开。在制冷装置正常运转条件下开始调整，慢慢转动调节螺钉，先将调节杆放松以减小弹簧力，让阀开启工作，在冷库的库温降到给定库温时，随即转动调节杆，改变弹簧的压力直至压力表上的读数达到给定值为止（注意：压力表上的读数是表压力）。表 1–7–4 中列出了出厂设置、压力调节范围出厂设置、*X* 和设置螺杆每圈的压力变化。

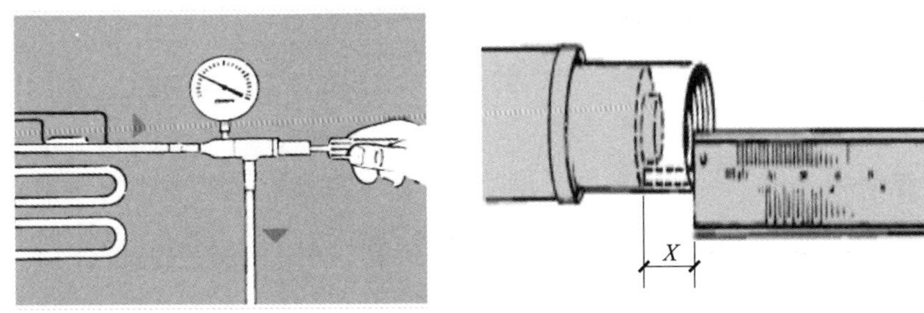

图 1–7–7　调节蒸发压力调节阀

表 1–7–4　　蒸发压力调节阀出厂设置

类型	出厂设置	压力调节范围出厂设置（*P*–band）	*X*（mm）	bar/ 每圈
KVP15	2 bar（出厂设置是关闭）	0.4 bar	16.2	0.45

5. 测试报告（见表 1–7–5），供选手填写

表 1–7–5　　测试报告

调试内容	结果
蒸发温度 1	
蒸发压力 1	
蒸发温度 2	
蒸发压力 2	
压缩机的吸气温度	
过热度	
压缩机的排气温度	
压缩机接通压力（上限压力）	
调节压缩机低压断电和接通压力之差（幅差压力）	
压缩机高压断电压力	
能量调节阀开启压力	

四、测评标准

1. 操作过程评分标准（见表 1–7–6）

表 1–7–6　　操作过程评分标准

序号	竞赛内容	评分要素	评分标准	配分
1	开机前的设定	正确设置	（1）规范操作 （2）正确设置测试数值	20
2	运行调整	正确调整	（1）规范操作 （2）运行过程中正确调试	40
3	安全文明操作	调试全过程	（1）人员、设备、工具处于安全状态 （2）操作时必须穿戴合适的劳动防护服装、平光护目镜、防冻手套 （3）操作完成后的整理工作应符合有关规定	10

2. 操作成果评分标准（见表 1–7–7）

表 1–7–7　　操作成果评分标准表

竞赛内容	评分要素	评分标准	配分
参数设置与调试结果	调试结果	（1）正确记录各参数 （2）准确记录各调试压力	30

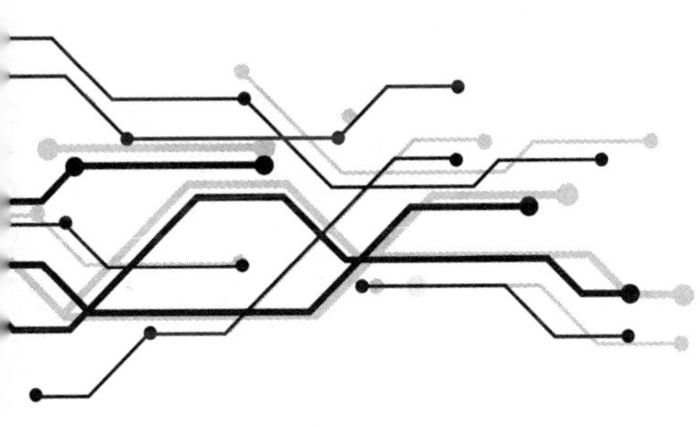

模块二

双温冷库系统的应用设计

任务一 双温冷库系统的应用设计概述

一、双温冷库系统应用设计的目的

现代制冷技术考虑的不仅仅是功能，还需要用经济、管理等诸多方面来综合考虑。因此，冷库制冷系统的设计就不单纯地是工艺设计合理性、可靠性，更要使其安装快捷、运行安全、方便管理和更经济。另外，随着冷库的规模和容量迅速增大，大力推广、应用节能环保、智能控制等技术，已成为冷库发展的必然趋势。

根据现代冷库的发展趋势，本模块合理安排了冷库制冷系统的应用设计实训内容，使选手（学员）在掌握冷库安装与调试的基础上，合理拓展知识和技能，提高选手的技能水平，提高职业的适应性。

双温冷库系统应用设计的主要目的如下所述。

1. 初步了解冷库制冷系统应用设计全过程，熟悉冷库制冷系统设计步骤与现代工程设计方法。

双温冷库系统是由库体、制冷设备、管道、各种附件等组成的一个复杂的系统工程，包含库体、制冷系统、水系统、自动控制等诸多子系统。各子系统之间以及冷库系统与建筑等其他系统之间相互联系、相互制约、相互交叉，需要相互协调。

2. 深入进行与专业有关的基本工程训练，进行冷库系统应用设计与安装施工的综合训练。冷库系统应用设计是对所学的《制冷原理》《制冷压缩机与设备》《冷库工程施工与运行管理》和《冷库设计》等课程的全面综合运用，因此，要求选手（学员）所选设计的内容要涉及课程教学的所有主要内容。学习并掌握冷库制冷系统设计方法和程序，包括冷负荷的计算方法、制冷设备的选型计算与布置设计、制冷系统方案确定、管道设计、制冷系统原理图与管道布置图的设计与绘制等内容。另外，由于设计与安装本身密不可分，同时考虑培养复合型、全面型人才的需要，因此，在本模块介绍的多项任务中，要求设计与安装都要做，而不是只做其中的一部分，同时这两部分又相互联系，便于应用设计的发展。

双温冷库系统的应用设计，是根据冷库制冷装置的使用性质、规模、工况、工艺技术水平要求等进行确定，并从先进、实用、经济、可持续发展等诸多方面，选择最佳设计方案。例如，热回收器在双温冷库系统的应用设计与安装，主要包括了热回收器的选型、热回收管道的设计及安装等内容。在内容上既反映成熟的现有技术，又尽可能介绍最新研究成果和最新技术，培养和检验选手（学员）的综合能力和创新能力。

二、冷库系统工程设计程序

1. 明确设计任务及设计要求

根据设计任务书的内容，熟悉所设计冷库系统的类型、结构布局、各制冷设备功能，了解所设计对象（制冷系统）的设计要求。

2. 搜集设计资料和设计依据

设计前应搜集下列资料：

（1）与本设计有关的环保、消防、卫生、人防等安全方法的设计资料；水、电、汽、燃料等能源的供应情况（包括价格）。

（2）室外空气设计计算参数（气象资料）。

（3）负荷计算基础资料，包括冷库规模（生产能力和贮藏吨位）；冷库的建筑结构形式；照明负荷及使用情况；制冷设备散热量及同时使用情况。

（4）主要冷库制冷设备的产品质量、市场使用情况及价格。

3. 熟悉设计规范

设计规范是设计工作必须遵循的准则，规范规定的原则、技术数据以及设计方法，是设计的重要依据。设计规范集中反映了本专业技术、经济方面的重要问题，同时，也是国家现行经济、能源、安全、环保等方面政策的体现。

目前，国内制定了许多专业性的行业标准、规范，设计中应遵照执行。下面列出了冷库系统工程设计中常用的设计规范。

（1）《冷库设计规范》（GB 50072—2010）。

（2）《工业建筑供暖通风与空气调节设计规范》（GB 50019—2015）。

（3）《民用建筑热工设计规范》（GB 50176—2016）。

（4）《工业设备及管道绝热工程设计规范》（GB 50264—2013）。

（5）《建筑设计防火规范(2018 年版)》（GB 50016—2014）。

（6）《建筑气候区划标准》（GB 50178—1993）。

（7）《制冷设备、空气分离设备安装工程施工及验收规范》（GB 50274—2010）。

（8）《建筑给水排水及采暖工程施工质量验收规范》（GB 50242—2002）。

4. 方案设计

方案设计是依据设计任务书提出的初步设想，是冷库系统设计的一个关键环节。方案设计是根据设计任务书给出的冷库系统使用性质、规模、工艺技术水平要求、冷却水水质、水量、冷库系统所处的环境以及室外空气温湿度等进行确定，并从投资额、先进、实用、经济、发展等诸方面，对制定的几个方案通过技术经济性比较后，选择最佳设计方案。冷库系统使用效果的好坏与所选用的设计方案有着密切的关系。

制冷系统设计包括制冷剂的选择；制冷方式的确定；制冷系统循环及其热力计算；压缩机、蒸发器、冷凝器的设计选型；节流装置与辅助设备选型；制冷系统管道设计。本模块所介绍的是节流装置与辅助设备的设计选型及制冷系统管道设计等。

5. 施工图绘制

施工图绘制是冷库系统工程设计的最重要内容之一。设计时，最重要的是要遵守设计规范，绘制制冷系统原理图与管道布置图等。

三、双温冷库系统应用设计的主要内容

SX-CSC08A 双温冷库系统的应用设计，包括回热器在双温冷库系统的应用设计与安装、热回收器在双温冷库系统的应用设计与安装、电子膨胀阀在双温冷库系统的应用设计与安装、双温冷库系统的融霜应用设计、油分离器在双温冷库系统的应用设计与安装、新型制冷剂（R134a）在双温冷库系统的应用、冷库监控系统的应用设计 7 个考核与训练任务。

1. 回热器在双温冷库系统的应用设计与安装。要求选手按照设计图样及技术要求，进行回热器的选型、回热循环管道的设计及安装。

2. 热回收器在双温冷库系统的应用设计与安装。要求选手按照设计图样及技术要求，进行热回收器的选型、热回收管道的设计及安装。

3. 电子膨胀阀在双温冷库系统的应用设计与安装。要求选手按照设计图样及技术要求，进行电子膨胀阀的选型、液体管道的设计及安装。

4. 双温冷库系统的融霜应用设计。要求选手按照设计图样及技术要求，对制定的几个融霜方案比较后，选择最佳方案，并叙述其融霜方案设计要点及操作步骤。

5. 油分离器在双温冷库系统的应用设计与安装。要求选手按照设计图样及技术要求，进行油分离器的选型、排气管道（含油分管道）的设计及安装。

6. 新型制冷剂（R134a）在双温冷库系统的应用，要求选手按照设计技术要求及环保要求，选择环保型制冷剂（R134a），并规范 R134a 制冷剂充注、回收的操作步骤。

7. 冷库监控系统的应用设计，要求选手按照冷库监控功能，进行上位机监控系统的开发。

总之，通过这些任务的训练考核，可以培养、检验选手在冷库制冷装置的综合能力和创新意识。

任务二
回热器在双温冷库系统的应用设计与安装

一、回热器在双温冷库系统的应用设计

1. 回热器的结构类型

在冷库制冷系统的冷凝器或贮液器至蒸发器的液体管道上，由于安装有膨胀阀、干燥过滤器、电磁阀等附件，致使产生膨胀阀前压力损失和供液到高处的静液柱压力损失，且管外侵入的热量使制冷剂温度上升，以上的因素若超过制冷剂的过冷度时，将会出现闪发气体，造成膨胀阀的供液不足，从而降低制冷能力。为防止产生闪发气体，应在制冷系统中设置气液热交换器（又称回热器），使膨胀阀前的液体制冷剂得到一定的过冷。

在氟利昂系统中设置的回热器，它使从贮液器引出的高压液体制冷剂与来自蒸发器的低压气体制冷剂进行热交换，使高压液体制冷剂得到过冷，同时在热交换过程中夹杂在低压气体制冷剂中的液滴吸收热量而汽化，可防止压缩机出现湿行程。

回热器主要有壳管式、套管式和贴附式三种结构类型。

（1）壳管式回热器

如图 2-2-1 所示为壳管式回热器。壳管式回热器的外壳用无缝钢管制成，盘管用纯铜管绕制，制冷剂液体在盘管内流动，制冷剂蒸气在外壳内管间流动，内外流体进行逆向流动换热。

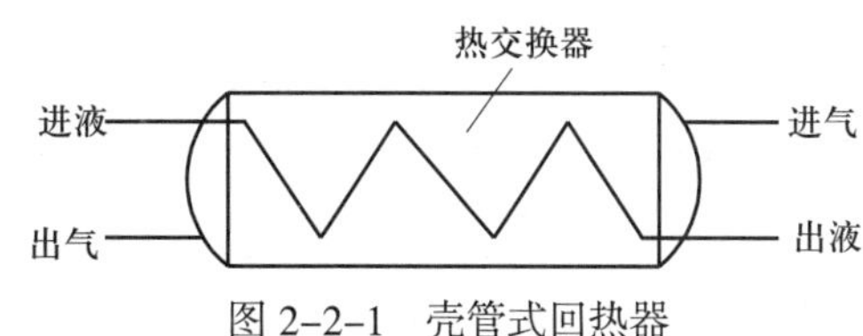

图 2-2-1　壳管式回热器

（2）套管式回热器

如图 2-2-2 所示为套管式回热器。套管式回热器是在回气管外套一大管径管段，液体制冷剂在两管夹层中逆向流动换热。

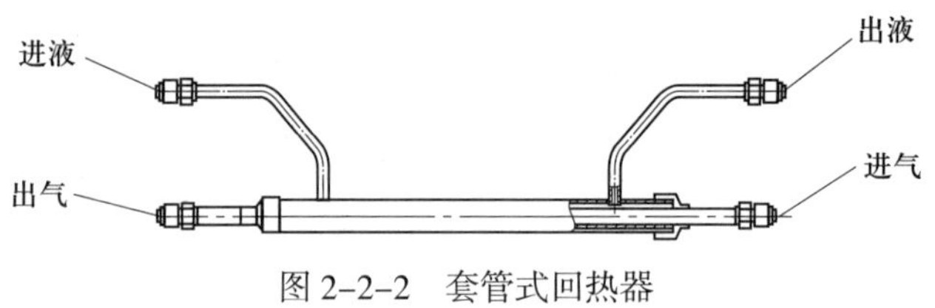

图 2–2–2　套管式回热器

（3）贴附式回热器

贴附式回热器是将回气管与供液管焊接在一起或将毛细管缠绕在回热管上，常用于小型制冷装置。

2. 双温冷库系统回热器的选型

前已述及，冷库制冷系统的液体管道设计主要是如何防止闪发气体的产生。为避免闪发气体的产生，靠加大管径的方法是解决不了的，必须增加液体的过冷度。如 R12 液管升高 1 m 产生的压力降必须增加 0.59 ℃以上的过冷度才可避免闪发气体的产生。在管道设计时，为了不使膨胀阀前液体管中出现闪发气体，应保证膨胀阀前液体至少有 0.5~1 ℃的过冷度。通常的措施是设置回热器。

综合考虑双温冷库系统的制冷能力、管道布置等因素，选择回热器的类型。根据双温冷库制冷系统有 2 个蒸发器（1 个冷风机、1 个光管式蒸发器）的特点，选择套管式回热器结构形式，如图 2–2–3 所示，回热器设有 2 个进气口和 2 个出液口；进、出气管与进、出液管应逆向流动连接，以增加换热效果。

根据压缩机吸气口的直径，回热器的回气管段的直径为（5/8）in，供液管段的直径为（1/2）in，经试验该回热器符合设计要求。

3. 双温冷库系统的回热循环管道设计

设置回热器的双温冷库的制冷管路示意图如图 2–2–4 所示。

双温冷库系统回热循环管道设计要点如下：

（1）回热器应尽可能靠近蒸发器。

（2）回热器设置于制冷系统的液体管路上，如图 2–2–3 所示，回热器液体管段的进液口与视液镜出口管道连接，出液口（2 个）分别与冷冻库电磁阀、冷藏库电磁阀入口管道连接。

（3）回气管与回热器的连接。回热器宜装在靠近压缩机的水平管或向下的立管上，不要装在上升立管上。同时，由蒸发器出来的回气管应和回热器上面的接头连接，去压缩机的回气管由下面接头引出，以利于回气中带回的冷冻机油顺利返回压缩机。如图 2–2–3 所示，回热器回气管段的进气口（2 个）分别与蒸发压力调节阀、止回阀出口管道连接，出气口与压缩机的回气管连接。

（4）回热器进、出液管与进、出气管逆流连接，以增加换热效果（见图 2–2–3）。

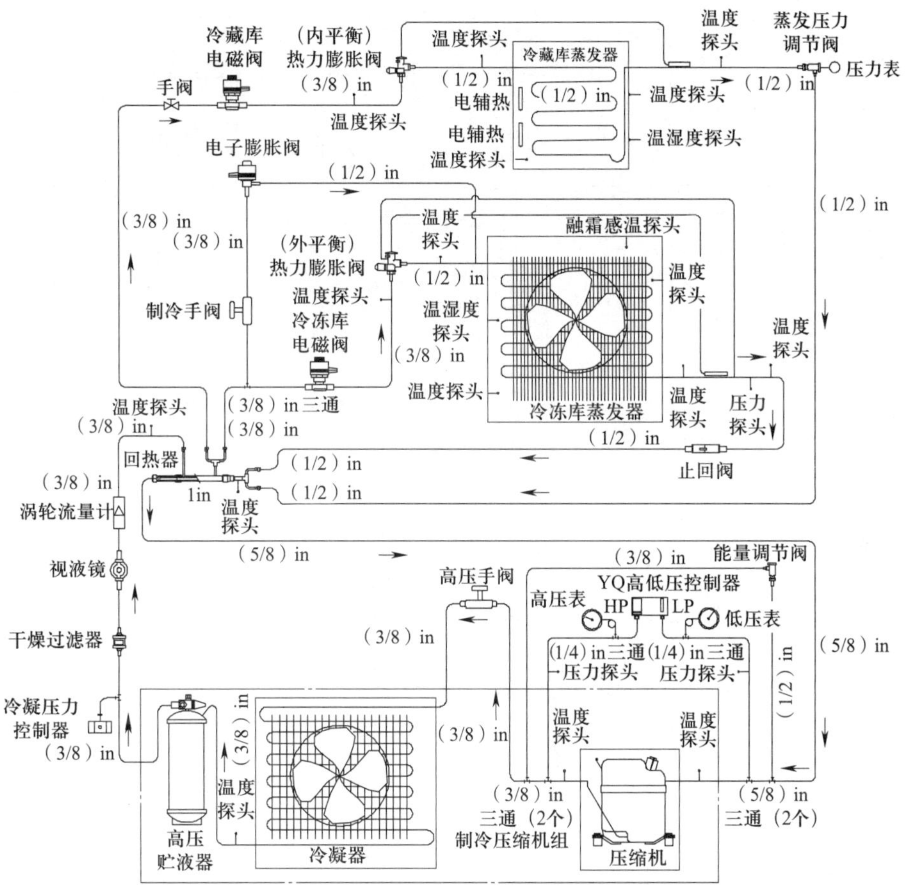

图 2-2-3　双温冷库的制冷系统图

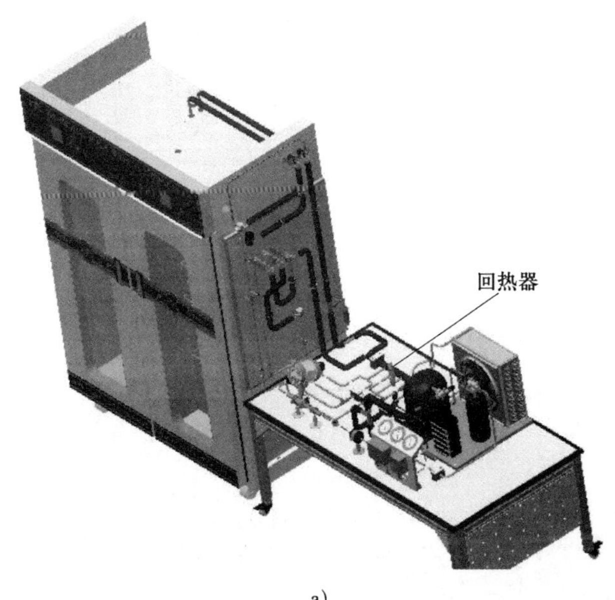

a)

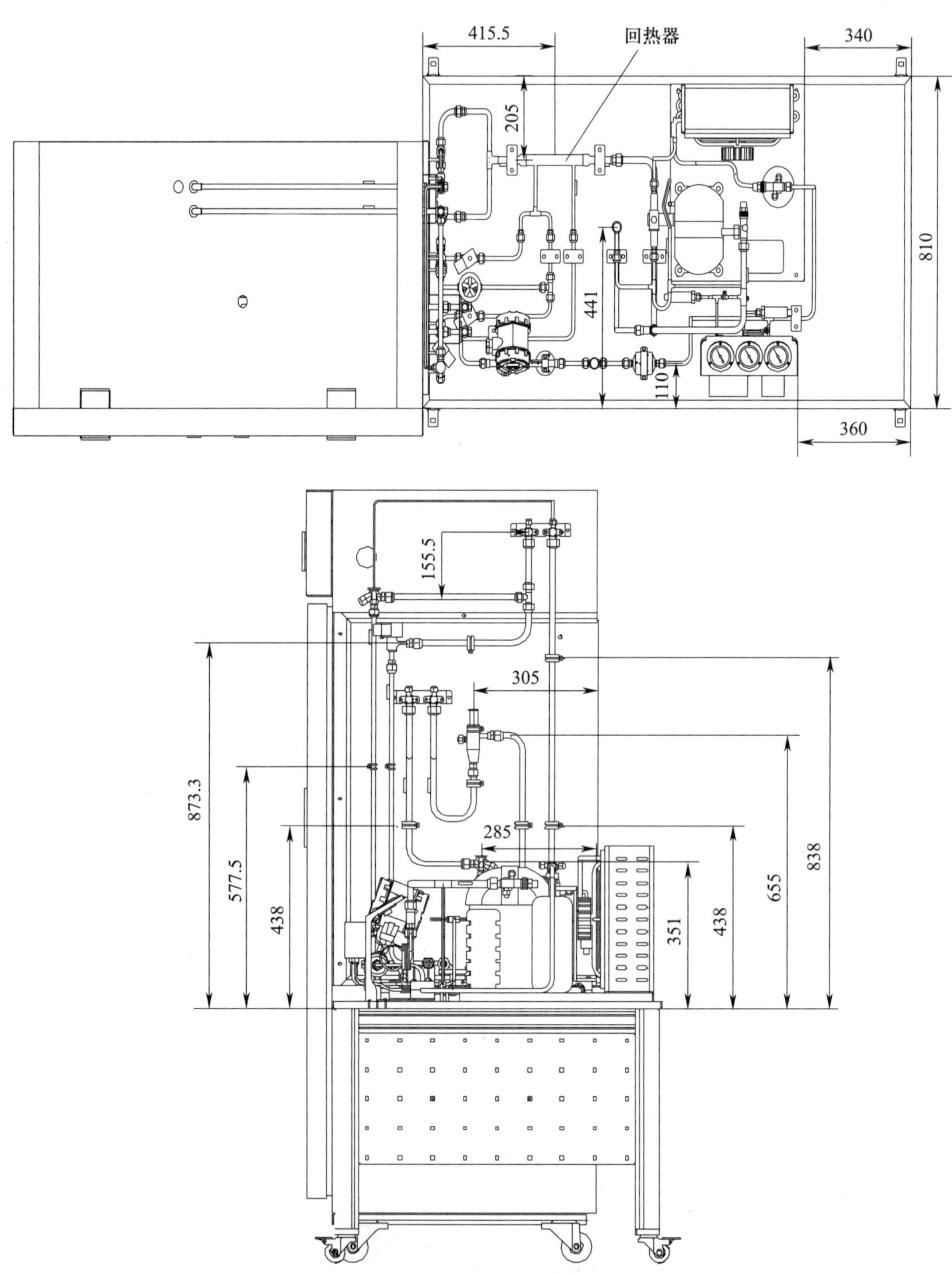

b）

图 2-2-4　双温冷库制冷管路示意图

a）安装示意图　b）安装尺寸图

二、双温冷库系统回热循环管道的安装

1. 回热循环管道的安装要求

双温冷库制冷系统回热循环管道的安装要求，除前面所述的总体要求和回热循环管道设计要求外，还包括下面的具体要求。

（1）回热器的安装要求

1）回热器水平设置于制冷系统的液体管路上，注意不要把制冷剂液体与气体的进口接错。

2）制冷系统安装完毕进行压力检漏后，回热器必须根据现场提供的保温套等材料进行保温。

（2）回热循环管道的安装要求

回热器出液口（2 个），配管时尽可能对称布置，以及供液均匀。

2. 设备、工具、测量器具及材料准备

（1）选手准备（见表 2-2-1）

表 2-2-1　选手准备

序号	名称	产地	规格与要求	单位	数量	备注
1	扩管器	国产	（1/4）~（3/4）in，英制	套	1	
2	弯管器	国产	（1/4）in，英制	把	1	
3	弯管器	国产	（3/8）in，英制	把		
4	弯管器	国产	（1/2）in，英制	把		
5	弯管器	国产	（5/8）in，英制	把	1	
6	割管器	国产	（1/8）~（1¼）in	把	1	
7	旋具	国产	3 mm × 75 mm、5 mm × 125 mm	套	1	十字旋具、一字旋具
8	尖嘴钳	国产	6 in，英制	把	1	
9	直角尺	国产	250 mm	把	1	
10	卷尺	国产	3 m	把	1	
11	钢直尺	国产	300 mm	把	1	
12	锉刀	国产	200 mm	把	1	

续表

序号	名称	产地	规格与要求	单位	数量	备注
13	倒角器	国产	通用	把	1	
14	工作服	国产	通用	套	1	最好长袖
15	焊接手套	国产	通用	副	1	
16	滤光护目镜	国产	通用	副	1	黑色
17	9 件套内六角扳手	国产	9 Pcs，1.5~10 mm	套	1	
18	活扳手	国产	8 in（200 mm×24 mm）、10 in（250 mm×30 mm），英制	套	1	表面镀铬
19	呆扳手	国产	8~10 mm、12~14 mm、13~15 mm、17~19 mm	套	1	
20	手电钻	国产	2 挡，0~20 N·m	把	1	可充电的
21	旋具	国产	25 支	套	1	X 形
22	钻头	国产	ϕ1.0~10 mm，进位 0.5 mm，19 支装	套	1	
23	文具	国产	通用	套	1	签字笔、铅笔、橡皮等

（2）赛场准备（见表 2-2-2）

表 2-2-2　　赛场准备

序号	名称	产地	规格与要求	单位	数量	备注
1	双温冷库库体	国产	SX-CSC08A-01	套	1	冷风机和光管式蒸发器已安装
2	系统操作台	国产	SX-CSC08A-02	套	1	
3	管钳工作台	国产	SX-815Q-33	张	1	
4	回热交换器管路组件	国产	SX-CSC08A-04-01-00	套	1	

续表

序号	名称	产地	规格与要求	单位	数量	备注
5	手提式焊炬	国产	容积 2 L，连续工作时间 3~5 h	套	1	
6	氮气减压阀	国产	YQD–06	套	1	
7	加液管	国产	5 m，（1/4）in，双英制	根	1	黄色
8	加液球阀带转换接头	国产	（5/16）in（弯芯）×（5/16）in（外），英制	套	1	
9	针阀	国产	（1/4）in，英制	个	2	
10	铜管（软质）	国产	ϕ 9.52 mm × 0.8 mm [（3/8）in]，英制	m	1	
11	铜管（软质）	国产	ϕ 12.7 mm × 0.8 mm [（1/2）in]，英制	m	1	
12	铜管（软质）	国产	ϕ 15.88 mm × 1.0 mm [（5/8）in]，英制	m	1	
13	铜管（软质）	国产	ϕ 25.4 mm × 1.5 mm（1 in），英制	m	1	
14	保温管	国产	ϕ 13 mm × 9 mm，1.8 m	根	1	
15	保温管	国产	ϕ 25 mm × 9 mm，1.8 m	根	1	
16	压缩机冷冻机油	国产	70 mL	瓶	1	
17	泡沫检漏液	国产	200 g/ 瓶	瓶	1	
18	快干胶水	国产	502，3 g/ 瓶	瓶	2	
19	移动式台虎钳	国产	6 in，英制	个	1	
20	轻型塑料管夹	国产	ϕ 35 mm	个	2	
21	不锈钢水桶	国产	12 L	个	1	

注：表中“数量”为 1 个工位的用量。

3. 操作步骤

（1）阅读测试文档，做好竞赛准备

认真阅读测试文档，包括测试细节、内容、要求，测评标准及图样。

做好竞赛准备工作：选择合适的设备、材料、工具、测量器具；检查气焊设备、工具等。制冷零部件的检查，主要对回热器进行检查，应检查各进、出口螺纹部分有无损伤，并进行压力检漏。

（2）管道的设计

首先根据图样和技术要求以及设计要点，与液体管道和回气管道设计与安装一起综合规划，特别是回热器在操作平台上的安装位置至关重要，现场测量视液镜出口至电磁阀入口之间等管段的距离，按照规范和工艺流程，设计回热循环管道的布置图，如图 2–2–4 所示。需注明管道各部尺寸；注明哪些零部件安装在操作平台上，哪些零部件安装在库体侧板上。

（3）安装制冷零部件

图 2–2–4 给出了回热器、视液镜、电磁阀、蒸发压力调节阀和止回阀等零部件的布置及安装尺寸。首先按照图样要求将回热器安装到操作平台指定位置（注意回热器需按制冷剂的流动方向水平安装，其液体进出口、气体进出口与各零部件的流动方向一致，并与各零部件之间的距离应便于操作和维修），进行视液镜出口与回热器进液口之间管道、回热器出液口与电磁阀（2 个）之间管道、回热器出气口与压缩机回气管道之间管道、回热器一个进气口与止回阀之间管道的管道布置设计；然后根据蒸发压力调节阀在库体侧板指定位置（注意靠近蒸发器），进行回热器另一个进气口与蒸发压力调节阀出口之间管道的管道布置设计。

（4）管道的制作

按照管道布置图（见图 2–2–4）下料、加工制作各管道。首先截取适当长度铜管，按布置图并对照实物进行弯管等制作，特别注意所有管道不允许凸出操作平台底板及侧板边缘，并与底板、侧板边缘平行。铜管端口扩喇叭口（用于螺纹连接）或扩杯形口（用于焊接连接）。铜管加工过程中，割管后，扩喇叭口、扩杯形口及弯管前，管口必须进行除毛刺、倒角处理，并防止铜屑进入管道。

（5）管道的组装

1）预装。将各段管道预装好。特别注意回热器要按制冷剂的流动方向水平安装；视液镜、止回阀要按制冷剂的流动方向水平安装，视液镜镜面垂直向上；电磁阀必须垂直安装在水平管道上，流向与电磁阀外壳上的箭头方向一致；蒸发压力调节阀也必须垂直安装在水平管道上（阀体垂直放置），注意阀进、出口的连接。

2）焊接。将需焊接连接的管道管口预装好，同时在另一端管口处插入充氮气保护的毛细管，充氮气压力约为 0.05 MPa，并保证管道畅通以及与大气连通，然后采用中性焰（或氧化焰）对焊口施焊。焊接过程中，须做好零部件隔热、散热保护；应尽量避免出现黑烟、爆响现象，绝不允许产生操作性气体泄漏及回火。

3）螺纹连接的管口采用扳手规范操作、拧紧。回热循环管道组装好后，回热器及各连接管道用管码固定在底板和侧板上。按照图样和技术要求再检查一遍，以保证各制冷零部件与管道连接、安装正确、牢固。

三、测评标准

1. 操作过程评分标准（见表 2–2–3）

表 2–2–3　　操作过程评分标准

序号	竞赛内容	评分要素	评分标准	配分
1	回热循环管道各管段加工	用专用工具切割铜管、扩喇叭口、扩杯形口及弯管	（1）割管后，扩喇叭口、扩杯形口及弯管前，管口必须进行除毛刺、倒角处理，并且管内无残留铜屑 （2）所有管道（管子）开口处闲置时必须封口 （3）规范操作	20
2	焊接加工	使用气焊设备、氮气瓶及附件进行管道焊接	（1）规范操作 （2）焊接气体（氧气、乙炔或燃气）的压力必须符合工程标准 （3）管道焊接必须采用充氮气保护法，充氮气压力约为 0.05 MPa，并保证管道畅通以及与大气连通 （4）钎焊时，不允许任何设备、零部件、附件有烧黑或烧坏的痕迹	20
3	回热循环管道安装	制冷零部件、回热循环管道安装	（1）必须正确使用符合标准的工具及测量器具 （2）零部件及管道闲置时必须封口 （3）规范操作	20
4	安全文明操作	回热循环管道制作与钎焊全过程	（1）人员、设备、工具处于安全状态 （2）焊接操作时必须穿戴合适的劳动防护服装、鞋、滤光护目镜、焊接手套 （3）没有领取过多的铜管或零件，以最省的铜管用量，完成组件的制作与钎焊 （4）操作完成后的整理工作应符合有关规定	10

2. 制作成果评分标准（见表 2-2-4）

表 2-2-4　　　　制作成果评分标准

序号	竞赛内容	评分要素	评分标准	配分
1	焊接加工	焊接质量	所有焊口应光亮、饱满、无砂眼、无焊渣堆积现象	10
2	回热循环管道安装	回热器等制冷零部件、回热循环管道制作与安装后总体质量	（1）按图样及技术要求制作与安装液体管道 （2）按图样及技术要求安装、连接回热器、视液镜、电磁阀、蒸发压力调节阀、止回阀等零部件及管道，并固定牢固 （3）管道安装后保持横平竖直，不允许平行重叠 （4）管道制作与安装后应无凹陷、扭曲等明显变形	20

任务三
热回收器在双温冷库系统的应用设计与安装

一、热回收器在双温冷库系统的应用设计

1. 制冷空调装置的热回收利用

制冷空调装置是借助工作介质（制冷剂），从冷却对象吸取热量排放到周围环境的一种耗能装置。通常排热量（冷凝热负荷）为制冷量的 1.2~1.3 倍，并且这些热量的温度明显高于环境温度，例如，对于冷库制冷装置，压缩机的排气温度通常高于 100 ℃。这些热量使周围环境温度升高，造成环境热污染。如果将这些热量回收利用，不仅减少了热污染，而且是一种有效的节能措施。另外，有些制冷空调装置运行中将产生一些“废冷”，也可加以利用。充分利用这些热量（或冷量），可以减少能耗。因此，制冷空调装置的热回收利用，也是制冷空调装置节能的一环。

本任务介绍制冷压缩机排气显热的回收，主要是回收压缩机排出气体的过热部分的热量。常用的措施是借助于各种换热器，将高温制冷剂的热量传给空气或水，从而利用这些热量。

制冷压缩机排气显热的回收，仅能利用制冷剂全部冷凝热负荷的 15%~20%。但由于压缩机排气温度较高，用氨作为制冷剂时可达 100 ℃以上，用氟利昂作为制冷剂时一般在 45 ℃以上，可以直接用换热器加以利用，得到温度较高的热量，并且这种热回收无须改变制冷流程，对制冷循环有利无弊。据统计，采用这种热回收时，制冷系统的运行电流平均降低了 4%。因此，制冷压缩机排气显热的回收可适用于从家用小型制冷机到工业大型制冷机。

（1）热回收系统的特点

热回收系统的特点如下：

1）热回收系统将制冷系统中产生的低品位热量加以利用，是一种经济、有效的节能技

术。它减少了冷凝器的冷凝热负荷，有利于制冷机组能效比的提高。

2）热回收系统减少了排放至大气的废热。

3）热回收系统利用冷凝废热加热生活热水，节约能源，降低了用户的运行成本。

（2）使用热回收系统的注意事项

使用热回收系统应注意以下问题：

1）首先必须保证制冷工况的正常运行。冷凝热回收是有条件的，应综合考虑制冷量和热回收量的关系。回收的热水温度一般控制在 45~50 ℃。回收的热水温度高，冷凝压力要相应提高，对制冷机组的能效比会有影响。

2）热回收器中水温较高，为防止热回收器内结垢，应对自来水采取防垢处理。

3）饮用水不能利用冷凝热。

2. 热回收器的选型

对于制冷压缩机排气显热的回收利用，制冷空调装置中常用的热回收器主要有套管式、平板式、热管式和光管式等结构类型。

（1）套管式热回收器

如图 2–3–1 所示，是一种水与制冷剂逆流的套管式换热器，内管为铜管，外管为钢管，套管按螺旋形绕成紧凑的形状。内管走水，内、外管间走制冷剂。换热器用聚氨酯隔热，ABS（Acrylonitrile Butadiene Styrene，丙烯腈 – 丁二烯 – 苯乙烯共聚物）塑料作为外壳。

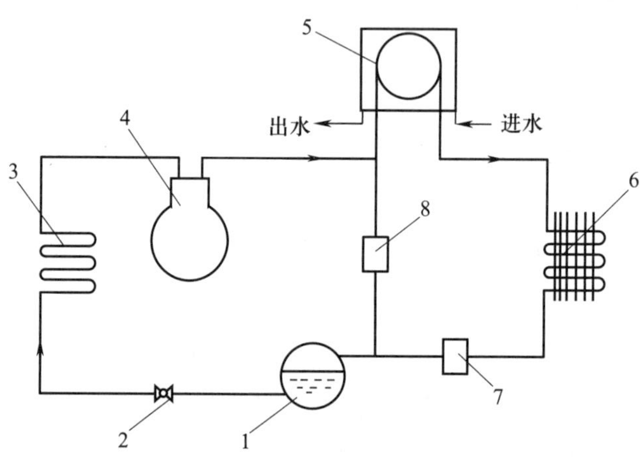

图 2–3–1　套管式热回收器的制冷系统示意图

1—贮液器　2—节流阀　3—蒸发器　4—压缩机　5—热回收装置　6—冷凝器　7、8—阀门

（2）平板式热回收器

如图 2–3–2 所示为平板式热回收器，它由光滑板（铝箔等）组装而成，形成平面通道。

在光滑平板间通常构成U形或三角形的截面，使得在同样的设备体积下，增大空气与板之间的接触面积，板间距为4~8 mm。从换热特性来看，两种换热介质为逆向流动时效率最高。由于逆流交换器的结构比较复杂，且难以保证气密性，因而常常采用交叉流结构方案。传热通过隔板进行，压力为200~300 Pa，热回收效率 η=40%~60%。

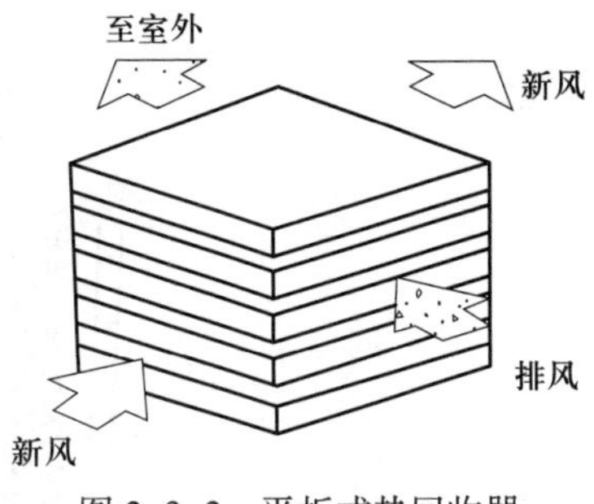

图 2–3–2　平板式热回收器结构示意图

平板式热回收器可用于带热回收装置的组合式空调机组，节能效果明显。

（3）热管式热回收器

热管是利用某种工作流体（如氨、氟利昂和水等）在管内产生相态变化，以及吸液芯多孔材料的毛细作用而进行热量传递的一种传热元件。其工作原理如图 2–3–3 所示。一根热管由铜、铝等管材两头密封，经抽真空后填充相变工质制成。水平安装的热管内壁紧贴有毛细芯层，热管一端接触热源，另一端接触冷源，毛细芯层是把放热的液态工质输送到受热蒸发端去的通道。一端是蒸发段，热能通过蒸发段从外部热源经管壁传给工作流体，并流至另一端的冷凝段，凝结成液体，并将潜热传给外界冷源。冷凝后的液体通过吸液芯的毛细孔和沟槽返回至蒸发段，重新蒸发吸热。由多根外表面肋化后的热管可以组成如图 2–3–4 所示的热管式热回收器。

热管式热回收器可用于组合式空调机组。

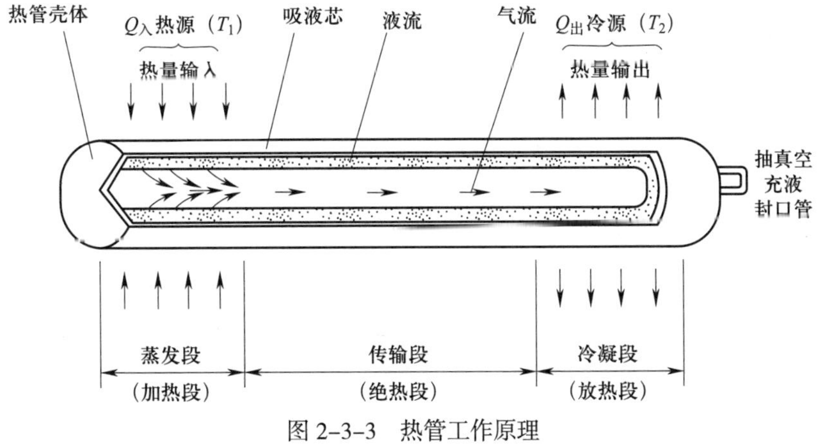

图 2–3–3　热管工作原理

（4）光管式热回收器

如图 2–3–5 所示为光管式热回收器，它由铜管弯制而成，来自制冷压缩机的制冷剂蒸气经光管式换热器把热量传递给水箱中的自来水，使水温升高。

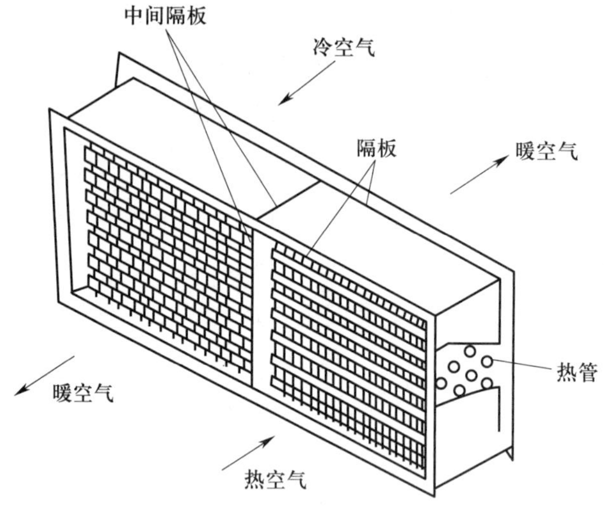

图 2-3-4　热管式热回收器

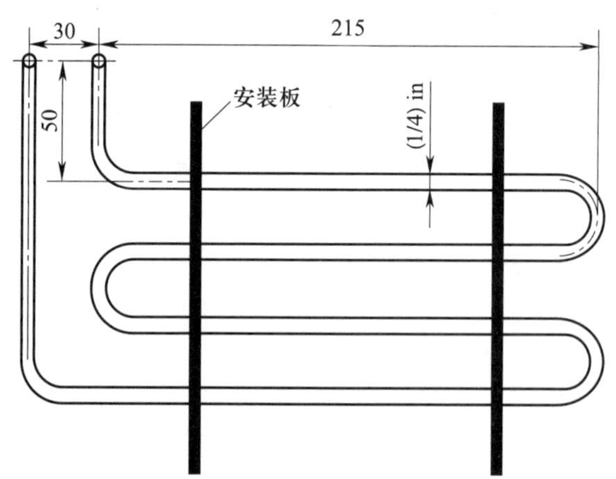

图 2-3-5　光管式热回收器

各种热回收器的比较见表 2-3-1。

表 2-3-1　各种热回收器的比较

热回收方式	效率	设备费用	维护保养要求
套管式热回收器	A	B	B
光管式热回收器	C	A	A
平板式热回收器	B	B	A
热管式热回收器	B	B	A

注：表中 A、B、C 的排列顺序比较由高至低。

综合考虑不同结构形式的热回收器的效率、设备费用，以及维护保养要求等因素，结合双温冷库系统的实际应用情况，决定选择光管式热回收器。

3. 双温冷库系统的热回收管道设计

设置热回收器的双温冷库的制冷系统图如图 2–3–6 所示。

双温冷库系统热回收管道设计要点如下：

（1）热回收器应尽可能靠近制冷压缩机组。

（2）热回收器进、出气管段均设置于制冷压缩机与冷凝器之间的排气管路上，如图 2–3–6 所示。

（3）在热回收器的进气管段设置热回收电磁阀以及在冷凝器入口与热回收器的出气管段设置冷凝电磁阀，并在热回收器的出气管段安装一个止回阀，以确保热回收循环与制冷循环两不误。

（4）在热回收水箱中设置水温传感器及冷凝压力控制器，用来实现热回收的自动控制。

4. 双温冷库系统热回收工作流程

双温冷库系统热回收的工作流程如图 2–3–6 所示。

将一定量的自来水送入热回收水箱，打开热回收电磁阀，关闭冷凝电磁阀，启动制冷压缩机，高温制冷剂蒸气经排气管进入光管式换热器（即热回收器），利用压缩机排气的显热对自来水进行加热，随后排气进入冷凝器。当加热的自来水已达到设定水温，水温传感器动作，关闭热回收电磁阀，打开冷凝电磁阀，压缩机排气直接进入冷凝器。

二、双温冷库系统热回收管道的安装

1. 热回收器及其管道的安装要求

双温冷库制冷系统热回收管道的安装要求，除前面所述的总体要求和热回收管道设计要求外，还包括下面的具体要求。

（1）热回收器的安装要求

1）热回收器（光管式换热器）及水箱必须按图样制作。

2）水箱必须按图样安装，使用螺栓、垫圈固定在指定位置上。

3）光管式换热器置于水箱中，水面需高于光管式换热器最高处。

4）水箱外表面应使用保温材料包裹紧密，进行保温。

（2）热回收管道的安装要求

1）热回收管道管径应采用与排气管管径相同的铜管制作。

2）压缩机排气管及热回收管的水平管段应顺制冷剂的流动方向向下倾斜，应有不小于

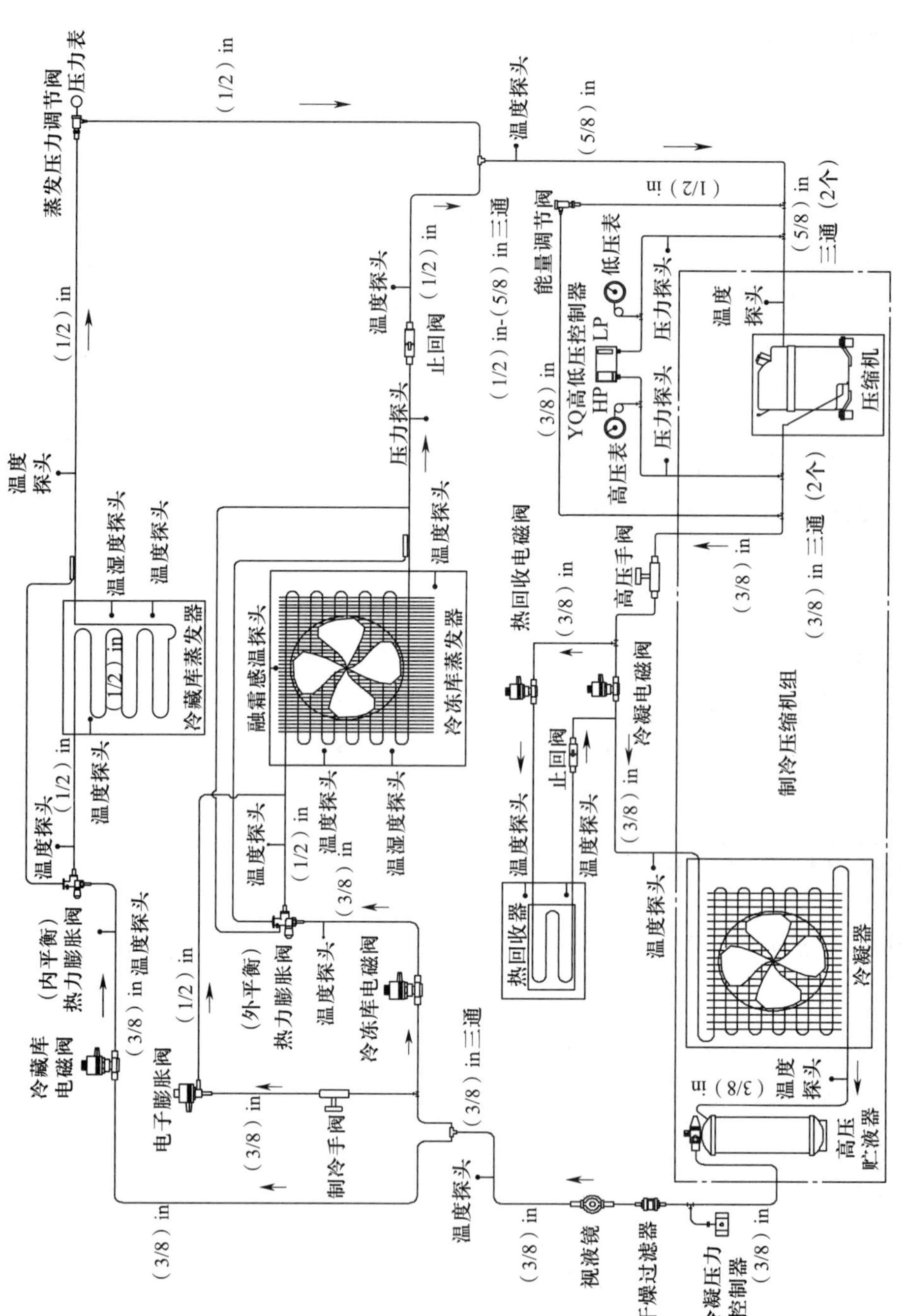

图 2-3-6 带热回收器的双温冷库的制冷系统图

1% 坡度坡向冷凝器。

2. 设备、工具、测量器具及材料准备

（1）选手准备（见表 2–3–2）

表 2–3–2　　选手准备

序号	名称	产地	规格与要求	单位	数量	备注
1	扩管器	国产	（1/4）~（3/4）in，英制	套	1	
2	弯管器	国产	（1/4）in，英制	把	1	
3	弯管器	国产	（3/8）in，英制	把		
4	弯管器	国产	（1/2）in，英制	把		
5	弯管器	国产	（5/8）in，英制	把	1	
6	割管器	国产	（1/8）~（1¼）in，英制	把	1	
7	旋具	国产	3 mm × 75 mm、5 mm × 125 mm	套	1	十字旋具、一字旋具
8	尖嘴钳	国产	6 in，英制	把	1	
9	直角尺	国产	250 mm	把	1	
10	卷尺	国产	3 m	把	1	
11	钢直尺	国产	300 mm	把	1	
12	锉刀	国产	200 mm	把	1	
13	倒角器	国产	通用	把	1	
14	工作服	国产	通用	套	1	最好长袖
15	焊接手套	国产	通用	副	1	
16	滤光护目镜	国产	通用	副	1	黑色
17	9 件套内六角扳手	国产	9Pcs，1.5 ~ 10 mm	套	1	
18	活扳手	国产	8 in（200 mm × 24 mm）、10 in（250 mm × 30 mm），英制	套	1	表面镀铬
19	呆扳手	国产	8 ~ 10 mm、12 ~ 14 mm	套	1	
20	手电钻	国产	2 挡，0 ~ 20 N · m	把	1	可充电的

续表

序号	名称	产地	规格与要求	单位	数量	备注
21	旋具	国产	25 支	套	1	X 形
22	钻头	国产	ϕ 1.0~10 mm，进位 0.5 mm，19 支装	套	1	
23	文具	国产	通用	套	1	签字笔、铅笔、橡皮等

（2）赛场准备（见表 2–3–3）

表 2–3–3　　赛场准备

序号	名称	产地	规格与要求	单位	数量	备注
1	双温冷库库体	国产	SX–CSC08A–01	套	1	冷风机和光管式蒸发器已安装
2	系统操作台	国产	SX–CSC08A–02	套	1	
3	管钳工工作台	国产	SX–815Q–33	张	1	
4	回热交换器管路组件	国产	SX–CSC08A–04–01–00	套	1	
5	手提式焊炬	国产	容积 2 L，连续工作时间 3~5 h	套	1	
6	氮气减压阀	国产	YQD–06	套	1	
7	加液管	国产	5 m（黄色），（1/4）in，双英制	根	1	
8	加液球阀带转换接头	国产	（5/16）in（弯芯）×（5/16）in（外），英制	套	1	
9	针阀	国产	（1/4）in，英制	个	2	
10	铜管（软质）	国产	ϕ 9.52 mm × 0.8 mm [（3/8）in]，英制	m	1	
11	铜管（软质）	国产	ϕ 12.7 mm × 0.8 mm [（1/2）in]，英制	m	1	

续表

序号	名称	产地	规格与要求	单位	数量	备注
12	铜管（软质）	国产	ϕ 15.88 mm × 1.0 mm［（5/8）in］，英制	m	1	
13	铜管（软质）	国产	ϕ 25.4 mm × 1.5 mm（1 in），英制	m	1	
14	保温管	国产	ϕ 13 mm × 9 mm，1.8 m	条	1	
15	保温管	国产	ϕ 25 mm × 9 mm，1.8 m	条	1	
16	压缩机冷冻机油	国产	70 mL	瓶	1	
17	泡沫检漏液	国产	200 g/ 瓶	瓶	1	
18	快干胶水	国产	502，3 g/ 瓶	瓶	2	
19	移动式台虎钳	国产	6 in，英制	个	1	
20	轻型塑料管夹	国产	ϕ 35 mm	个	2	
21	不锈钢水桶	国产	12 L	个	1	

注：表中“数量”为 1 个工位的用量。

3. 操作步骤

（1）阅读测试文档，做好竞赛准备

认真阅读测试文档，包括测试细节、内容、要求，测评标准及图样。

做好竞赛准备工作：选择合适的设备、材料、工具、测量器具；检查气焊设备、工具、测量器具等。制冷零部件的检查，主要对光管式换热器进行检查，应检查各进、出口螺纹部分有无损伤，并进行压力检漏；检查水箱有无泄漏；检查电磁阀是否灵活、可靠。

（2）管道的设计

首先根据图样和技术要求以及设计要点，与排气管道设计与安装一起综合规划，特别是热回收器在操作平台上的安装位置至关重要，现场测量压缩机出口至电磁阀入口之间等管段的距离，按照规范和工艺流程，设计热回收管道的布置图，如图 2–3–7 所示。需注明管道各部尺寸；注明热回收水箱安装在操作平台上的主要尺寸等。

（3）安装制冷零部件

如图 2–3–7 所示给出了热回收器、电磁阀和止回阀等零部件的布置。首先按照图样要求将热回收水箱安装到操作平台指定位置，然后将水管式换热器放入水箱中（注意换热器需按制冷剂的流动方向水平安放，其气体进、出口方向应与排气管的流动方向一致，与各阀之间的距离应便于操作和维修），进行高压球阀与电磁阀 3、4 之间管道（并联）、电磁

阀 3 与换热器进气口之间管道、换热器出气口与止回阀之间管道、止回阀、电磁阀 4 与冷凝器进气管道之间管道（注明水平管不少于 1% 坡度坡向冷凝器）的布置设计。

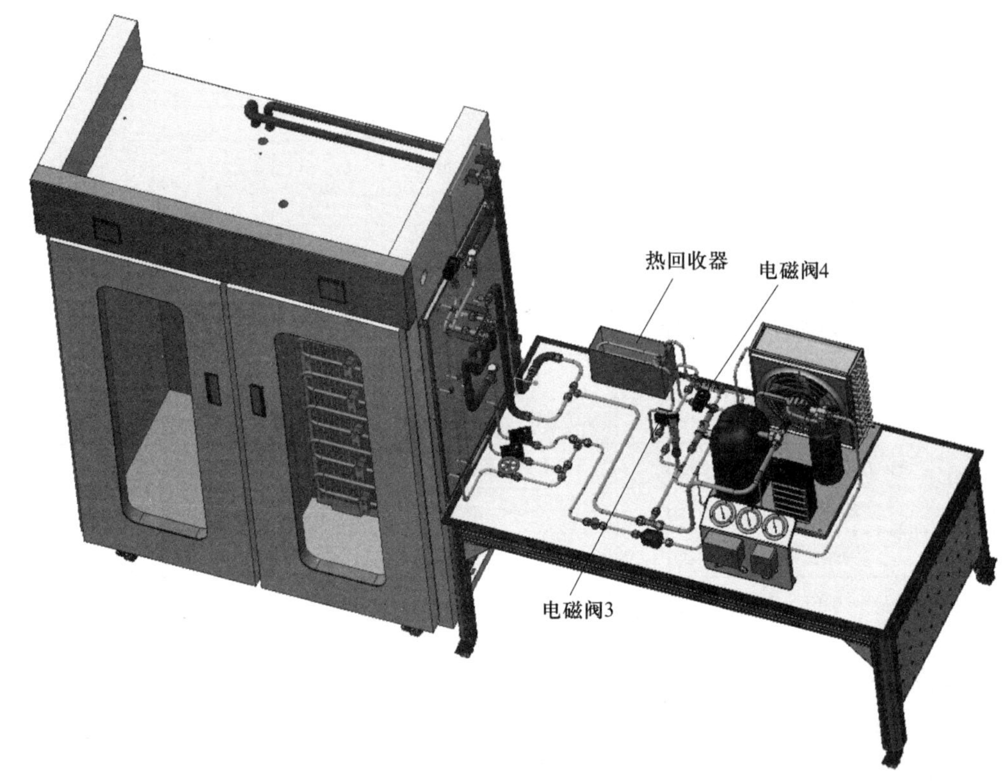

图 2–3–7　热回收器安装布局

（4）管道的制作

按照管道布置图（见图 2–3–7）下料、加工制作各管道。首先截取适当长度铜管，按布置图并对照实物进行弯管等制作，特别注意所有管道不允许凸出操作平台底板边缘，并与底板边缘平行。管道端口扩喇叭口（用于螺纹连接）或扩杯形口（用于焊接连接）。管道加工过程中，割管后，扩喇叭口、扩杯形口及弯管前，管口必须进行除毛刺、倒角处理，并防止铜屑进入管道。

（5）管道的组装

1）预装。将各段管道预装好。特别注意换热器按制冷剂的流动方向水平安装；止回阀按制冷剂的流动方向水平安装，电磁阀必须垂直安装在水平管道上，流向与电磁阀外壳上的箭头方向一致。

2）焊接。将需焊接连接的管道管口预装好，同时在另一端管口处插入充氮气保护的毛细管，充氮气压力约为 0.05 MPa，并保证管道畅通以及与大气连通，然后采用中性焰（或氧化焰）对焊口施焊。焊接过程中，须做好零部件隔热、散热保护；应尽量避免出现黑烟、爆响现象，绝不允许产生操作性气体泄漏及回火。

3）螺纹连接的管口采用扳手规范操作、拧紧。热回收管道及排气管组装好后，各连接管道用管码固定在底板上。按照图样和技术要求再检查一遍，以保证各制冷零部件与管道连接、安装正确、牢固。

三、测评标准

1. 操作过程评分标准（见表 2–3–4）

表 2–3–4　　操作过程评分标准

序号	竞赛内容	评分要素	评分标准	配分
1	热回收管道及排气管各管段加工	用专用工具切割铜管、扩喇叭口、扩杯形口及弯管	（1）割管后，扩喇叭口、扩杯形口及弯管前，管口必须进行除毛刺、倒角处理，并且管内无残留铜屑 （2）所有管道（管子）开口处闲置时必须封口 （3）规范操作	20
2	焊接加工	使用气焊设备、氮气瓶及附件进行管道焊接	（1）规范操作 （2）焊接气体（氧气、乙炔或燃气）压力必须符合工程标准 （3）管道焊接必须采用充氮气保护法，充氮气压力约为 0.05 MPa，并保证管道畅通以及与大气连通 （4）钎焊时，不允许任何设备、零部件、附件有烧黑或烧坏的痕迹	20
3	热回收管道及排气管安装	制冷零部件、热回收管道及排气管安装	（1）必须正确使用符合标准的工具及测量器具 （2）零部件及管道闲置时必须封口 （3）规范操作	20
4	安全文明操作	热回收管道及排气管制作与钎焊全过程	（1）人员、设备、工具处于安全状态 （2）焊接操作时必须穿戴合适的劳动防护服装、鞋、滤光护目镜、焊接手套 （3）没有领取过多的铜管或零件，以最省的铜管用量完成组件的制作与钎焊 （4）操作完成后的整理工作应符合有关规定	10

2. 制作成果评分标准（见表 2–3–5）

表 2–3–5　　制作成果评分标准

序号	竞赛内容	评分要素	评分标准	配分
1	焊接加工	焊接质量	所有焊口应光亮、饱满、无砂眼、无焊渣堆积现象	10
2	热回收管道及排气管安装	水箱、换热器等制冷零部件、热回收管道及排气管制作与安装后总体质量	（1）按图样及技术要求制作与安装热回收管道及排气管 （2）按图样及技术要求安装、连接水箱、换热器、电磁阀、止回阀等零部件及管道，并固定牢固 （3）管道安装后保持横平竖直，不允许平行重叠 （4）管道制作与安装后应无凹陷、扭曲等明显变形	20

任务四
电子膨胀阀替代热力膨胀阀的改造设计

一、概述

1. 电子膨胀阀与热力膨胀阀性能比较

制冷系统的节流装置有毛细管、热力膨胀阀、电子膨胀阀等。毛细管广泛应用在小型家用冰箱、定频空调上，主要基于价格方面的考虑。热力膨胀阀是将测量单元（感温包）、调节单元（波纹膜片、传动杆）、执行机构（阀体）做成一体的流量调节阀。它适用于简单的过热度闭环反馈控制调节系统，属于比例调节规律，虽然可以自动调节制冷剂的流量，但也存在不足，在低的蒸发温度下，过热度增大，蒸发温度不稳定，制冷系统效率下降；过热度调节范围有限，制冷剂流量调节范围小；蒸发器出口过热度偏差较大；信号的反馈有较大的滞后性，即系统的过热度有所调整后，至少需要 30 min 才能再次稳定；由于流量调节对过热度的响应滞后，使制冷装置在启动和负荷突变时，被调参数发生周期性振荡。

为了克服上述热力膨胀阀的不足，新一代的电了膨胀阀应运而生，电子膨胀阀技术代表了制冷控制技术的发展方向，电子膨胀阀是一种新型节流装置，它由微处理器进行控制，它的出现实现了用微机直接控制和调节制冷循环系统，其控制系统组成如图 2-4-1 所示。电子膨胀阀的流量调节控制系统一般是由电子控制器、执行机构和测量

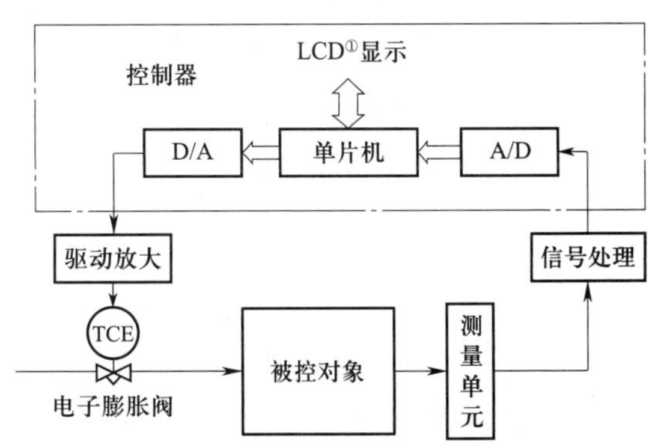

图 2-4-1　电子膨胀阀用微机自动控制原理图

① LCD：Liquid Crystal Display，液晶显示器。

单元组成。只是阀体执行器的结构和动作原理不同，相应地电子控制器内部结构及其输出的阀体驱动信号各不相同而已。由于制冷系统节流元件采用了电子式控制，使先进的控制手段运用于制冷剂流量调节成为可能，从而使制冷系统稳定性、准确性、快速性等均得到了提升和保障。

与热力膨胀阀相比，电子膨胀阀在以下方面有显著的优势，主要体现在：

（1）电子膨胀阀的过热度设定值可调，流量调节可以不受系统冷凝压力变化和供液过冷度变化的影响。

（2）动作迅速，调节精准。电子膨胀阀的驱动方式是控制器通过对传感器采集得到的参数进行计算，向执行器发出调节指令，驱动电子膨胀阀的动作。电子膨胀阀从全闭到全开状态其用时仅需几秒钟，反应和动作速度快，热负荷变化剧烈也能避免调节振荡，因此，允许将出口过热度调至很小（2 ℃甚至更低），而且可以实现比例积分调节，使过热度变化量为零，减少蒸发器表面的结霜，从而提高了蒸发器的利用率。

（3）电子膨胀阀的适用温度低。对于热力膨胀阀，当温度较低时，其感温包内部感温介质的压力变化大大减小，严重影响了调节性能。而对于电子膨胀阀，其感温部件为热电阻或压力传感器，它们在低温下同样能准确反映出过热度的变化。因此，在冷藏库的冻结间等低温环境中，电子膨胀阀也能提供较好的流量调节。

（4）控制功能多样性。电动式还允许制冷剂双向流动，可直接用于热泵工况和热气融霜。

2. 使用过热度来控制阀门开度的控制逻辑

过热度作为反映节流装置控制能力的最重要性能参数之一，过热度越小，节能效果越好；而只有过热度足够，才能保证系统的可靠性；因此，只有对过热度进行优化，才能同时满足节能和可靠性的要求。对于氟利昂制冷系统，阀门开度控制最普通的方法是基于压缩机的吸气过热度或者蒸发器的出口过热度。

在使用电子膨胀阀的制冷系统中，采用吸气过热度作为阀门开度控制参数时，可通过采集如下参数计算并得出过热度：

1）蒸发器进、出口的温度。

2）蒸发器盘管中间温度和出口温度（或压缩机吸气温度）。

3）蒸发器出口温度和该位置压力对应的饱和温度。

4）蒸发器中间温度、冷凝器中间温度。

对于电子膨胀阀的控制设计，常见的控制逻辑有如下几个方面：

（1）稳定运行阶段的控制逻辑

当系统稳定运行且没有负载或外部条件变化时，阀门开度应仅由蒸发器出口的过热度来决定，通过 PID（Proportion Integration Diferentiation，比例积分微分）计算使阀门的开度变化保证过热度始终受控于目标范围以内，因为单独吸气过热度不足以反映压缩机的过热或过冷，有时压缩机的排气温度或者低压也被作为参数来控制阀门的开度，最终确保压缩机的安全。

（2）机组启动阶段初始化

正常情况下，压缩机启动前的一定时间内阀门需要执行初始化程序来复位到0开度。按照环境温度和初始负荷，阀门开到初始开度后，该开度应该保持一定的时间，使系统达到初步稳定的状态，然后阀门再按照稳定运行阶段的控制逻辑进行调节。

（3）负载突变时的阀门调节

对于多个压缩机并联的系统，当需要更多压缩机启动时，阀门也需要提前额外增加开度；如果按照稳定逻辑控制的话，短时间内有可能造成低压保护。同样，卸载时，需要提前关闭一定的开度，或者按照负荷计算重新定义开度，否则容易造成回液。如果不考虑负荷突变，单纯依靠PI（Proportion Integration，比例积分）参数的设定来满足系统负荷的波动，需要通过试验来验证稳定阶段的PI参数是否可以满足突变状态下的波动。

（4）融霜时的阀门开度控制

当机组制冷剂逆向流动以融化掉翅片管式风冷热交换器上面的霜时，阀门需要保持一定开度以保证合适高温冷媒来融化翅片上的霜，融霜结束后，逻辑重新回到稳定运行阶段。

（5）除湿阶段的阀门控制逻辑

除湿的情况下，过热度的目标值通常会降低1~2 ℃，这样阀门会比正常运行时的开度稍大，同时，风扇转速降至最低，最后达到除湿的效果。

（6）处理冷冻机油时的阀门控制

压缩机部分负荷运行一定的时间后，油压需要在每个压缩机重新建立平衡，在每个末端管路中滞留的冷冻机油也需要被循环回压缩机，这时阀门也需要维持一定的开度以保证好的回油效果。

（7）关机时的阀门复位

如果电源没有发生问题，通常关机时阀门完全关闭，以防止冷媒迁移进入蒸发器甚至压缩机，比较常见的措施是在节流阀之前安装电磁阀。某些应用中，如果系统不怕发生冷媒迁移，则阀门在关机时可保持某一开度以使高、低压力快速平衡，减少下次启动时需要的压缩机电动机转矩。

3. 电子膨胀阀的流量调节原理

电子膨胀阀调节系统流量，一般使用蒸发器出口过热度来控制电子膨胀阀阀门开度，通常采用如图2-4-2所示的反馈控制系统。

该系统是由控制对象（蒸发器）、检测单元（传感器）、控制器和执行器（电子膨胀阀）四个基本环节组成。

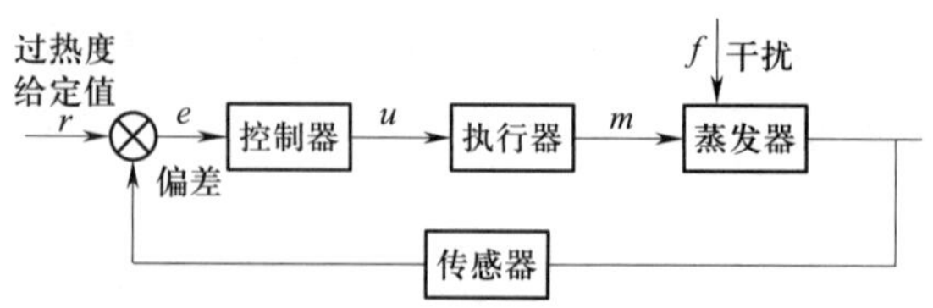

图 2-4-2　蒸发器过热度反馈控制原理图

（1）检测单元

传感器测量蒸发器出口过热度，反馈给控制器。

（2）控制器

控制器是系统核心部件，按照一定控制算法，比较测量的过热度与设定的目标过热度，得到偏差信号输出到执行器；控制器通常采用电子控制器或者 PLC 控制器。

（3）执行器

电子膨胀阀负责根据接收到的信号控制膨胀阀开度，保证适量供液量与过热度。

（4）控制对象

蒸发器流量变化，使系统制冷量与热负荷相匹配，使被控参数温度恒定在一定范围。

4. 电子膨胀阀检测过热度

电子膨胀阀检测过热度一般有两种方法。一种是用一个压力传感器和一个温度传感器，分别检测蒸发器出口处的制冷剂蒸发压力和蒸发温度，将蒸发压力换算成对应的制冷剂饱和温度即蒸发温度，再计算二者间的温差，并以此为控制参数。用这种检测方法获取的是真实过热度，这种方式，考虑了蒸发器内制冷剂的沿程损失，适合于控制精度要求高，制冷剂在蒸发器内压降较大的冷藏库制冷系统，系统如图 2-4-3 所示。

另一种情况是用两个温度传感器分别检测制冷剂在蒸发器入口处的温度和出口处的温度，然后计算之间的差值，并以此为控制参数，系统如图 2-4-4 所示。该温差能够反映过热度，却不等于过热度。

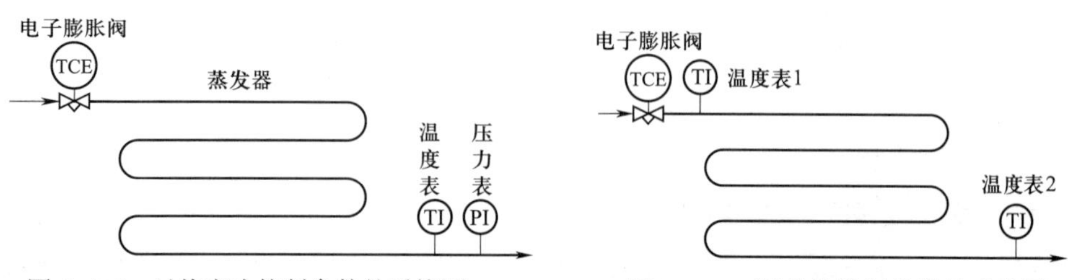

图 2-4-3　过热度为控制参数的系统图　　图 2-4-4　温差为控制参数的系统图

第一种情况能得到真实过热度，但检测中要用压力传感器，价格高，传感器安装麻烦。第二种情况检测方法简单、费用低，避免了上述麻烦，尽管控制参数不是真实过热度，但只要控制精度在可以接受的范围内，仍是较好的检测方法。

二、电子膨胀阀的选型

1. 电子膨胀阀的结构类型

利用电子膨胀阀控制制冷剂流量的目的是为蒸发器提供合适的制冷剂流量，以充分发挥蒸发器的效能，提高系统的性能系数，或达到其他的控制要求。目前，电子膨胀阀种类很多，按阀的驱动过程的不同主要有电磁式和电动式两种。

（1）电磁式膨胀阀

电磁式膨胀阀结构如图 2-4-5a 所示。它由柱塞、线圈、阀座、阀杆等组成，电磁线圈通电前针阀处于全开位置，通电后由于电磁力的作用，由电磁材料制成的柱塞被吸引上升，与柱塞连成一体的针阀开度变小，针阀的位置取决于施加在线圈上的控制电压。因此，可以通过改变控制电压调节流量。阀的特性见图 2-4-5b 所示。

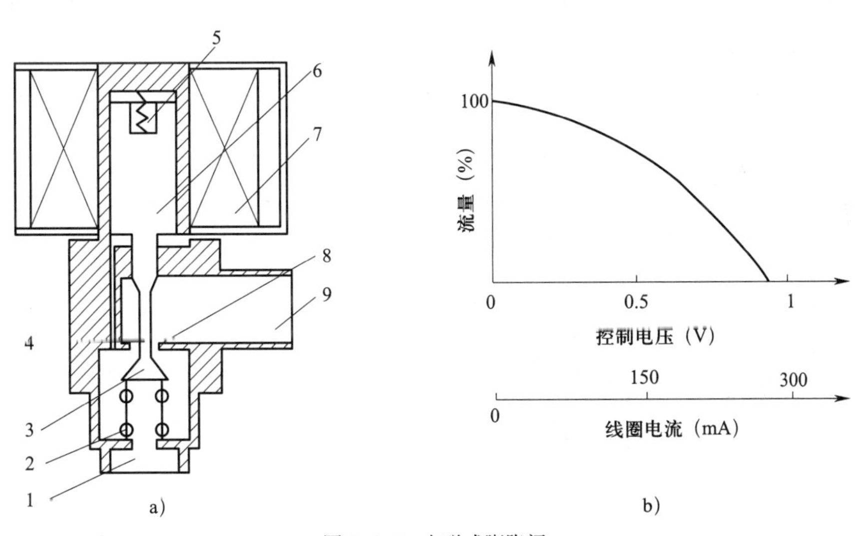

图 2-4-5　电磁式膨胀阀

a）结构图　b）流量特性

1—出口　2—弹簧　3—阀针　4—阀杆　5—柱塞弹簧　6—柱塞　7—线圈　8—阀座　9—入口

从上述分析可知，阀门的开度（流量）与电磁线圈上的电压（电流）近似成线性变化（阀前后压差不变），电磁式电子膨胀阀结构简单，动作响应快，但工作时需始终提供电压。

另外，还有一种电磁式膨胀阀，采用 PWM（Pulse Width Modulation，脉冲宽度调制）调节规律实现调节。即在电磁线圈上施加一个固定周期的电压脉冲，一个周期内阀开、关循环一次。阀的流量由脉冲带宽度（占空比）来决定，负荷大时，脉冲带宽增加，阀体在一个周期内的打开时间长；反之，脉冲带宽减小，阀体在一个周期内的打开时间短。这种阀在工作中是交替打开与关闭的，在蒸发器液管和气管中可能会产生压力波动，对一般制冷系统影响不大。在断电时，阀体能完全关闭，还起到电磁截止阀的作用，如图 2-4-6 所示。

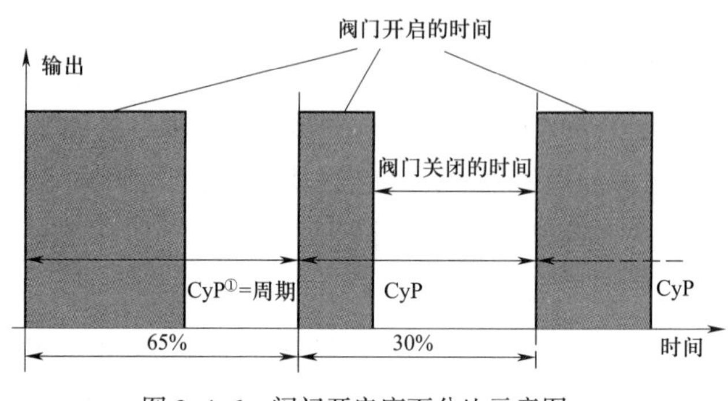

图 2-4-6　阀门开启度百分比示意图

（2）电动式膨胀阀

电动式电子膨胀阀是采用电动机直接驱动阀杆轴，以改变阀的开度来调节制冷剂流量。电动式电子膨胀阀分为直动型和减速型。

直动型电子膨胀阀（见图 2-4-7）电动机转子的转动，主要是靠电磁线圈间产生的磁力进行的，转矩是由导向螺纹变换为阀针做上下直线运动，从而改变阀口的流通面积。转子的旋转角度及阀针的位移量与输入的脉冲数成正比，其流量特性如图 2-4-7b 所示。目前，电子膨胀阀多数是由四脉冲步进电机驱动。

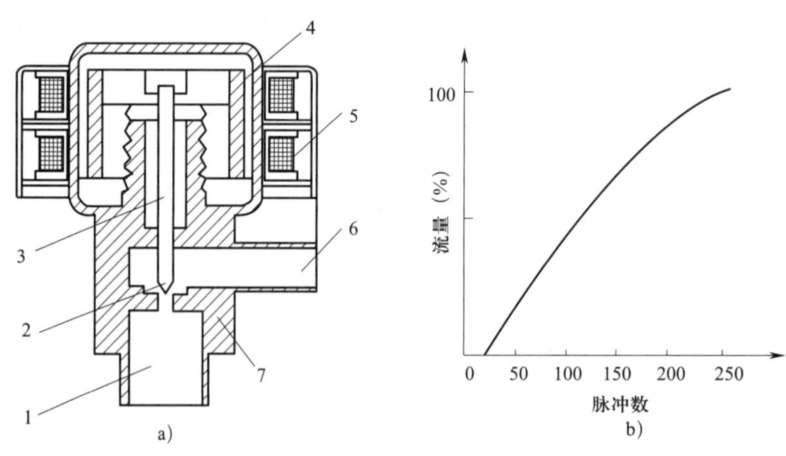

图 2-4-7　直动型电子膨胀阀

a）结构图　b）流量特性

1—入口　2—阀针　3—阀杆　4—减速齿轮　5—线圈　6—出口　7—阀体

① CyP：Cyclic Pulse，周期性脉冲，又称脉冲周期。

2. 双温冷库电子膨胀阀的选型

电子膨胀阀的选型与热力膨胀阀的选型方法基本上是一致的。其主要区别是驱动和过热度检测方式不同。故除了对阀体进行选型外，在选择时还需要注意电子膨胀阀电气参数，使其与供电和电子控制器相匹配。另外，电子膨胀阀的控制效果主要是由电子膨胀阀控制算法决定的，常用的控制算法有传统的 PID 调节算法和人工智能 PID 调节算法。PID 参数的整定和设置直接影响到设备的控制品质。

双温冷库的电子膨胀阀替代热力膨胀阀的改造设计，AKV10 电子膨胀阀是采用 PWM 调节的电磁式膨胀阀。过热度调节是通过 PI 比例积分控制来决定阀门的开启度百分比。阀门开启度百分比是指在参数 CyP 所设置的周期内的平均开启时间来获得的，如图 2–4–6 所示。这里的阀门开启度百分比是指在一个周期内阀门打开的时间占整个周期的百分比。例如，如果 CyP=6 s，“阀门的开启度为 50%”，物理意义就是说在一个周期里阀门开启 3 s，关闭 3 s。ETS6 电子膨胀阀是给予脉冲信号形式，通过转子步进调节阀门开度控制制冷剂流量。

电子膨胀阀的选型需要考虑的主要因素有以下六个方面：

（1）蒸发器供液方式。

（2）制冷剂类型。

（3）电子膨胀阀的结构是单向还是双向。

（4）电子膨胀阀的控制方式。

（5）系统名义制冷量。

（6）工作条件

工作条件包括制冷量、蒸发温度、过热度、冷凝温度、过冷度、排气温度、总压降。

根据技术文件的要求，双温冷库的最大制冷量为 3.9 kW，蒸发温度为 –20 ℃，冷凝温度约为 38 ℃，蒸发器过热度为（10 ± 3）K，冷凝器过冷度为 2 K。将以上参数输入电子膨胀阀选型软件，得出型号为 ETS6–14 或 AKV10，如图 2–4–8 所示。

三、电子膨胀阀替代热力膨胀阀的改造设计

电子膨胀阀替代热力膨胀阀的双温冷库制冷系统，主要的器件保持不变，不同的是系统由电子膨胀阀代替热力膨胀阀，系统中相应减少了电磁阀。

双温冷库的电子膨胀阀电控系统将节流阀门、控制器、压力传感器和温度传感器组合在一起，实现系统的优化节能。控制器采用丹佛斯电子控制器（EKD316），用于驱动脉冲型电子膨胀阀，配备两个输入 AI（Analog Input，模拟量输入）端子，一个为 0~5 V 的压力传感器，另一个是 Pt1000 或 NTC（Negative Temperature Coefficient，负温度系数）温度传感

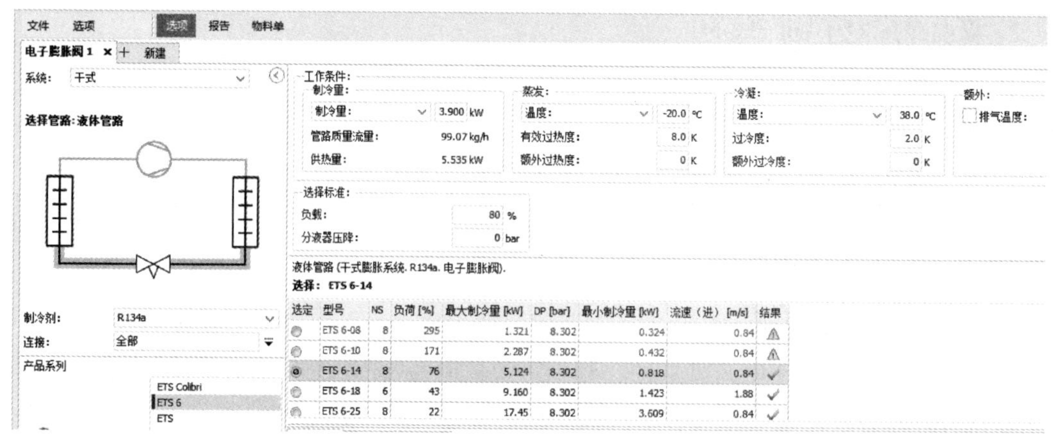

图 2-4-8　丹佛斯　Coolselector　设备选型软件

器，阀体采用 ETS6 电子膨胀阀，压力传感器采用 VP415-1.2 MPa，温度传感器采用 Pt1000。如图 2-4-9 所示为双温冷库的电子膨胀阀过热度控制方案，其将 ETS 节流阀门、EKD316 控制器、压力传感器、温度传感器组合，传感器感应系统状态，传送参数给控制器，经过一系列计算，控制器输出给电子膨胀阀，阀门执行该命令，从而增加或者减小阀门开度。

EKD316 过热度控制器参数设置与调试主要包括制冷剂类型、电子膨胀阀类型、传感器类型与范围、控制模式、积分时间、微分时间、过热度、从 0%~100% 开度的步数等。

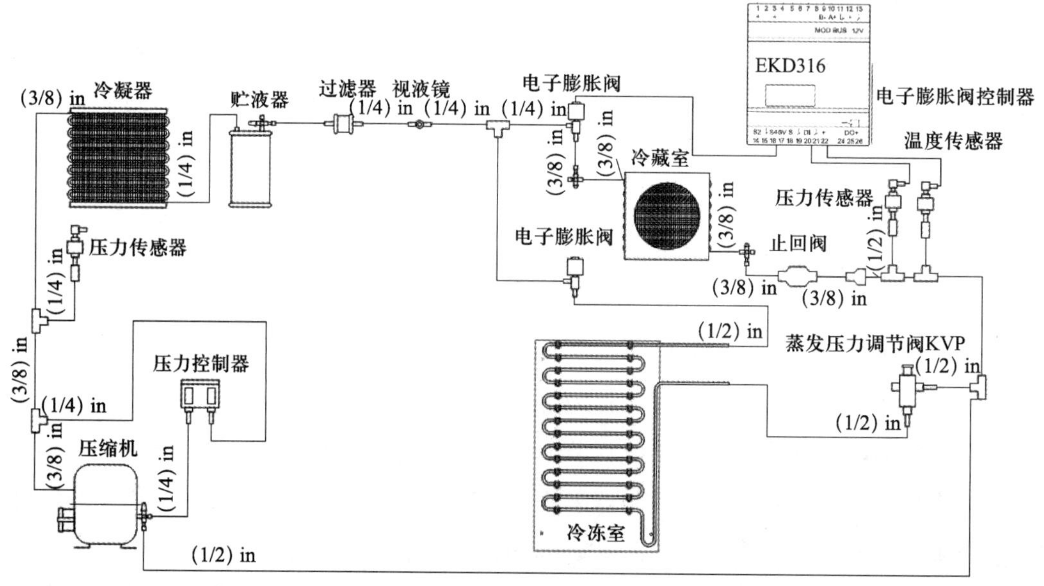

图 2-4-9　双温冷库电子膨胀阀控制系统原理图

四、测评标准

过程评分标准（见表 2-4-1）

表 2-4-1　　过程评分标准

序号	竞赛内容	评分要素	评分标准	配分
1	系统方案	电子膨胀阀控制系统原理图	正确绘制系统原理图	20
2	电子膨胀阀选型	参数设置，软件使用	正确选择电子膨胀阀、压力传感器、温度传感器	20
3	电子膨胀阀安装调试	电子膨胀阀安装与接线	正确安装电子膨胀阀并接线	20
4	控制器参数设置	制冷剂类型、电子膨胀阀类型、传感器类型与范围、控制模式、积分时间、微分时间、过热度	正确设置参数	30
5	安全文明操作	安全规范	（1）人员、设备、工具处于安全状态 （2）焊接操作时必须穿戴合适的劳动防护服装、鞋、滤光护目镜、焊接手套 （3）操作完成后的整理工作应符合有关规定	10

任务五
双温冷库融霜应用设计

一、概述

1. 冷库结霜的原因及危害

直接冷却式蒸发器，当外壁温度低于 0 ℃时，会使周围空气的水分在其表面结霜。霜层的导热系数很小，蒸发器结霜越厚，吸热能力下降越厉害，于是蒸发器出口过热度减小，膨胀阀自动关小，蒸发压力便会下降，以致装置的制冷量和制冷系数都会降低，甚至库温达不到设定温度，压缩机就会因吸入压力过低而停车。对于空气冷却器来说，霜层过厚还会堵塞肋片间通道，使空气流量降低。因此，蒸发器霜层达到一定厚度（对蒸发盘管来说约为 3 mm）时，就必须融霜。

2. 冷库的融霜方法

除了某些库温在 0 ℃以上的小型冷库可用间歇停机的方法融霜外，常见的融霜方法有以下几种：喷水融霜、电热融霜、热气融霜、热气水融霜等。融霜也称化霜或除霜。

（1）喷水融霜

先停止制冷剂进入蒸发器，由压缩机将蒸发器中的液态制冷剂抽空，然后停止通风，用水喷洒蒸发器融霜。这种方法设备简单，融霜快，适合于空气冷却器。如用于蒸发盘管，对装满物品的冷藏库难以进行，冷库食品不多时虽然可暂时移到别的库，但也很费事，所以，目前采用喷水融霜的已经不多。

（2）电热融霜

这种方法是利用电热器加热来融霜，容易实现自动化，但仅适用于空气冷却器。

1）电热融霜的步骤。电热融霜的步骤如下：

①先关闭供液电磁阀，停止向空气冷却器供液。

②将空气冷却器中的制冷剂抽空后，停压缩机，关闭回气管截止阀。

③停通风机，如果是冷藏库，设有单独的空气冷却器间，应关闭进、出风门（常配备自动风门，用风压开启，重力自动关闭）。

④将融霜加热器通电，融霜泄水聚集在空气冷却器下的集水盘泄出。电热器装在空气冷却器前面、下面或插在管间，集水盘等处也要装适量电热器以防泄水冻结。霜层融完后停止加热，开启供液电磁阀和压缩机，稍后启动风机。

2）电热融霜的控制方法。采用电热融霜时，常设有自动融霜控制设备。其控制方法主要有：

①霜层加厚时，空气冷却器前、后风压差增加，用空气压差控制器控制融霜开始（并停机）的时刻；霜层融完后，蒸发压力开始升高，由感受蒸发压力的压力控制器决定融霜结束时刻。

②由融霜定时器决定融霜启停时刻，一般每天 1~2 次，只适用于需要经常融霜的伙食冷库。为了便于灵活决定是否要融霜，也有的采用手动按钮开始融霜，用定时器自动停止融霜。

自动融霜时，停压缩机、风机和开电热器的动作可以比关供液电磁阀的动作稍迟，以便抽空蒸发器；但也有同时进行的，后一种情况下蒸发器内还有制冷剂液体，为了防止融霜时间调定过长，霜化完后蒸发器内温度和压力迅速升高而产生的危险，多在空气冷却器出口设融霜保护压力控制器，当空气冷却器内压力升到较高值（如相当蒸发温度达 5 ℃左右）时，强行中断电加热器，使供液电磁阀和压缩机通电工作，而风机需待蒸发压力（蒸发温度）下降后方才启动，以免蒸发温度较高时将热风吹到库内。

二、电热融霜电气控制系统应用设计与分析

下面举例介绍电热融霜控制系统。制冷系统采用双风机冷凝器、库门电热融露、电热排水、自动融霜的风冷式冷库，其工作电路原理如图 2–5–1 所示。

1. 主电路分析

主电路通过总电源开关 QS1 连接到 50 Hz、380 V 三相电源，为冷凝器风机电动机 LFM1、LFM2、压缩机电动机 CM、蒸发器风机电动机 FM、融霜电加热器 R1 和库门边及排水口电加热器 R2、R3 供电。它们的通、断电分别由交流接触器 KM1~KM3 的主触头动作控制。KM1~KM3 的线圈分置于相应的控制回路中。冷凝器风机和压缩机的电动机共用热继电器 FR，其常闭触点，在控制回路中分别与 KM1 和 KM2 线圈串联。过载时：FR 常闭触点断开，令 KM1 和 KM2 线圈失电，相应的触头断开，便切断 FM 和 CM 的供电电路。

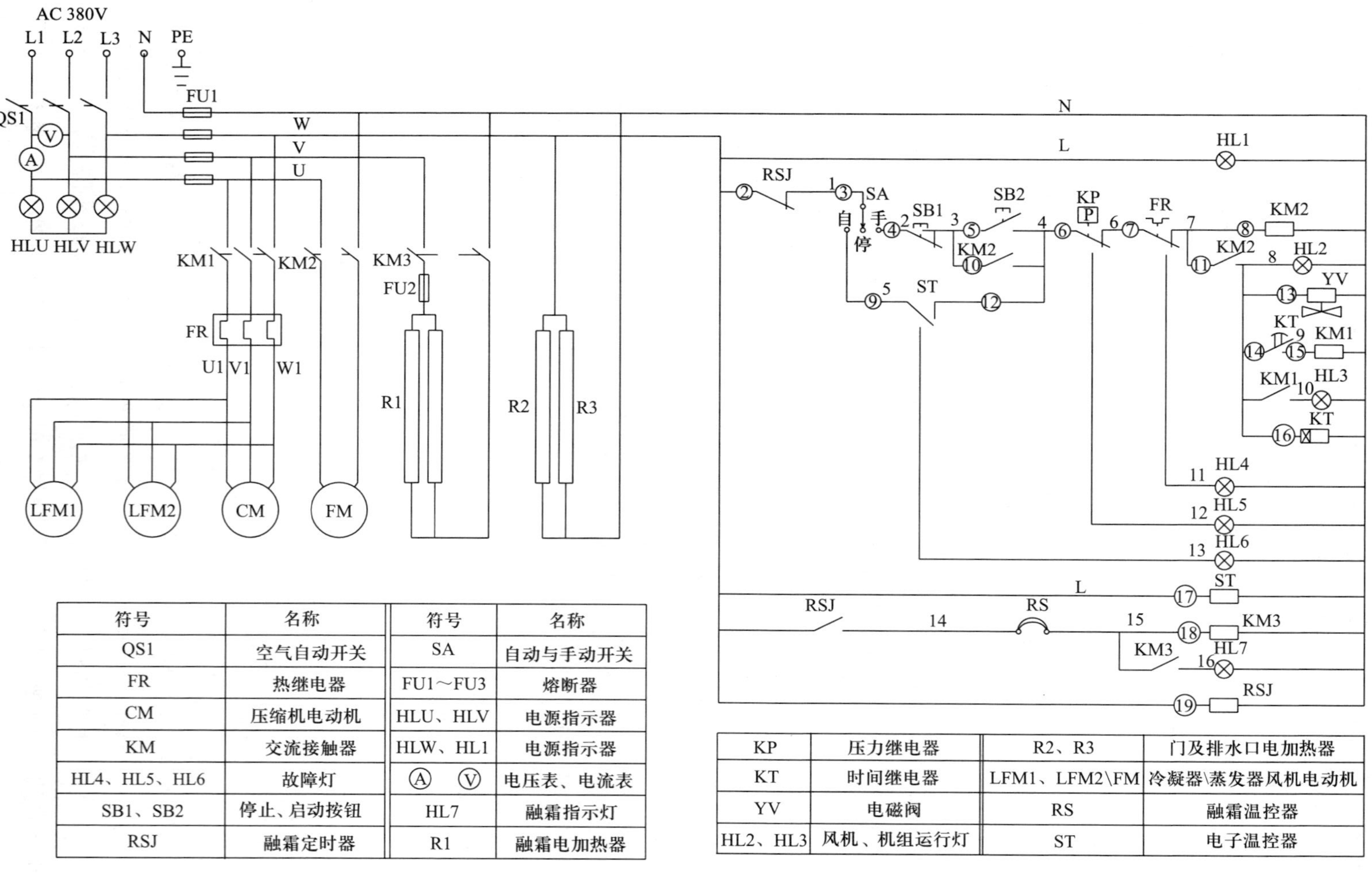

符号	名称	符号	名称
QS1	空气自动开关	SA	自动与手动开关
FR	热继电器	FU1～FU3	熔断器
CM	压缩机电动机	HLU、HLV	电源指示器
KM	交流接触器	HLW、HL1	电源指示器
HL4、HL5、HL6	故障灯	Ⓐ Ⓥ	电压表、电流表
SB1、SB2	停止、启动按钮	HL7	融霜指示灯
RSJ	融霜定时器	R1	融霜电加热器

KP	压力继电器	R2、R3	门及排水口电加热器
KT	时间继电器	LFM1、LFM2\FM	冷凝器\蒸发器风机电动机
YV	电磁阀	RS	融霜温控器
HL2、HL3	风机、机组运行灯	ST	电子温控器

图 2-5-1　冷库电热融霜电气控制原理图

2. 控制电路分析

控制电路接电源火线和零线间，分别控制蒸发器风机、融霜电加热器 R1 和门边及排水口电加热器 R2、R3。此外，自动控制压缩机的电子温度表 ST，融霜定时器 RSJ 也并接于 L、N 间。SA 是手动和自动的转换开关，在手动控制回路中设有启动按钮 SB2（常开）和停止按钮 SB1（常闭）；自动控制回路中用 ST 的常开触头来控制；压缩机电动机、冷凝器风机与蒸发器风机受 KP、FR 保护，只有高低压力正常、过载保护正常，KM2、KM1 才能吸合，机组才能正常运行。当融霜定时器 RSJ 工作到融霜状态时，融霜温控器 RS 感受到蒸发器表面也低于 −7 ℃了，此时 RS 处于接通状态，融霜电加热器的交流接触器 KM3 吸合，开始融霜。当蒸发器表面的温度到了 10 ℃时，RS 处于断路状态，融霜结束。

3. 融霜过程分析

（1）当融霜定时器 RSJ 到设定的融霜时间，而融霜温控器 RS 也感受到蒸发器表面低于 −7 ℃，此时 RS 处于通路状态,（RS 于 −7 ℃以下接通，10 ℃以上断开）融霜电加热器的交流接触器 KM3 吸合，开始融霜。当蒸发器表面的温度到了 10 ℃时，RS 处于断路状态，融霜结束了，又开始为下一次的制冷做准备。

（2）融霜定时器 RSJ 的功能是控制融霜周期、时间的长短，周期的长短与冷库负荷大小、库内空气的湿度大小、库温高低有关，可以在 24 h 内调节设定。RSJ 在未达到设定融霜周期的时段内，其常闭触点接通，当手动开关 K1 接通时，KM2 吸合可使冷库工作。此时 RSJ 的常开触点呈断开状态，当达到设定时间时，RSJ 常闭触点与常开触点同时分别呈断开和闭合状态。即 RSJ 的常闭触点断开和 RSJ 的常开触点闭合使冷库停止制冷并进入融霜状态，融霜指示灯 HL7 亮。

（3）当融霜温控器感受到高于 10 ℃温度时，其常开触点又断开，KM3 失电，停止送电给 R1，此时融霜指示灯 HL7 熄灭，表示融霜结束。但此时并非立刻重新制冷，而要待经过了设定时间（含排水时间）后，控制器才使 RSJ 常开触点断开、RSJ 常闭触点闭合，冷库重新制冷。

（4）排水口电加热器 R3 的功能是把热量供给排水槽，以保证融霜时落下的霜粒化成水并让融霜水排出库外。

（5）RSJ 融霜定时器所设立的 24 h 融霜次数最多 12 次，融霜开始至重新制冷间隔时间不长于 55 min。两者均可设定。其设定值应根据实际情况反复调整。但必须做到：①在彻底融霜的前提下，尽量减小库内的波动范围。②重新制冷的间隔时间必须在彻底融霜和融霜水排出库外之后。

4. 自动融霜定时器

自动融霜定时器主要功能设定包括融霜的周期、融霜的时间、排水时间。冷库常用的融霜定时器外形结构如图 2–5–2 所示，它的面板上有两个设定盘，分别是外盘和内盘（内盘又分为 T1 与 T2 两个区），外盘功能是设定相邻两次融霜的时间间隔（在 24 h 内可调），共有 12 个按钮，每个按钮代表间隔两小时，当按钮按下时，则定时电动机齿轮走到该按钮位置，融霜开始；当定时电动机齿轮走到按钮复位的地方，融霜结束；内盘 T1 区，其功能是设定融霜持续时间（在 55 min 内可调），拨动红色内盘 T1 区拨钮即可调节；内盘 T2 区，其功能是设定融霜终止后，外风机延时开机的时间（在 15 min 内可调），拨动白色内盘 T2 区拨钮即可调节时间，目的是让冷凝水有足够的时间排放。

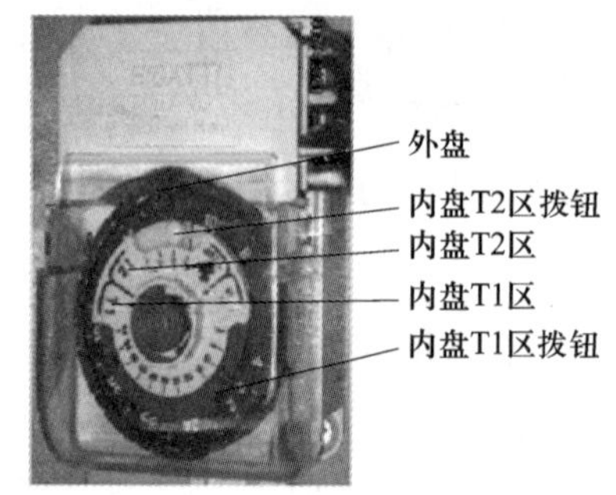

图 2–5–2　融霜定时器

5. 数字电子式温度控制器

数字电子式温度控制器是一种精准的温度检测控制器，可以对温度进行数字量化控制。其主要功能有制冷控制、融霜控制功能。温控器一般采用 NTC 热敏电阻传感器作为温度检测元件，其接线电路图如图 2–5–3 所示。

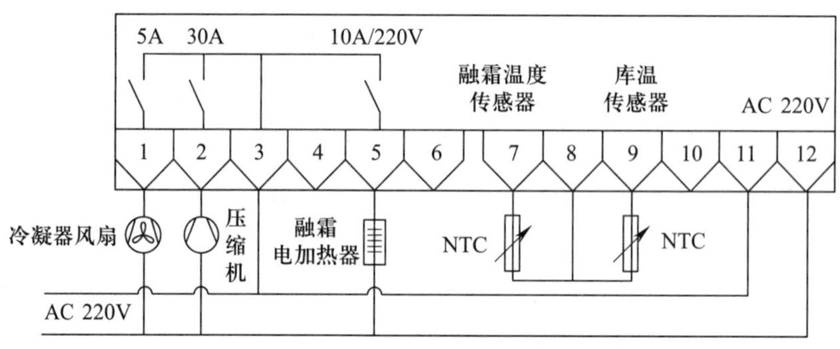

图 2–5–3　数字电子式温度控制器接线图

三、热气融霜系统应用设计与分析

热气融霜可在部分冷库正在制冷时，将压缩机产生的温度较高的排气通到要融霜的蒸发器中去融霜，这样不必消耗额外的能量，显然比电热融霜经济，而且对空气冷却器和蒸发盘管都适用，虽然操作比较麻烦，实现自动化也不如电热融霜那么容易，但仍广泛被采用，特别适合装置较大而融霜次数又不多的冷库制冷装置。

热气融霜的管路布置设计可分为顺流式和逆流式两种。

1. 顺流式热气融霜系统

顺流式热气融霜系统结构与工作原理如图 2-5-4 所示，当 2 号蒸发器在工作时，可对 1 号蒸发器融霜。

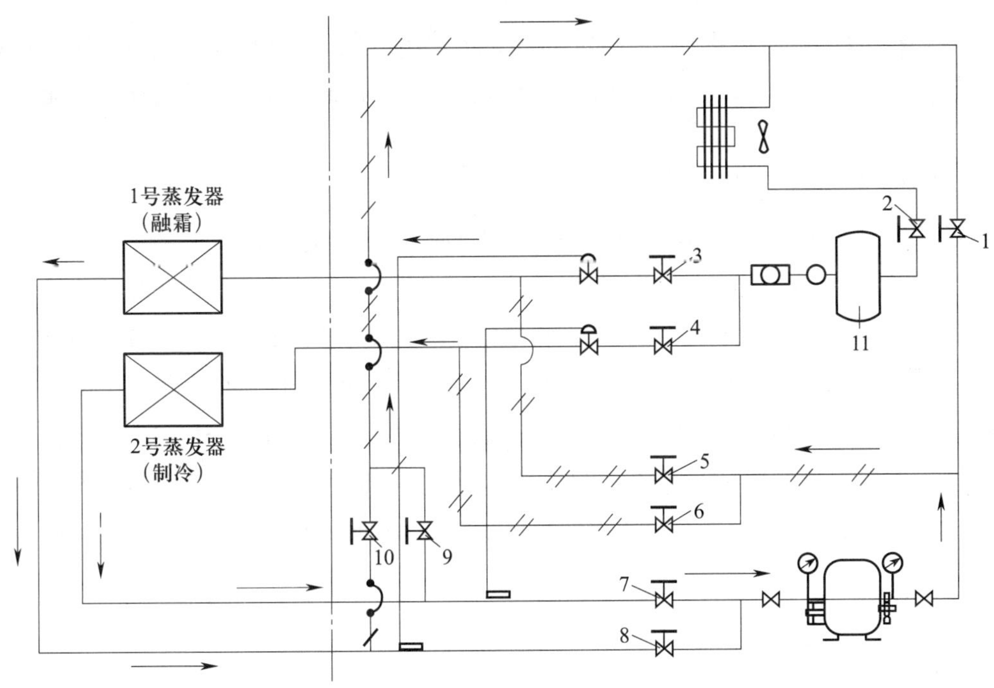

图 2-5-4　顺流式热气融霜系统设计原理图

1—冷凝器进口阀　2—冷凝器出口阀　3、4—进液阀　5、6—融霜热气阀

7、8—回气阀　9、10—融霜回液阀　11—贮液器

——→ 高压蒸气流动方向　– –→ 旁通融霜热气流动方向

（1）方案设计要点

设计顺流式热气融霜方案应考虑：

1）融霜热气管须通到膨胀阀后，而膨胀阀一般都靠近蒸发器进口，对蒸发器离制冷机组较远的冷藏库制冷装置来说，热气管太长，不宜采用。

2）须设融霜回液管。融霜回液管如图 2-5-4 所示接到冷凝器进口，这样融霜蒸发器与冷凝器串联，融霜后期霜层不多时也不必担心排气压力过高，操作较简单。

（2）操作步骤

操作步骤如下：

1）停止融霜库制冷。先关进液阀 3，估计蒸发器中剩余制冷剂大部分抽空后，关回气阀 8，如有循环风机，同时关闭。

2）开始融霜。先关冷凝器进口阀 1，然后开融霜热气阀 5，让压缩机排气进入融霜蒸发器，在其中冷凝放热；开融霜回液阀 10，让蒸发器中制冷剂回到冷凝器。

3）停止融霜。当蒸发器霜层融化完时，开冷凝器进口阀 1，再关融霜热气阀 5 和融霜回液阀 10。

4）恢复制冷。若有风机则先启动，慢慢地开启回气阀 8，如压缩机进口结霜，则立即将阀 8 暂时关小。以防蒸发器中有残液被吸入压缩机而造成液击。回气阀开足后无异常情况再开供液阀 3。

2. 逆流式热气融霜系统

逆流式热气融霜系统结构与工作原理如图 2-5-5 所示，其方案设计要点：

（1）融霜热气管接到蒸发器后吸气管上的吸气阀前，融霜热气在蒸发器中逆向流动。

（2）可以不设融霜回液管，让热气融霜的冷凝液经该库供液阀逆流向工作库供液。

其融霜操作步骤和要领与顺流式相同，差别仅在于融霜期间要开启膨胀阀的旁通阀（有的冷库为简化操作采用止回阀）让制冷剂流过。回气阀就靠近制冷机组，因此，那些膨胀阀离制冷机组较远的冷库制冷装置也可以适用。其不足之处是融霜后期霜层不多时，压缩机排气压力可能过高，必须稍开冷凝器进口阀和出液阀使热气分流，这样操作比较费时。

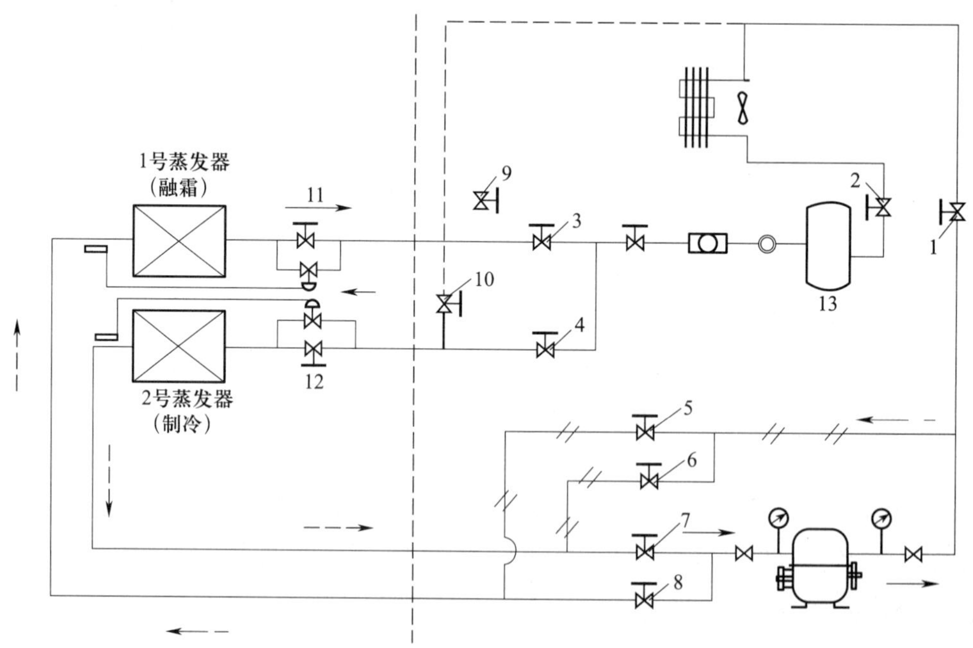

图 2-5-5　逆流式热气融霜系统设计原理图

1—冷凝器进口阀　2—冷凝器出口阀　3、4—进液阀　5、6—融霜热气阀

7、8—回气阀　9、10—融霜回液阀　11、12—热力膨胀阀

——→ 高压蒸气流动方向　－－→ 过热蒸气流动方向　－ －→ 旁通融霜热气流动方向

四、测评标准

过程评分标准（见表 2-5-1）

表 2-5-1　　过程评分标准

序号	竞赛内容	评分要素	评分标准	配分
1	系统方案	热气融霜系统设计原理图	正确绘制系统原理图	20
2	电热融霜系统接线	电热融霜系统电路接线	正确连接线路，接线须符合工程接线工艺标准，设备接线牢固、走线合理	40
3	融霜控制器参数设置	融霜的周期、化霜的时间、排水时间	正确设置参数	30
4	安全文明操作	安全规范	（1）人员、设备、工具处于安全状态 （2）接线操作时必须穿戴合适的劳动防护服装、鞋等 （3）操作完成后的整理工作应符合有关规定	10

任务六
油分离器在双温冷库系统的应用设计与安装

一、油分离器在双温冷库系统的应用设计

1. 油分离器的结构类型

制冷系统工作时需要润滑油在系统内起润滑、冷却和密封作用。在蒸气压缩式制冷系统中，经压缩后的氟利昂蒸气（或氨蒸气），是处于高压高温的过热状态，由于它排出时的流速快、温度高，气缸壁上的部分润滑油受高温的作用难免成油蒸气及油滴微粒与制冷剂蒸气一同排出。且排气温度越高、流速越快，则排出的润滑油越多。润滑油随压缩机排气进入冷凝器甚至蒸发器，在传热壁面上凝成一层油膜，由于油膜导热系数小，使冷凝器或蒸发器的传热效果降低，所以，在压缩机和冷凝器之间设置油分离器，把从压缩机排出的过热蒸气中夹带的润滑油在进入冷凝器前分离出来，以保证制冷装置安全、高效地运行。对于氨制冷系统，还要设集油器。

油分离器是一种气液分离设备，将制冷剂过热蒸气中夹带的润滑油蒸气和微小油粒分离出来。油分离器的基本工作原理：利用油滴与制冷剂蒸气的密度不同，使混合气体流经直径较大的油分离器时，利用突然扩大通道面积而使其流速降低，同时改变流动方向，使润滑油滴沉降而分离。

目前，常用的油分离器有洗涤式、离心式、填料式及过滤式等几种结构形式。

（1）洗涤式油分离器

洗涤式油分离器是氨制冷系统中常用的油分离器，能分离出 80%~85% 的油量，其结构如图 2-6-1 所示。

洗涤式油分离器工作时，筒内氨液必须保持一定的高度。从压缩机来的氨、油混合气体进入分离器中，依靠排气的减速、改变流动方向，以及在氨液中进行洗涤、冷却，使部分油蒸气凝结成液滴并分离出来，分离出来的润滑油，因其密度比氨液的大而逐渐沉积于

筒底，应定期通过集油器排向油处理系统。同时，筒内氨液在洗涤来自压缩机的排气时，发生热交换，使部分氨液汽化。汽化的氨气随同被洗涤的氨气，经过伞形分离罩由出气管排出。排气中夹带的氨液及油滴，则由伞形分离罩进行分离。

（2）离心式油分离器

离心式油分离器属于干式油分离器的一种，多用于大中型制冷装置。它的结构如图 2–6–2 所示。在油分离器的内部焊有螺旋状导向叶片 2，并在分离器内中间引出管的底部，装设有多孔挡液板 4。压缩机的排气进入分离器后，沿导向叶片 2 呈螺旋状运动，运动过程中产生离心力。因为润滑油滴的密度要比制冷剂蒸气的密度大得多，所以它产生的离心力就大。这样，便将润滑油滴甩至壳体内壁，并沿内壁流聚在分离器底部，而蒸气则经多孔挡液板 4，由顶部的管子引出。分离器底部的润滑油可定期排出，在排油管上装一浮球阀 3，以便能自动回油到压缩机的曲轴箱中。有的离心式油分离器外部还设有水套，用水来冷却，以提高分离油的效果。

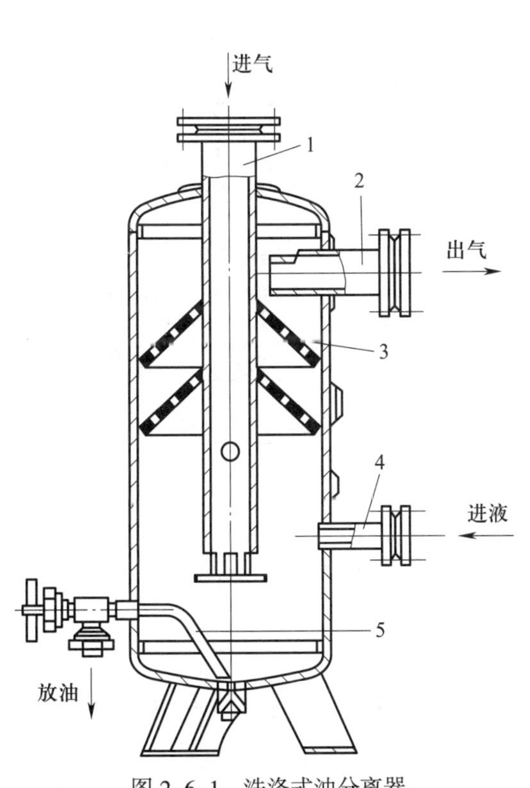

图 2–6–1　洗涤式油分离器

1—进气管　2—出气管　3—分离罩

4—进氨液管　5—排油管

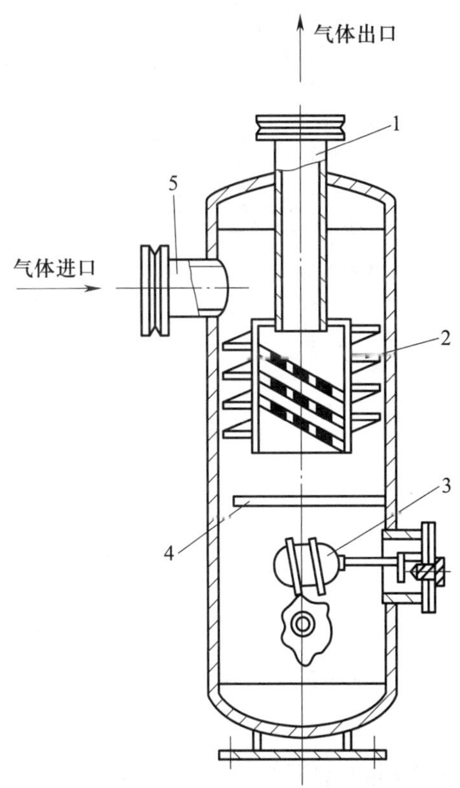

图 2–6–2　离心式油分离器

1—引出管　2—导向叶片　3—浮球阀

4—挡液板　5—进气管

（3）填料式油分离器

如图 2–6–3 所示为填料式氨油分离器的结构。在油分离器中有一层填料 2，填料可用不锈钢丝、陶瓷环或金属切屑等，其分离效果以不锈钢丝为最佳。氨气通过油分离器中的填料层及伞形挡板 4 后，把润滑油分离出来。它分离油的原理是：依靠降低气体的流速、改变其流向和填料层的过滤作用。分离器内要求的蒸气流速应在 0.5 m/s 以下。

氟利昂填料式油分离器的结构如图 2–6–4 所示，它和氨用的填料式油分离器的结构基本相同，不同之处是筒体上部没有隔板隔开进气管和出气管，下部除有手动放油阀接头外，还有浮球控制的自动回油阀，以便在工作时直接回油至制冷压缩机的曲轴箱内。

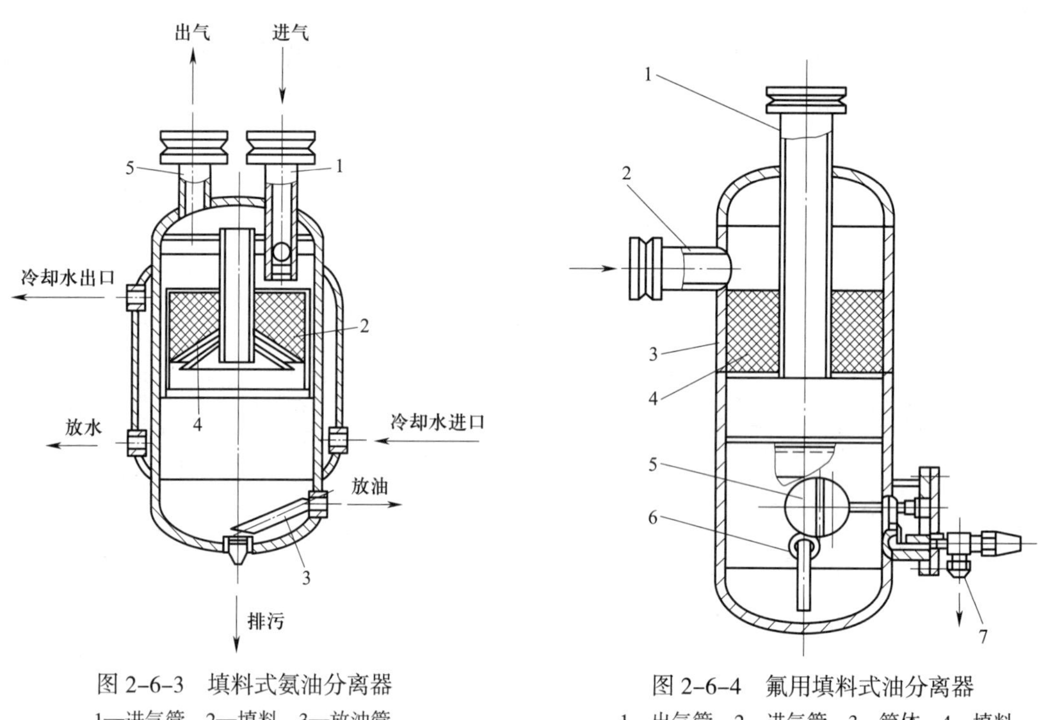

图 2–6–3　填料式氨油分离器

1—进气管　2—填料　3—放油管

4—挡板　5—出气管

图 2–6–4　氟用填料式油分离器

1—出气管　2—进气管　3—筒体　4—填料

5—浮球　6—手动放油管　7—自动回油管

（4）过滤式油分离器

过滤式油分离器多用于小型氟利昂制冷系统中，它也是干式油分离器的一种。过滤式油分离器的结构如图 2–6–5 所示。

过滤式油分离器的壳体由无缝钢管加上、下封头焊接而成。在分离器内进气管 1 的下端设有过滤网 2。一般还装有浮球阀 5 的自动回油装置。它分离油是依靠气体降低流速、改变流向及几层金属丝网的过滤作用来实现的。这种油分离器的回油管和压缩机的曲轴箱连接。

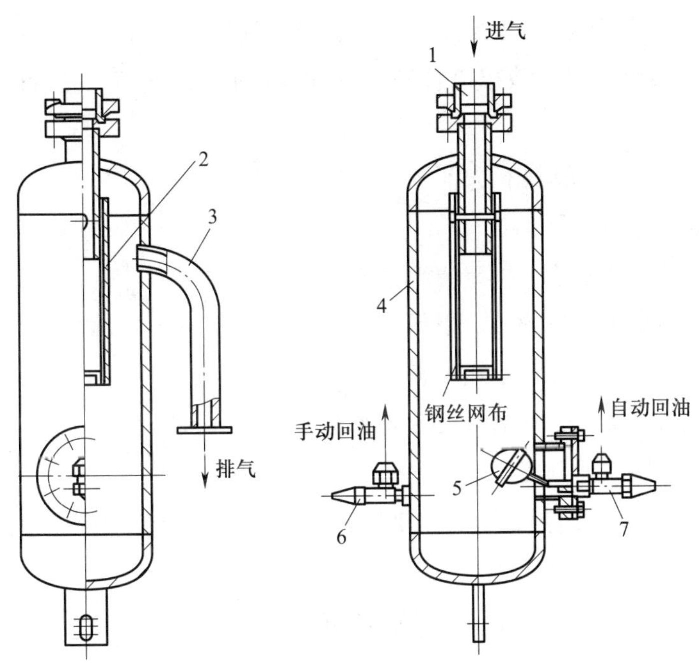

图 2-6-5 过滤式油分离器

1—进气管 2—滤网 3—出气管 4—筒体 5—浮球阀 6—手动回油阀 7—回油阀

当分离器内积聚的润滑油足够使浮球阀开启时，分离器中的润滑油就被压入压缩机的曲轴箱中。当油位逐渐下降到使浮球下落到一定位置时，则将浮球阀 5 关闭。正常运行时，由于浮球阀的断续工作，使得回油管时冷时热，回油时管子就热，停止回油时管子就冷。如果回油管一直冷或一直热，则说明浮球阀已经失灵，必须进行检修。检修时可使用手动回油阀 6 进行回油。

2. 油分离器的选型计算

油分离器的选型计算主要是确定油分离器的直径，以保证制冷剂在油分离器内的流速符合分离油的要求，达到良好的分离油的效果，其计算公式为：

$$D=\sqrt{\frac{4\lambda q_{v,\mathrm{th}} v_2}{\pi \omega v_1}}$$

式中 D——油分离器筒身直径，单位为 m；

$q_{v,\mathrm{th}}$——压缩机的理论输气量，单位为 m^3/s；

λ——压缩机的输气系数；

v_1——压缩机吸入口蒸气的比体积，单位为 m^3/kg；

v_2——压缩机排气口蒸气的比体积，单位为 m^3/kg；

ω——油分离器内气体的流速，单位为 m/s，一般取 ω=0.8～1.0 m/s。

油分离器也可根据其进、出气管的管径选择，其选择计算式仍可用上式。这时式中的 D 即为油分离器气体的进口或出口管径，而 ω 即表示制冷剂蒸气在管内的流速，一般取 ω=10~25 m/s。

3. 双温冷库系统油分离器的选型

油分离器的选型原则如下：

（1）各种油分离器中不应有稳定的流态产生。

（2）改变制冷剂流向：过滤式、填料式和洗涤式油分离器均应做 180° 改变制冷剂流向；离心式油分离器则沿桶壁切线，形成内旋，使油滴压缩、凝聚。

（3）机组带油分离器的，外部可设冷却水隔层，以降低温度及提高分离效果。

（4）过滤式、填料式油分离器中应设有“迷宫”。

（5）洗涤式油分离器需保证有一定的制冷剂液位，并使含冷冻机油的高压制冷剂气流通过，达到冷却、凝聚冷冻机油油滴的目的。

（6）填料式油分离器的填料应不定期地进行清洁，并应设置下列装置：①设人孔；②增设抽气管。

（7）注意安装要求：各种油分离器的安装要求详见有关资料。

（8）强化自动化，PC 控制，应设置温度表、压力表、液位计、电磁阀等安全、高效的自动控制元件，并能有效地读数。

综合考虑双温冷库系统的制冷能力、使用 R134a 制冷剂（氟利昂类）、管道布置等因素，决定选用过滤式油分离器。

4. 双温冷库系统的油分管道设计

带油分离器的双温冷库的制冷系统图如图 2-6-6 所示。

压缩机排出的过热蒸气首先被油分离器分离，然后进入冷凝器，冷凝下来的液体流入贮液器，由贮液器引出的氟利昂液体再通过干燥过滤器除去杂质和水分，经电磁阀、热力膨胀阀节流降压，进入冷风机和光管式蒸发器吸热蒸发，对库体进行降温。

被油分离器分离下来的油，经浮球阀自动控制或通过手动阀压回压缩机曲轴箱中。

双温冷库系统油分管道设计要点如下：

（1）油分离器安装在压缩机与冷凝器之间。

（2）排气管与油分离器的连接。排气管道是连接压缩机、油分离器和冷凝器的高压气体管道，在各种负荷下，要防止排气管滞油及防止滞油泄流到停用的并联机器的排气管中。排气管的水平管段应有不少于 1% 的坡度坡向油分离器，使排气管中的润滑油均匀地随制冷剂气体一起流向油分离器。油分离器后设上升立管，确保压缩机停车时凝结的制冷剂液体和低负荷时立管内不能带走的油回到油分离器而不是压缩机的排气口。

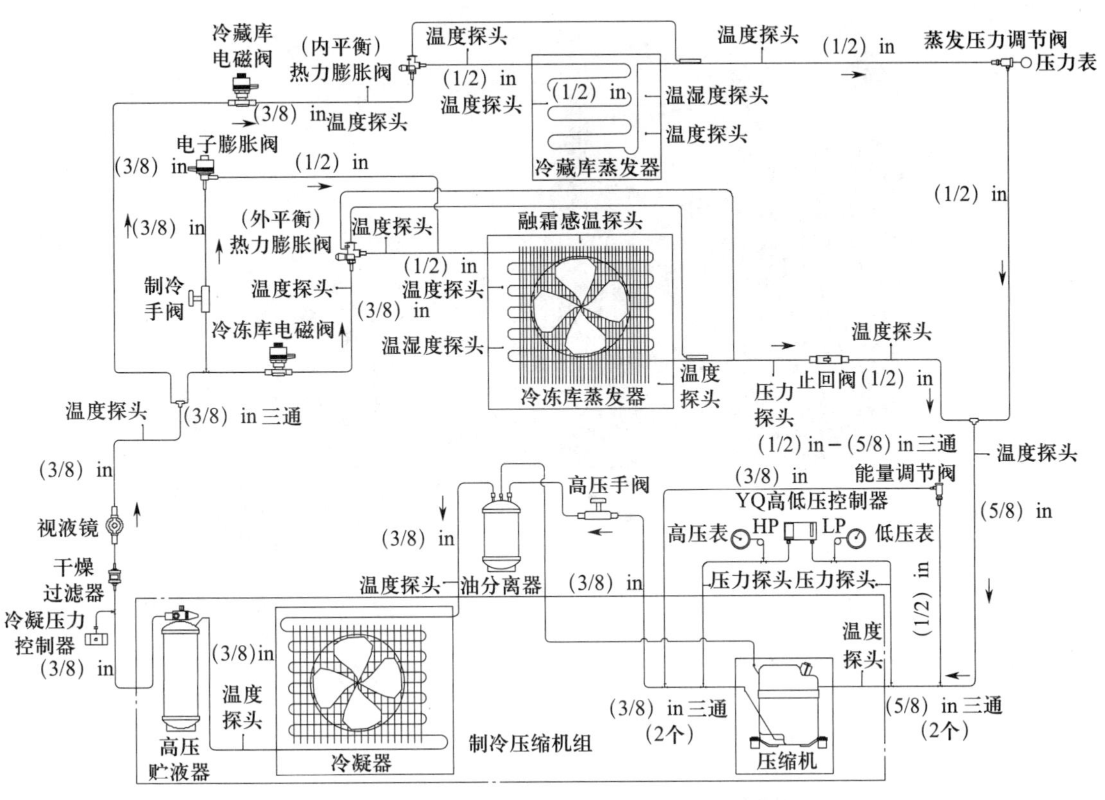

图 2-6-6　带油分离器的双温冷库制冷系统图

油分离器内的集油和液体制冷剂再由回油管流回曲轴箱，油分离器后的上升立管不需要考虑回油弯和带油速度，其连接图如图 2-6-7 所示。但大量氟利昂液体返回曲轴箱后，会引起开机时油中氟利昂液体剧烈沸腾使油成泡沫，造成湿行程和油泵不上油。为解决这个问题，可在排气管上加一止回阀或在油分离器上加设加热器等。

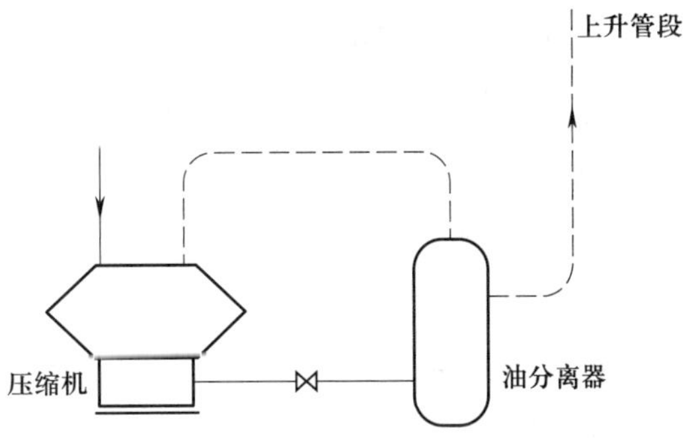

图 2-6-7　排气管与油分离器的连接图

（3）油分离器与压缩机吸气管道的连接。油分离器将分离出的润滑油，用最短的管线自动回至曲轴箱（油分离器分离油的效率一般为 35%~95%），来确保起码的安全油位；而其他的部分润滑油则要随制冷剂流经整个制冷系统后，返回制冷压缩机。因此，氟利昂制冷压缩机的曲轴箱应设有抽空管线或附加加热装置，以期减少润滑油被制冷剂液体相互吸收。

双温冷库系统油分管道设计布置图如图 2-6-8 所示。

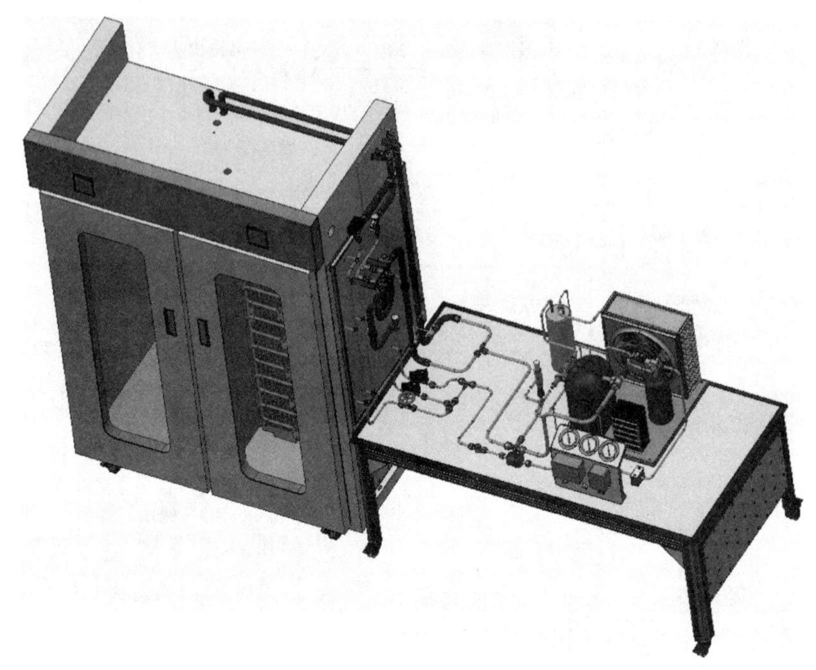

图 2-6-8　油分离器与压缩机吸气管道的连接

二、双温冷库系统油分管道的安装

1. 油分管道的安装要求

双温冷库制冷系统油分管道的安装要求，除前面所述要求外，还包括下面的具体要求。

（1）油分离器的安装要求

1）安装前应检查是否有合格证件，应无损伤和锈蚀现象，并在技术文件规定的期限内安装。

2）因进入油分离器的是高压气体，故油分离器易产生振动，必须使用螺栓、垫圈、螺母等零件进行安装固定。

3）油分离器的安装位置要与管道的走向协调。油分离器的安装位置应尽量靠近冷凝器，其进、出气口及回油口须与压缩机、冷凝器及其连接管道的走向协调，且管道应尽量短。

（2）油分管道的安装要求

1）压缩机排气口与油分离器的进气口之间的管道、油分离器出气口与冷凝器入气口之间的管道和回油阀与压缩机之间的管道的安装要正确。

2）水平管道应考虑适当的坡度，坡向油分离器和冷凝器。

2. 设备、工具、测量器具及材料准备

(1)选手准备(见表 2-6-1)

表 2-6-1　　选手准备

序号	名称	产地	规格与要求	单位	数量	备注
1	扩管器	国产	(1/4)~(3/4) in,英制	套	1	
2	弯管器	国产	(1/4) in,英制	把	1	
3	弯管器	国产	(3/8) in,英制	把		
4	弯管器	国产	(1/2) in,英制	把		
5	弯管器	国产	(5/8) in,英制	把	1	
6	割管器	国产	(1/8)~(1¼) in,英制	把	1	
7	旋具	国产	3 mm × 75 mm、5 mm × 125 mm	套	1	十字旋具、一字旋具
8	尖嘴钳	国产	6 in,英制	把	1	
9	直角尺	国产	250 mm	把	1	
10	卷尺	国产	3 m	把	1	
11	钢直尺	国产	300 mm	把	1	
12	锉刀	国产	200 mm	把	1	
13	倒角器	国产	通用	把	1	
14	工作服	国产	通用	套	1	最好长袖
15	焊接手套	国产	通用	副	1	
16	滤光护目镜	国产	通用	副	1	黑色
17	9 件套内六角扳手	国产	9 Pcs,1.5~10 mm	套	1	
18	活扳手	国产	8 in(200 mm × 24 mm)、10 in(250 mm × 30 mm),英制	套	1	表面镀铬
19	呆扳手	国产	8~10 mm、12~14 mm	套	1	
20	手电钻	国产	2 挡,0~20 N · m	把	1	可充电的

续表

序号	名称	产地	规格与要求	单位	数量	备注
21	旋具	国产	25 支	套	1	X 形
22	钻头	国产	ϕ1.0～10 mm，进位 0.5 mm，19 支装	套	1	
23	文具	国产	通用	套	1	签字笔、铅笔、橡皮等

（2）赛场准备（见表 2-6-2）

表 2-6-2　　赛场准备

序号	名称	产地	规格与要求	单位	数量	备注
1	双温冷库库体	国产	SX-CSC08A-01	套	1	冷风机和光管式蒸发器已安装
2	系统操作台	国产	SX-CSC08A-02	套	1	
3	管钳工工作台	国产	SX-815Q-33	张	1	
4	回热交换器管路组件	国产	SX-CSC08A-04-01-00	套	1	
5	手提式焊炬	国产	容积 2 L，连续工作时间 3～5 h	套	1	
6	氮气减压阀	国产	YQD-06	套	1	
7	加液管	国产	5 m（黄色），（1/4）in，双英制	根	1	
8	加液球阀带转换接头	国产	（5/16）in（弯芯）×（5/16）in（外），英制	套	1	
9	针阀	国产	（1/4）in，英制	个	2	
10	铜管（软质）	国产	ϕ9.52 mm × 0.8 mm [（3/8）in]，英制	m	1	
11	铜管（软质）	国产	ϕ12.7 mm × 0.8 mm [（1/2）in]，英制	m	1	
12	铜管（软质）	国产	ϕ15.88 mm × 1.0 mm [（5/8）in]，英制	m	1	

续表

序号	名称	产地	规格与要求	单位	数量	备注
13	铜管（软质）	国产	ϕ 25.4 mm × 1.5 mm（1 in），英制	m	1	
14	保温管	国产	ϕ 13 mm × 9 mm，1.8 m	根	1	
15	保温管	国产	ϕ 25mm × 9 mm，1.8 m	根	1	
16	压缩机冷冻机油	国产	70 mL	瓶	1	
17	泡沫检漏液	国产	200 g/ 瓶	瓶	1	
18	快干胶水	国产	502，3 g/ 瓶	瓶	2	
19	移动式台虎钳	国产	6 in，英制	个	1	
20	轻型塑料管夹	国产	ϕ 35 mm	个	2	
21	不锈钢水桶	国产	12 L	个	1	

注：表中“数量”为 1 个工位的用量。

3. 操作步骤

（1）阅读测试文档，做好竞赛准备

认真阅读测试文档，包括测试细节、内容、要求，测评标准及图样。

做好竞赛准备工作：选择合适的设备、材料、工具、测量器具；检查设备、工具、测量器具等。制冷零部件的检查，主要对油分离器进行检查，应检查各进、出口螺纹部分有无损伤，并进行压力检漏。

（2）管道的设计

首先根据图样和技术要求以及设计要点，与高压排气管道和低压回气管道设计安装一起综合规划，特别是油分离器在操作平台上的安装位置至关重要，现场测量各个管段的距离，按照规范和工艺流程，设计油分管道布置图（见图 2-6-8）。注明油分离器进气口与压缩机排气管之间水平管道应有不少于 1% 的坡度坡向油分离器。需注明管道各部尺寸。

（3）安装制冷零部件

图 2-6-8 给出了油分离器、压缩机排气高压手阀、冷凝器、压缩机回气管和止回阀等零部件的布置。首先按照图样要求将油分离器安装到操作平台指定位置（注意油分离器需按制冷剂的流动方向垂直安装，其气体进出口、回油管与各零部件之间的距离应便于操作

和维修），进行油分离器进气口与压缩机排气管之间管道、油分离器出气口与冷凝器之间管道的布置设计；然后根据压缩机回气管的位置，进行油分离器回油管与压缩机回气管连接的管道布置设计。

（4）管道的制作

按照管道布置图（见图 2-6-8）下料、加工制作各管道。首先截取适当长度铜管，按布置图并对照实物进行弯管等制作，特别注意所有管道不允许凸出操作平台底板及侧板边缘，并与底板、侧板边缘平行。管道端口扩喇叭口（用于螺纹连接）或扩杯形口（用于焊接连接）。铜管加工过程中，割管后，扩喇叭口、扩杯形口及弯管前，管口必须进行毛刺处理、倒角处理，并防止铜屑进入管道。

（5）管道的组装

1）预装。将各段管道预装好。特别注意，油分离器按制冷剂的流动方向垂直安装在水平管道上。

2）焊接或喇叭口连接。将需焊接连接的管道管口预装好，同时在另一端管口处插入充氮气保护的毛细管，充氮气压力约为 0.05 MPa，并保证管道畅通以及与大气连通，然后采用中性焰（或氧化焰）对焊口施焊。焊接过程中，须做好零部件隔热、散热保护；应尽量避免出现黑烟、爆响现象，绝不允许产生操作性气体泄漏及回火。如果没有焊接条件，可以选择扩喇叭口螺纹连接，同样需做好吹污工序。

3）螺纹连接的管口采用双扳手规范操作、拧紧。

油分离器组装好后，油分离器及各连接管道用管码固定在底板和侧板上。按照图样和技术要求再检查一遍，以保证各制冷零部件与管道连接、安装正确、牢固。

三、测评标准

1. 操作过程评分标准（见表 2-6-3）

表 2-6-3　　操作过程评分标准

序号	竞赛内容	评分要素	评分标准	配分
1	油分离器进、出气管段加工	用专用工具切割铜管、扩喇叭口、扩杯形口及弯管	（1）必须正确使用符合标准的工具及测量器具 （2）根据尺寸割管后，扩喇叭口、扩杯形口及弯管前，管口必须进行除毛刺、倒角处理，并且管内无残留铜屑 （3）所有管道（管子）开口处闲置时必须封口 （4）规范操作，尤其注意双扳手的操作	20

续表

序号	竞赛内容	评分要素	评分标准	配分
2	焊接加工	使用气焊设备、氮气瓶及附件进行管道焊接	（1）规范操作 （2）焊接气体（氧气、乙炔或燃气）压力必须符合工程标准 （3）管道焊接必须采用充氮气保护法，充氮气压力约为 0.05 MPa，并保证管道畅通以及与大气连通 （4）钎焊时，不允许任何设备、零部件、附件有烧黑或烧坏的痕迹	20
3	回油管道安装	制冷零部件、回油管道安装	（1）必须正确使用符合标准的工具及测量器具 （2）零部件及管道闲置时必须封口 （3）规范操作，尤其注意双扳手的操作	20
4	安全文明操作	油分离器管道制作与钎焊全过程	（1）人员、设备、工具处于安全状态 （2）焊接操作时必须穿戴合适的劳动防护服装、鞋、滤光护目镜、焊接手套 （3）没有领取过多的铜管或零件，以最省的铜管用量，完成组件的制作与钎焊 （4）操作完成后的整理工作应符合有关规定	10

2. 制作成果评分标准（见表 2–6–4）

表 2–6–4　　制作成果评分标准

序号	竞赛内容	评分要素	评分标准	配分
1	焊接加工	焊接质量	所有焊口应光亮、饱满、无砂眼、无焊渣堆积现象	10
2	油分离器管道安装	油分离器等制冷零部件、回油管道制作与安装后总体质量	（1）按图样及技术要求制作与安装管道 （2）按图样及技术要求安装、连接油分离器、高压手阀、冷凝器、回气管、止回阀等零部件及管道，并固定牢固 （3）管道安装后保持横平竖直，不允许平行重叠 （4）管道制作与安装后应无凹陷、扭曲等明显变形	20

任务七 R134a 制冷剂在双温冷库系统的应用及特定情况下的充注与回收

一、R134a 制冷剂在双温冷库系统的应用

1. 制冷剂选用原则

制冷剂是制冷装置中的工作流体，它是制冷系统中为实现制冷循环的工作介质，也称为制冷工质，或简称工质。制冷剂在制冷系统中循环流动，其状态参数在循环的各个过程中不断发生变化，与外界进行能量交换，从而达到制冷的目的。

通常在选用制冷剂时，应考虑下面一些重要性质：①热力学性质，如较小的绝热指数（等熵指数）、高的汽化潜热、大的单位容积制冷量、低凝固温度、相对高的临界温度、正的蒸发压力、相对低的冷凝压力；②物理性质和化学性质，如高的蒸气介电强度、良好的传热性能、较小的密度和黏度、令人满意的溶油性和溶水性、惰性和稳定性；③安全性，如不易燃、无毒性、无刺激性；④对环境的作用，如臭氧层损耗潜能（ODP）值低、全球变暖潜能（GWP）值小。另外，制冷剂应有较低的成本，而且发生泄漏时易被探测。

原则上，制冷剂的选择必须考虑制冷剂对当地环境可能产生的作用，更应考虑对全球环境的潜在影响，还要考虑制冷剂对特定制冷系统的适用性。这些考虑具体说明如下。

（1）具有环保性

所选制冷剂的 ODP（Ozone Depletion Potential，臭氧层损耗潜能）值与 GWP（Global Warming Potential，全球变暖潜能）值必须是零或尽可能小。如果必须采用 ODP 值或 GWP 值大于零的制冷剂，那么必须尽量减少其充注量，并使系统的设计和安装能防止泄漏。所选制冷剂应不危害水，不形成雾，能重新使用或易于废弃。

（2）热力学性质满足指定的要求、能量效率高

制冷剂在给定的工况下进行制冷循环时，有令人满意的循环特性，包括单位容积制冷

量和单位质量制冷量较大；压力和压力比适中；排气温度不过高；等熵压缩的比功小；制冷系数较大；制冷剂的传热性能和流动性能好。需强调的是，如果制冷剂对环境的影响仅仅是全球变暖效应，在能量效率与低充注量不能同时满足制冷要求的情况下，必须优先考虑能量效率。

（3）制冷系统的运行安全可靠

制冷剂的化学稳定性（高温高压时）和热稳定性好，对钢或其他金属不腐蚀；与润滑油相溶，无毒、无刺激性气味，不燃、不爆或燃爆性很小，使用安全。

（4）价格合适，可在市场上购买

事实上，很难找到完全符合上述要求的制冷剂。所选的制冷剂是否合适，应根据使用要求、使用条件、系统容量和装置种类来进行综合评价。然而，为了保护和改善人类生存环境，对于所选的任何制冷剂，其 ODP 值和 GWP 值等于零或接近零的条件是无论如何必须满足的。目前部分制冷装置使用的氟利昂制冷剂列于表 2–7–1 中。

表 2–7–1　部分制冷装置使用的氟利昂制冷剂

产品种类	当前使用制冷剂种类
内藏式冷藏陈列柜	R22、R134a
内藏式冷冻陈列柜	R502、R22、R134a、R404A
分置式冷藏陈列柜	R22、R134a
分置式冷冻陈列柜	R22、R134a
商用冷藏库	R502、R22、R404A、R134a
商用冷冻库	R22、R134a 等
商用冷冻冷藏库	R502、R22、R134a、R404A 等

2. 冷库系统常用氟利昂制冷剂的性质及性能比较

目前冷库系统常用氟利昂制冷剂主要有 R22、R134a、R404A 等，对于这四种制冷剂的性质及性能比较见表 2–7–2。

表 2–7–2　R22、R134a、R404A 制冷剂的性质及性能比较

制冷剂	R22	R134a	R404A
组分混合比 （质量分数比）(%)	HCFC–22 100%	HFC–134a 100%	HFC–125/HFC–143a/ HFC–134a 23/52/14

续表

制冷剂	R22	R134a	R404A
主要性质（与 HCFC-22 比）		工作压力低 35%；在相同冷量时压力损失增加	非共沸混合物，成分会发生变化；工作压力高 10%
标准沸点（℃）	-40.8	-26.5	-46
冷量（与 HCFC-22 比）	1.0	0.6	0.9～1.1
效率（与 HCFC-22 比）	1.0	0.72～0.9	0.9～0.97
ODP	0.034	0	0
GWP	1 700	1 300	3 800
安全级别	A1（无毒、不可燃）	A1（无毒、不可燃）	A1（无毒、不可燃）
技术性问题		机组大型化；扩大压缩机排量	成分变动；为提高效率，需改进换热器与机组设计

从当前冷库用氟利昂制冷剂的发展状况来看，对臭氧层有破坏作用的 R12 已被淘汰，根据《关于消耗臭氧层物质的蒙特利尔议定书》的最新修订，缔约国中的发达国家在 2000 年前全部停止消费议定书中的受控物质，一些发达国家还制定了法律，已于 1995 年前全部停止 CFC 类物质的消费。我国已于 1989 年 9 月正式参加了国际保护臭氧层的维也纳公约组织，1991 年 6 月加入《蒙特利尔议定书》，承担起保护臭氧层的国际义务，所以 R22 将被淘汰亦不可避免，而 R404A 是非共沸混合制冷剂，属高压制冷剂，且其 GWP 较高，以及考虑非共沸混合制冷剂的充注、回收和装置维修等因素影响，所以 SX-CSC08A 双温冷库系统采用 R134a 制冷剂。

3. R134a 制冷剂在 SX-CSC08A 双温冷库系统应用中的关键技术问题

R134a（HFC134a，四氟乙烷）作为 R12 的替代制冷剂，其许多特性与 R12 很接近。它的 ODP 值为 0，GWP 值为 1 300，标准蒸发温度为 -26.5 ℃，凝固点为 -101 ℃。它的制冷循环特性与 R12 接近，但不如 R12（单位容积制冷量和 COP[①] 都小于 R12）。R134a 的临界压力比 R12 略低，临界温度及液体密度均比 R12 略小，标准沸点略高于 R12。R134a 液体、气体的比热容均比 R12 大，两者的饱和蒸气密度相比，在低温时 R134a 略低，大约在 17 ℃

① Cop：Coefficient Of Performance，性能系数。

时相等，高温时 R134a 略高。因此，一般情况下，R134a 的压缩比要略高于 R12，但它的排气温度比 R12 低，后者对压缩机工作更有利。两者的黏度相差不大。

R134a 的毒性非常低，在空气中不可燃，安全类别与 R12 一样为 A_1，是很安全的制冷剂。与 R12 相比，R134a 具有优良的迁移性质，其液体及气体的导热系数显著高于 R12。

SX-CSC08A 双温冷库系统使用 R134a 时需要注意以下几个问题：

（1）采用 R134a 专用制冷压缩机

R134a 分子不含氯，自身不具备润滑性，需要在润滑油中加入添加剂以提高润滑性；压缩机运动部件结构及材料，电动机绝缘材料，密封材料需做相应的改变；R134a 单位容积制冷量和 COP 都小于 R12，压缩机排气量须加大。因此，双温冷库系统需采用 R134a 专用制冷压缩机，以使冷库系统可靠、高效运作。

（2）采用专门的 R134a 电子检漏仪检漏

由于 R134a 的分子直径比 R12 的小，其渗透性更强，更容易泄漏，从而对密封材料的选用、焊接工艺及气密性试验提出了更高的要求。另外，由于 R134a 分子中不含氯，在检漏时不能采用传统的电子卤素检漏仪，应该用专门的 R134a 电子检漏仪。

（3）采用 XH-7 或 XH-9 型分子筛的干燥剂

R134a 的化学稳定性较好，然而由于它是部分卤化的碳氢化合物，化学性质不如全卤化的碳氢化合物稳定，其氟原子的负电极易于发生水解去卤化反应，即使少量水分存在，在润滑油等的一起作用下，将会产生酸、CO 或 CO_2，对金属产生腐蚀作用，或发生镀铜现象。因此，R134a 对系统的干燥和清洁性要求更高，而且不能用与 R12 相同的干燥剂，必须用与 R134a 相兼容的干燥剂，如 XH-7 或 XH-9 型分子筛。

（4）采用酯类油

溶油性方面 R134a 与 R12、R22 在溶油种类和溶油特性上都有很大差异。R134a 的分子极性大，在非极性油中的溶解度很小。例如，R12、R22 系统中最常用的润滑油是矿物油和烷基苯油，即使温度高达 65 ℃，R134a 都不与它们溶解，所以 R134a 是非溶于矿物油的制冷剂，且具有很强的水解性能。在为 R134a 专门开发的诸多合成油中，主要是多元醇酯类油 POE（Polyol Ester），也称聚酯油。另一种是 PAG（Polyalkylene Glycol）聚（乙）二醇类润滑油，也称聚醚油和氨基油。R134a 在温度较高时能完全溶解于聚醚类和聚酯类润滑油；在温度较低时，只能溶解于聚酯类合成润滑油。

（5）采用耐氟、耐腐蚀的材料

R134a 有一定的腐蚀性，腐蚀元件和管道，因而对电机漆包线的耐氟要求较高。特别是它对普通橡胶有腐蚀性，所以在密封材料上宜采用聚丁腈橡胶。

二、特定情况下双温冷库系统 R134a 制冷剂的充注与回收

1. 概述

R134a 尽管对臭氧层没有破坏作用，但是温室效应还是很大，而且价格较高，和其他类型的制冷系统一样，如果发现 R134a 系统制冷剂充注不足或用尽，应先对制冷系统进行正确的检漏检测、回收制冷剂、补漏维修，最后才重新充注适量的制冷剂。

对于制冷系统的吹污、检漏及制冷剂充注、回收操作的常规做法，在模块一任务五、六中有详细阐述，然而 SX-CSC08A 双温冷库系统充注量并不大，考虑到特殊情况下，比如竞赛选手完成调试并打分后或者要针对系统做精确校核，可以采用专业的制冷剂回收充注机。

下面介绍 SX-CSET-ZL11 制冷剂回收充注机的组成及其功能，如图 2-7-1 所示。

图 2-7-1　SX-CSET-ZL11 制冷剂回收充注机

（1）制冷系统部分

该设备可对制冷空调机组制冷系统进行制冷剂回收，抽真空，充制冷剂、充油，既可采用自动挡一键操作，也可采用手动挡对制冷剂进行回收、抽真空、充制冷剂、充油等操作，还可选其中任意一项或几项进行操作。

（2）电气控制部分

该设备可测量系统实际的充制冷剂量、制冷剂回收量，可控制制冷压缩机、真空泵、相关电磁阀等全部需要控制的器件。

（3）机体部分

该设备正面有上、下两个工作罐，上边为标准冷媒 R134a 充制冷剂罐，下边为标准冷媒 R134a 回收罐，操作维修空间大。背面顶部为仪表板，安装有控制按钮和触摸屏 PLC 一体机。机体的底部采用带刹车的万向轮，方便调整设备的摆放位置。

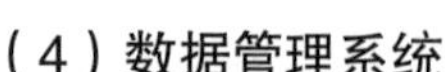

（4）数据管理系统

该设备引入了触摸屏 PLC 一体机 + 智能传感器的控制模式，具有工作罐满、工作罐空、超压报警功能，报警后自动停机。在触摸屏上实时地显示数据，集中管理。

（5）工具规范操作

该设备充制冷剂管及相应工具都有规定的存放地方。

2. SX-CSET-ZL11 制冷剂回收充注机操作步骤

使用 SX-CSET-ZL11（见图 2-7-1）对 SX-CSC08A 双温冷库系统进行制冷剂回收和充注前，确保该设备已经初始化，或者已经向该设备的工作罐充注好一定量备用制冷剂。目前市面上的制冷剂回收充注机很多，不仅适用于汽车空调，也适用于采用 R134a 制冷剂的小型制冷系统，优点：①操作简单，半自动化模式进行；②回收制冷剂，并具备回收过程油量统计；③加注制冷剂过程精确，并能同时设定冷冻机油的补充量。

该设备在半自动模式下可以独立完成系统排气、制冷剂回收、系统抽真空注油和制冷剂充注操作，具体主要操作步骤如下：

（1）HMI 操作主界面（见图 2-7-2）

该界面为控制界面，主要对界面功能进行切换。

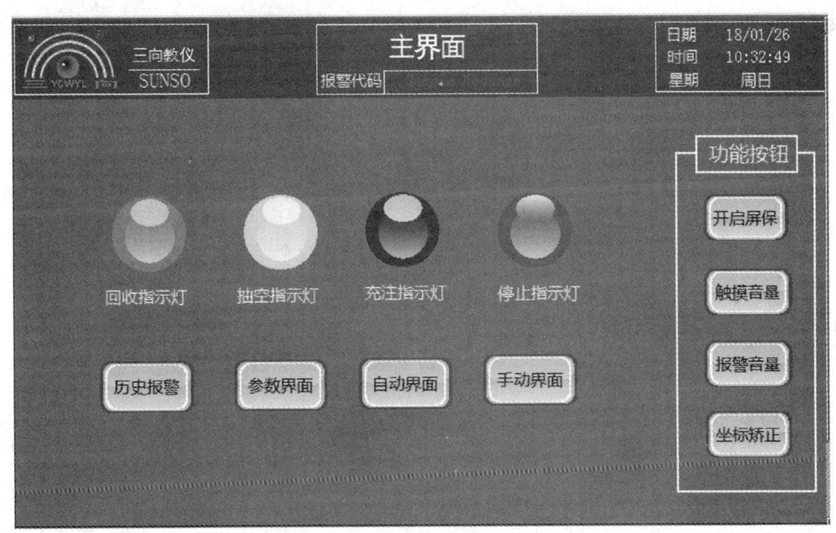

图 2-7-2　操作主界面

（2）手动控制模式界面（见图 2-7-3）

该模式下，有“回收”控制按键、“抽空”控制按键、“充注”控制按键、“停止”控制按键。

在手动 / 自动旋钮开关拨到手动挡时，无论按下哪一种功能按键，系统都只完成单项控制功能，完成后自动停止。“停止”按钮用于停止当前工作。

当手动 / 自动旋钮开关拨到自动挡时，系统可以自运行当前步和下一步，充注完后结束流程。

务必注意以下三点：一是不要在系统运行时拨动旋钮开关。二是在系统运行过程中，不要进行控制功能切换。三是手动操作时，必须先点按“手动加注质量”，再点按“确定加注按钮”，否则系统不能顺利完成充注过程。

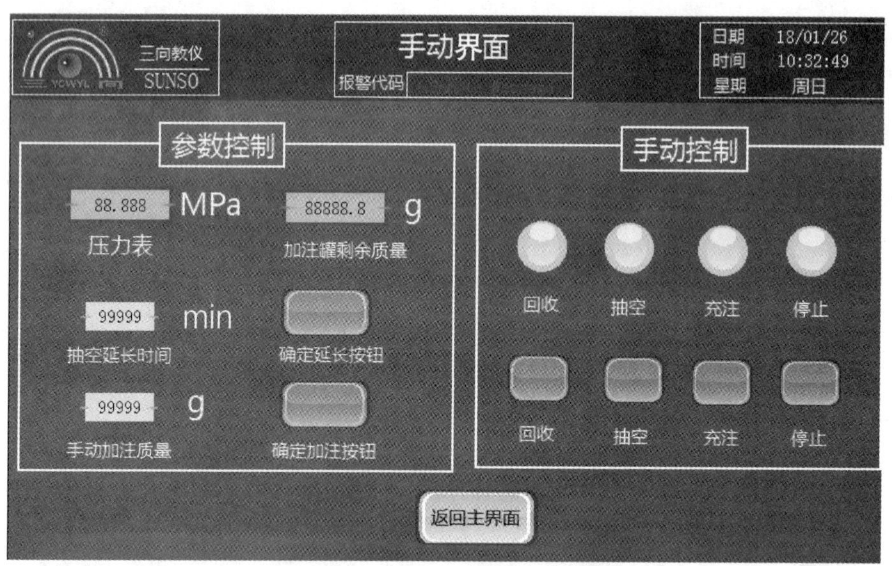

图 2-7-3　手动控制模式界面

（3）自动控制模式界面（见图 2-7-4）

在自动控制模式下只有当手动/自动旋钮开关拨到自动挡时，“启动”键才有用。当“启动”键生效时，系统自运行进行回收、抽空、充注。如果下一步执行的条件满足时，系统将自动跳到下一步运行处理，而不再执行当前步的处理。

起始步为回收步，结束步为充注步。做完一个过程为一步。

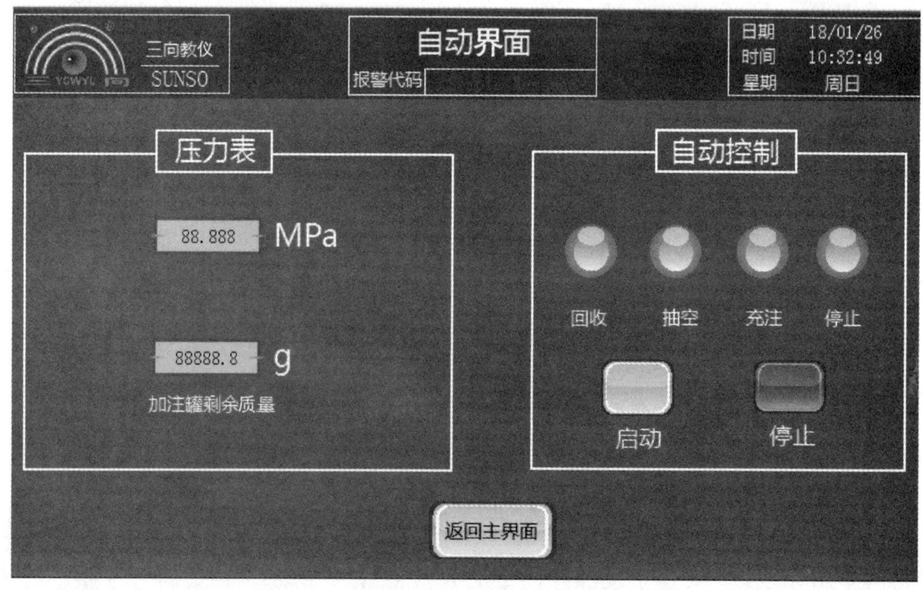

图 2-7-4　自动控制模式界面

（4）参数设置模式界面（见图 2-7-5）

此界面主要负责对加注罐剩余质量进行实时监控以及对加注量用曲线描述。

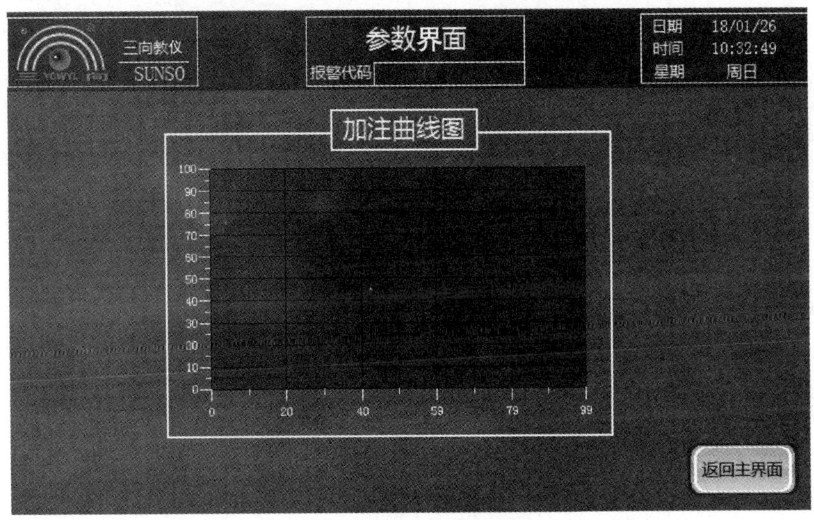

图 2-7-5　参数设置模式界面

（5）历史报警模式界面（见图 2-7-6）

在该界面下，可以显示文字提示信息，了解到现系统的运行状况。引起系统报警的因素有：

1）剩余冷却物质量低于系统设定的安全值，系统发出错报警信号。

2）若在加注过程中加注管道不通时，加注物不能顺利地从加注罐加注到系统时，系统发出错报警信号。

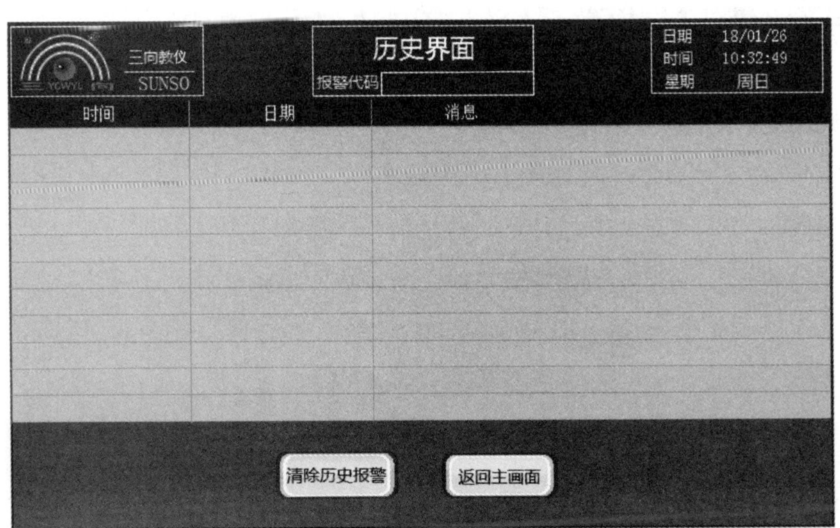

图 2-7-6　历史报警模式界面

任务八 冷库监控与报警系统的应用设计

一、冷库监控与报警系统概述

冷库监控与报警系统是采用自动控制技术、微型计算机技术、CRT（Cathode Ray Tube，阴极射线显像管）显示技术和通信技术相结合，将功能独立的多个具有微处理器和网络通信功能的现场监控器及中央操作系统互联起来，以功能完善的监控软件实现资源共享和信息传递以及完成冷库监控分散控制集中管理的系统。其主要功能表现在对制冷系统生产运行过程实现监测和控制，对冷库的科学管理，实现制冷设备工艺过程自动化、智能化，安全生产、改善操作环境、节约能源，降低冷库成本，保证食品贮藏质量，提高经济效益均有明显的作用。

二、双温冷库监控与报警系统结构设计与设备配置

1. 双温冷库监控与报警系统总线网络结构

SX-CSC08A 双温冷库系统控制网络拓扑结构采用 RS485 总线型，所有的通信设备都通过相应的硬件接口直接连接到总线上，通信设备（适配器）置于现场控制器和监控主机内部，如图 2-8-1 所示为双温冷库监控系统总线网络结构图。

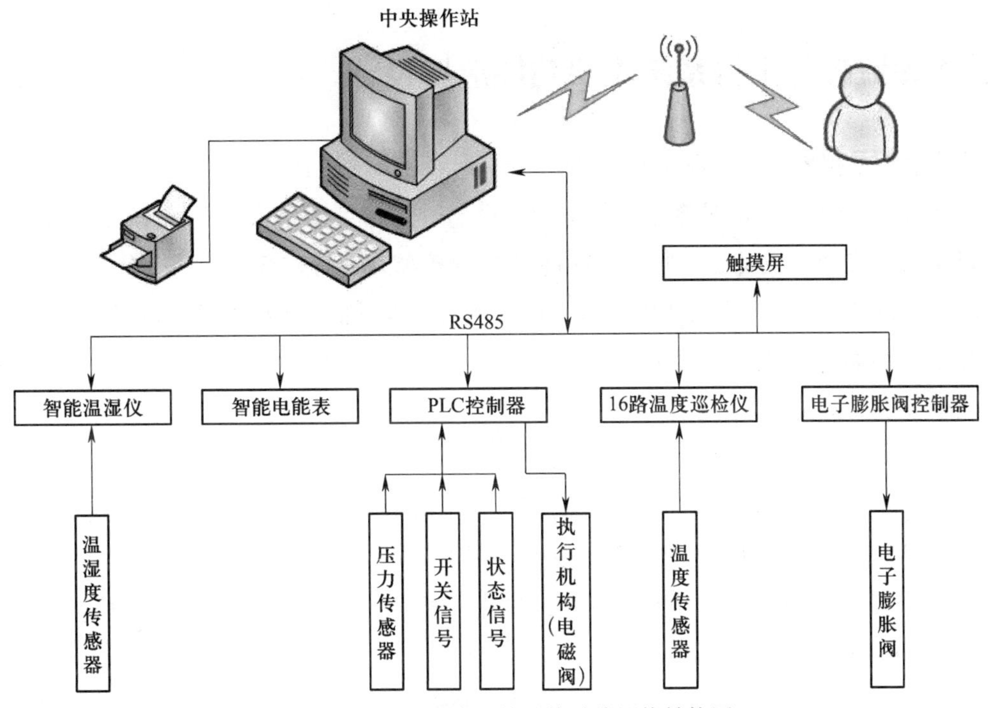

图 2-8-1　双温冷库监控系统总线网络结构图

2. 双温冷库监控与报警系统配置一览表（见表 2-8-1）

表 2-8-1　　系统配置一览表

硬件	PC 机
	西门子 PLC 及 A/D（Analog/Digit，模 / 数）模块
	RS485 适配卡、RS485 服务器
	智能电能表：DW9-RC18B-RGB D
	智能温湿仪：HT-C-EB
	16 路温度巡检仪：AI708-9-RC10-S
	电子膨胀阀控制器：EKD316
	物联网网关：FBox 繁易科技
软件	上位机组态软件及控件
	网络版 Force Control（力控）V7.0
	OPC-Server
网络形式	以太网、RS485、GPRS/CDMA
I/O 连接方式	RS232/485
网络及 I/O 通信介质	屏蔽双绞线

三、冷库监控与报警系统主要功能应用设计

冷库监控与报警系统实现如下主要功能：

1. 直观人机界面，可对冷库工艺生产过程实时监控。制冷系统各控制单元均有画面显示，显示被控参数、设备运行状态、制冷剂或冷却水流方向动态显示。用简明、形象的画面实时显示设备运行状况和各工况参数，使操作人员监视制冷系统运行一目了然。

2. 完整的数据报表。实时采集并显示各制冷系统所有的工作参数和测量数据，根据生产要求生成统计报表。

3. 库温曲线

实时库温曲线：实时显示任一间冷间库温变化趋势。

历史库温曲线：查询任一间冷间历史库温曲线。

4. 安全保护：为确保生产运行安全，操作人员输入正确密码后，方能进行参数设置、修改及运行操作。

5. 监测报警管理：从冷间温度超限到设备安全保护故障报警，除在显示器有文字与图形显示外，还发出声响提示，并启动相应报警记录、显示、打印。

6. 能量管理：根据管理要求，实现按月统计电量、冷量，以报表形式输出，实现能源管理。

7. 对制冷系统各种动力设备进行启停控制，可采用自动、遥控和现场就地控制三种方式。

8. 参数设置，如温度设置与编程、融霜控制、周期、融霜时间设置等。

四、冷库监控与报警系统软件应用设计

监控软件一般需具备的基本功能包括系统设置，权限管理，数据采集、处理和保存，历史数据查询、远程通信管理以及报表统计等。

目前监控软件设计主要有两种方式，一种是以组态软件为核心的技术，另一种是以专用软件为核心的技术。SX-CSC08A 双温冷库监控系统软件开发采用北京力控科技公司（以下简称“力控”）的组态软件力控 FC（V7.0）作为数据采集的管理、过程控制、服务器开发平台。

1. 组态软件

组态软件是指一种数据采集与过程控制的专用软件，是一种针对测控系统而设计的面

向问题的开发软件，是在自动控制系统监控层一级的软件平台和开发环境，使用灵活的组态方式，快速构建工业自动控制系统监控功能、通用层次的软件工具。

工业组态就是把企业中的现场设备、控制器、监控和管理各层信息融合为一体的计算机平台。目标是构建控制系统、仪控、电控一体化和全厂的管控一体化的全厂信息系统。典型的工业组态通常可以分为设备层、控制层、监控层、管理层四个层次结构，可以构成一个分布式的工业网络控制系统，其中设备层负责将物理信号转换成数字或标准的模拟信号；控制层完成对现场工艺过程的实时监测与控制；监控层通过对多个控制设备的集中管理来完成监控生产运行过程的目的；管理层对生产数据进行管理、统计和查询。监控组态软件一般是位于监控层的专用软件，负责对下集中管理控制层，向上连接管理层，是企业生产信息化的重要组成部分。

工业组态软件的编程手段，一般都是内置编译系统，提供类 BASIC 语言，有的支持 VB、C++ 高级语言。而现有的组态软件基本上都提供了面向对象的编程方法与设计，使得开发的工程运行效率更高，程序代码较短，运行速度更快，开发周期又短。

工业组态软件也是一种计算机控制技术，称为组态控制技术。利用组态控制技术构成的计算机测控系统与一般计算机测控系统在结构上没有本质区别，它们都由被控对象、传感器、I/O 接口、计算机和执行机构几部分组成。

一般组态软件的功能：无论是专用还是通用组态软件，一般都为用户提供了远程监控、数据采集、数据分析、画面设计、动画显示、报表输出、报警处理、流程控制等功能。目前，世界上的组态软件有几十种之多。国外品牌组态软件，如 WonderWare、Rockwell、GE Fanuc、Honeywell、西门子、ABB、施耐德、Invensys（英维思）等均开发了自己的组态软件。现在，组态软件的应用领域也很广，应用于制冷空调、电力系统、石油、化工、给水系统等领域的数据采集与监视控制以及过程控制等诸多领域，作为信息化平台的核心正逐步被推广应用。

2. 组态软件系统构成

一般的组态软件由图形界面系统、实时数据库系统、第三方程序接口组件、控制功能组件组成。实时数据库系统是核心，如北京力控科技公司的组态软件构成如图 2-8-2 所示。

3. 监控系统开发任务

（1）查看生产现场的实时数据及流程界面。

（2）自动打印各种实时 / 历史生产报表。

（3）自由浏览各个实时 / 历史趋势界面。

（4）及时得到并处理各种过程报警和系统报警。

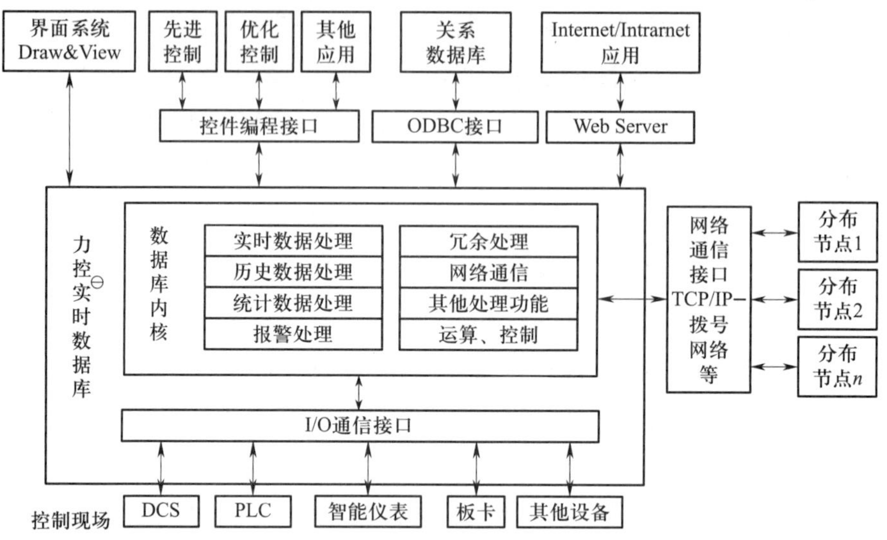

图 2-8-2　力控监控组态软件系统构成

（5）手动与自动控制功能，修改生产过程的参数和状态。

（6）信息共享，与管理部门的数据库关联，为管理层提供生产实时数据和决策。

4. 双温冷库监控与报警系统设计开发

（1）创建双温冷库监控系统工程，启动力控 V7.0 工程管理器，出现“工程管理”窗口，如图 2-8-3 所示。

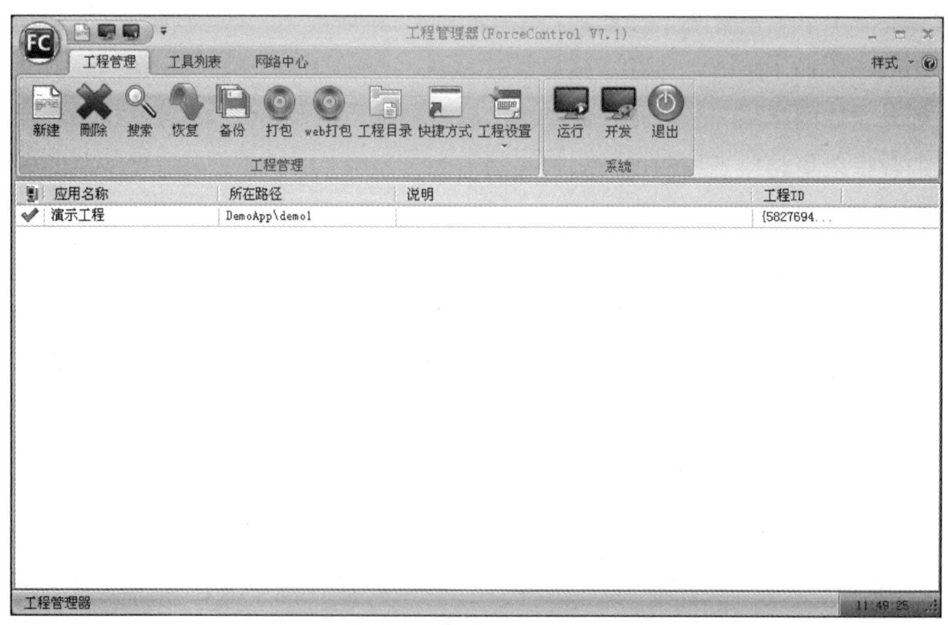

图 2-8-3　“工程管理”窗口

（2）单击“新建”按钮，创建一个新的工程，出现如图 2–8–4 所示的“新建工程”对话框。

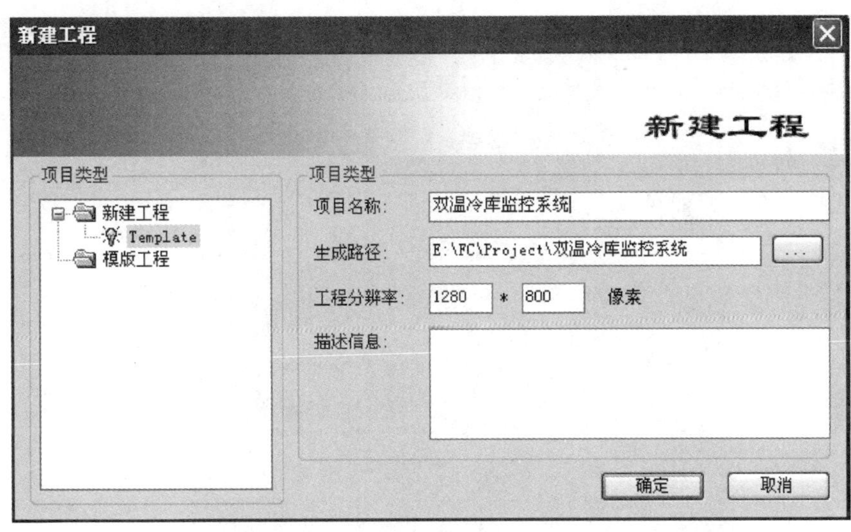

图 2–8–4“新建工程”对话框

在“项目名称”输入框内输入要创建的应用程序的名称，取名为“双温冷库监控系统”，单击“确定”按钮，即创建了双温冷库监控系统，如图 2–8–5 所示。

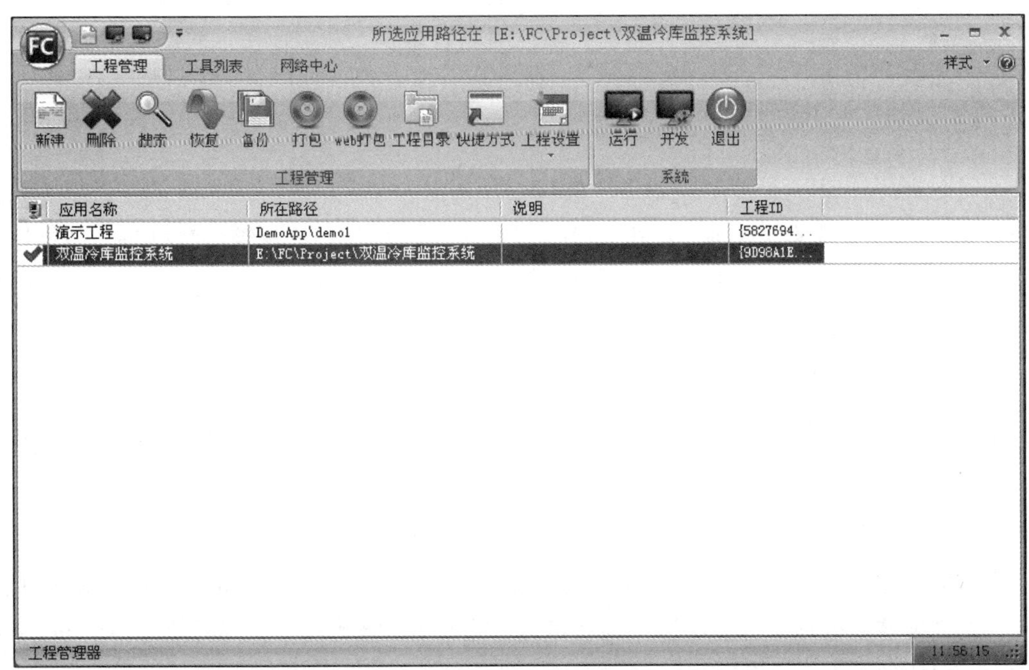

图 2–8–5　创建的“双温冷库监控系统”工程

然后单击“开发”按钮进入开发系统，即进入如图 2-8-6 所示的双温冷库监控系统项目的“开发系统”窗口。

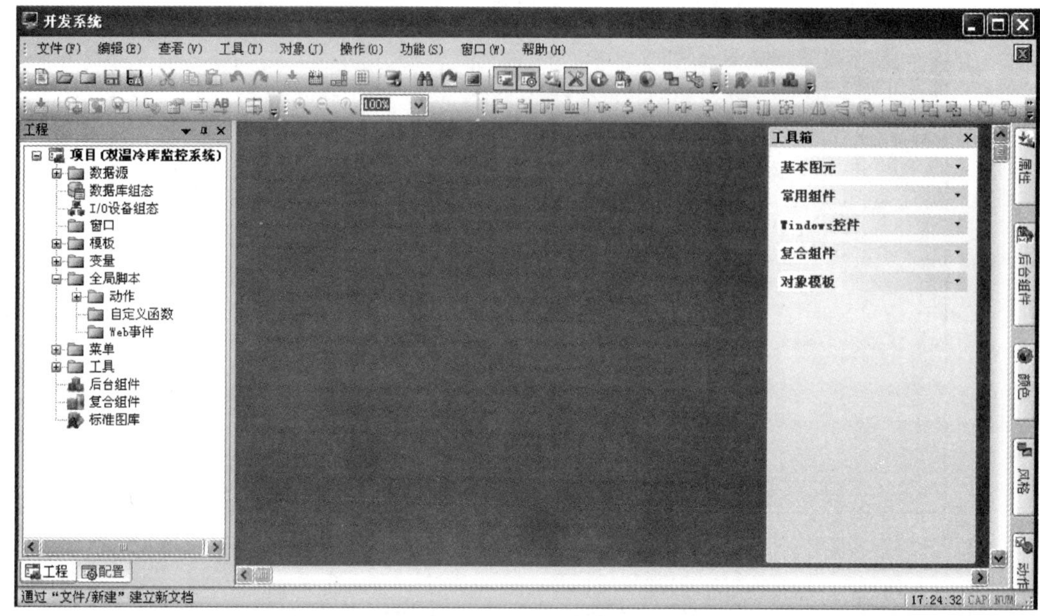

图 2-8-6 “开发系统”窗口

开发一个系统的基本步骤和方法：首先是建立数据库点参数，对点参数进行数据连接；其次建立窗口监控界面，对监控界面里的各种图元对象建立动画连接；然后编制脚本程序，进行实时曲线、监测与报警、历史报表、用户管理等制作开发。

（3）创建数据库

实时数据库（DB）是整个应用系统的核心，构建分布式网络应用系统的基础。它负责整个应用系统的实时数据处理、历史数据存储、统计数据处理、报警信息处理、数据服务请求处理，完成与过程数据采集的双向数据通信。双击图 2-8-6 中“数据库组态”选项，出现如图 2-8-7 所示的窗口。

根据冷库监控系统工艺需求，定义 2 种数据类型，分别为模拟 I/O 点、数字量 I/O 点。如定义冷冻库温度，点的名称定为“T1”，见图 2-8-7 中冷冻库温度点定义对话框。

（4）定义 I/O 设备

实时数据库是从 I/O 驱动程序中获取过程数据的，I/O 驱动程序负责软件和设备的通信，因此，首先要建立数据库，而数据库同时可以与多个 I/O 驱动程序进行通信，一个 I/O 驱动程序也可以连接一个或多个设备。

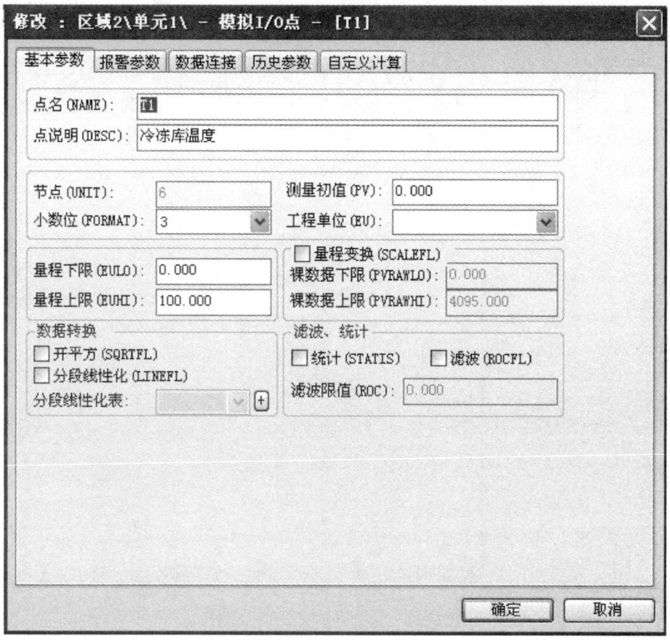

a）

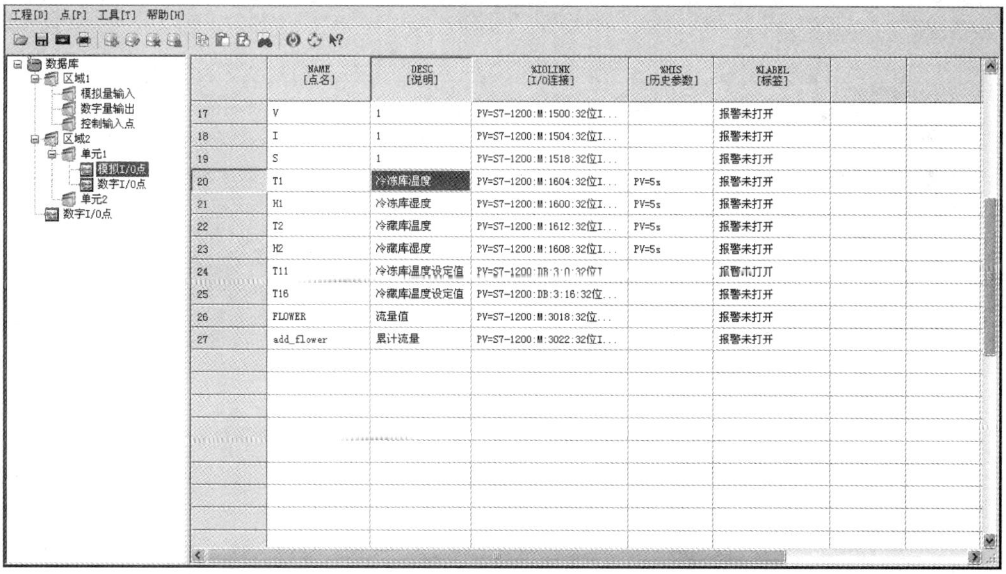

b）

图 2–8–7　冷冻库温度点定义对话框

a）“基本参数”对话框　b）模拟 I/O 点定义对话框

在工程项目导航栏中双击“I/O 设备组态”（见图 2–8–6）项出现如图 2–8–8 所示对话框，在展开项目中选择“PLC”项并双击使其展开，然后继续选择“SIEMENS（西门子）”，并双击使其展开后，选择“S7–1200（TCP）”，如图 2–8–9 所示。

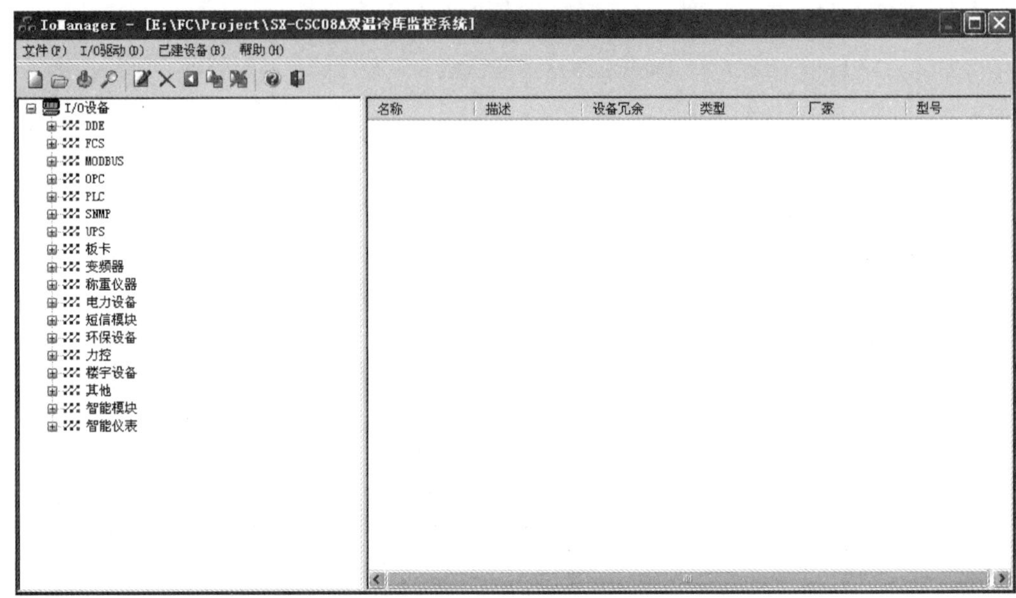

图 2-8-8 I/O 设备组态栏

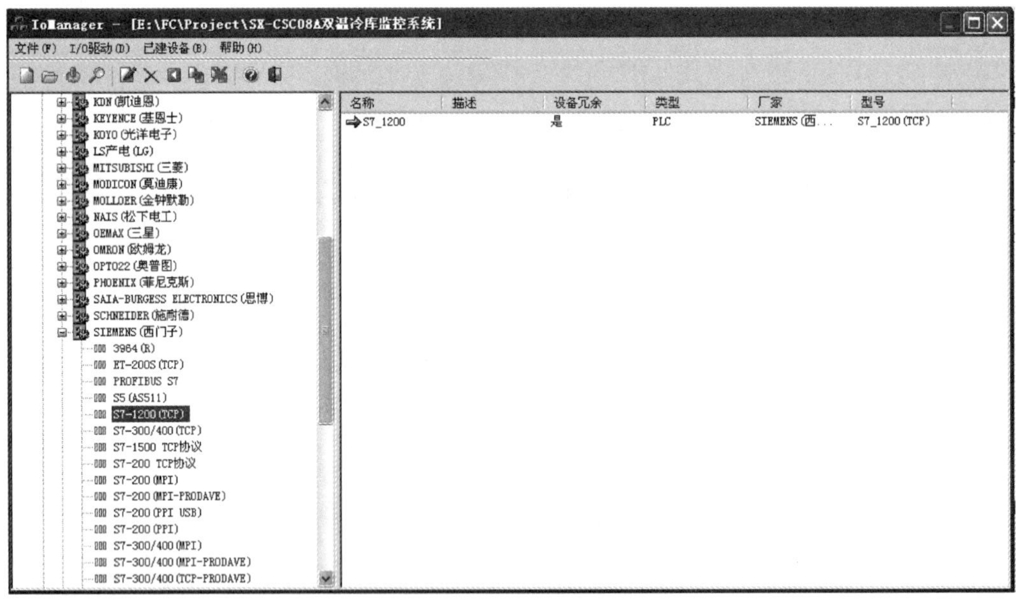

图 2-8-9 I/O 设备组态栏

双击“S7-1200(TCP)”出现如图 2-8-10 所示的“设备配置—第一步”对话框。在“设备名称”后面的输入框中输入自定义的名称，在这里输入“S7-1200”。接下来要设置 S7-1200 的参数配置，包括“更新周期”和“超时时间”等，通常情况下，一个 I/O 设备需要更多的配置，如通信端口的配置（波特率、奇偶校验）、IP 地址、通信方式。

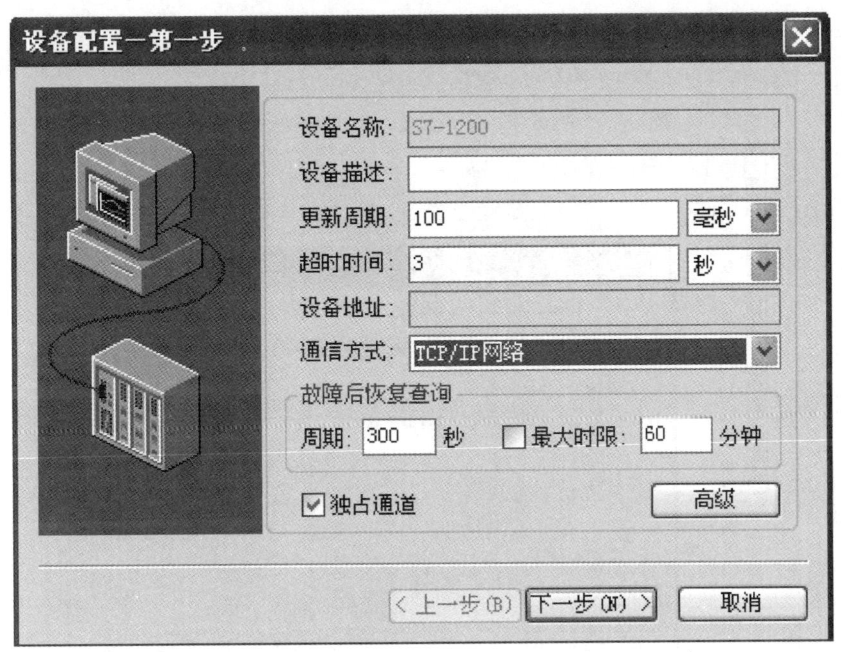

图 2-8-10 “设备配置—第一步”对话框

用同样方法，定义其他的 I/O 设备。

（5）数据连接

使组态的数据库点的 PV 参数值与 I/O 设备进行实时数据交换的过程就是建立数据连接的过程。由于数据库可以与多个 I/O 设备进行数据交换，所以必须指定哪些点与哪个 I/O 设备建立数据连接。重新启动数据库组态程序 DBManager，双击点“T1”（见图 2-8-7b），然后再单击“数据连接”，出现“组态界面”对话框，如图 2-8-11 所示。

用同样的办法为其他点进行数据连接，最后数据库如图 2-8-12 所示。

（6）创建监控界面（见图 2-8-13）

接下来，创建“趋势曲线”“历史报表”按钮与实时趋势曲线、历史报表窗口连接，双击“趋势曲线”或“历史报表”按钮，出现如图 2-8-14 所示“动画连接”对话框，在框中单击“窗口显示”，出现“窗口选择”对话框（见图 2-8-15），分别选择“趋势曲线”“历史报表”。

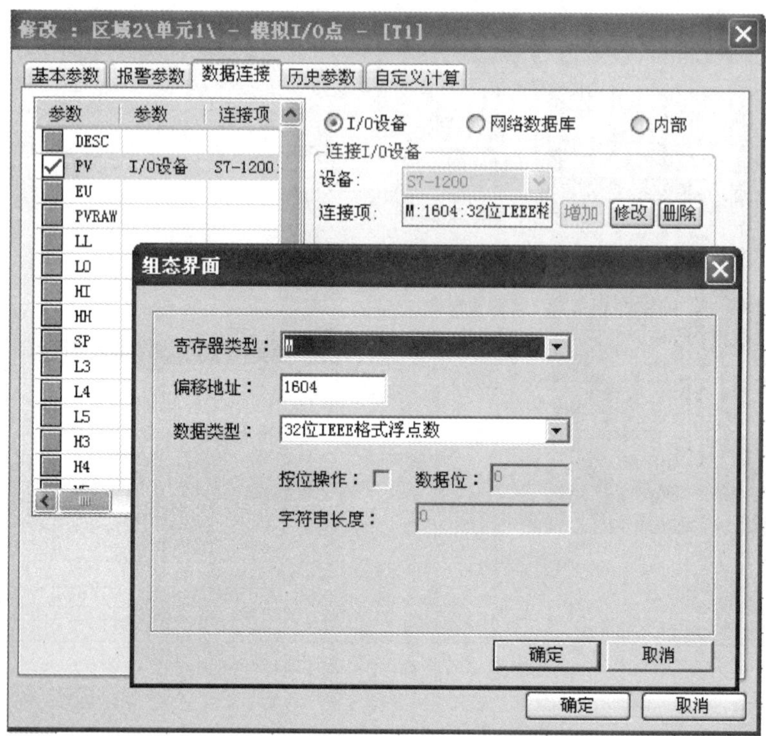

图 2-8-11 数据连接

DbManager - [E:\FC\Project\SX-CSC08A双温冷库监控系统]

工程[D] 点[P] 工具[T] 帮助[H]

数据库
区域1
区域2
单元1
模拟I/O点
数字I/O点
单元2
数字I/O点

	NAME [点名]	DESC [说明]	%IOLINK [I/O连接]	%HIS [历史参数]	%LABEL [标签]
1	CH1	1	PV=S7-1200:M:1536:32...	PV=5s	报警未打开
2	CH2	1	PV=S7-1200:M:1540:32...	PV=5s	报警未打开
3	CH3	1	PV=S7-1200:M:1544:32...	PV=5s	报警未打开
4	CH4	1	PV=S7-1200:M:1548:32...	PV=5s	报警未打开
5	CH5	1	PV=S7-1200:M:1552:32...	PV=5s	报警未打开
6	CH6	1	PV=S7-1200:M:1556:32...	PV=5s	报警未打开
7	CH7	1	PV=S7-1200:M:1560:32...	PV=5s	报警未打开
8	CH8	1	PV=S7-1200:M:1564:32...	PV=5s	报警未打开
9	CH9	1	PV=S7-1200:M:1568:32...	PV=5s	报警未打开
10	CH10	1	PV=S7-1200:M:1572:32...	PV=5s	报警未打开
11	CH11	1	PV=S7-1200:M:1576:32...	PV=5s	报警未打开
12	CH12	1	PV=S7-1200:M:1580:32...	PV=5s	报警未打开
13	CH13	1	PV=S7-1200:M:1584:32...	PV=5s	报警未打开
14	CH14	1	PV=S7-1200:M:1588:32...	PV=5s	报警未打开
15	CH15	1	PV=S7-1200:M:1592:32...	PV=5s	报警未打开
16	CH16	1	PV=S7-1200:M:1596:32...	PV=5s	报警未打开
17	V	1	PV=S7-1200:M:1500:32		报警未打开

图 2-8-12 数据库

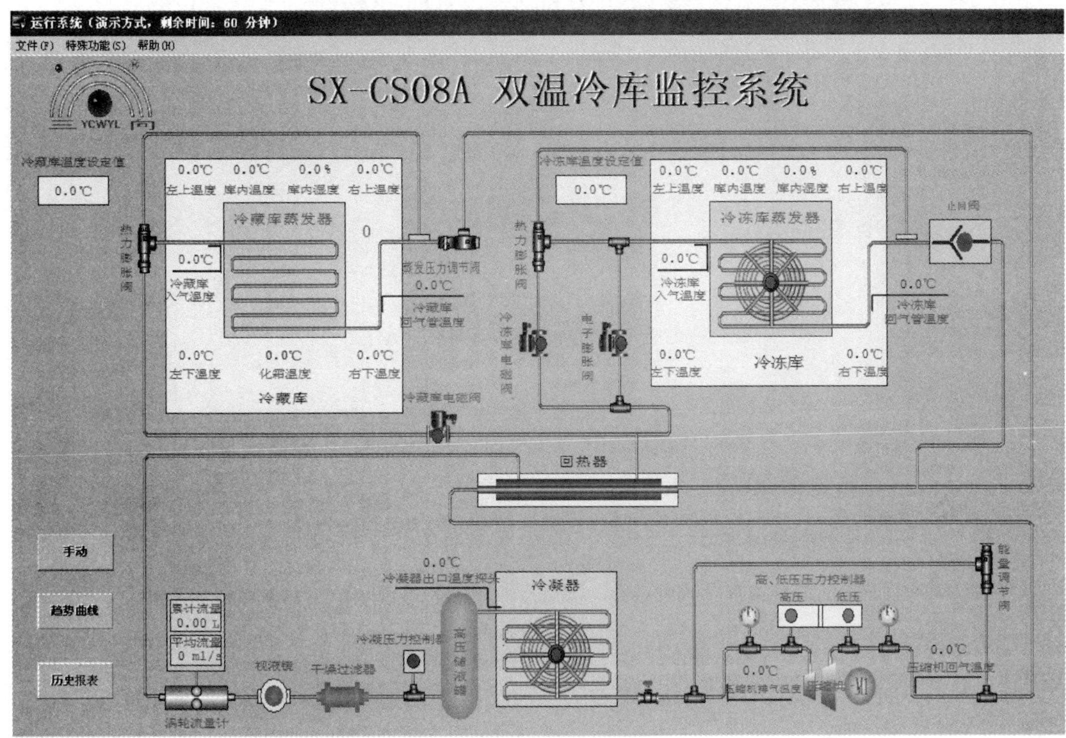

图 2–8–13　监控界面

图 2–8–14　“动画连接”对话框

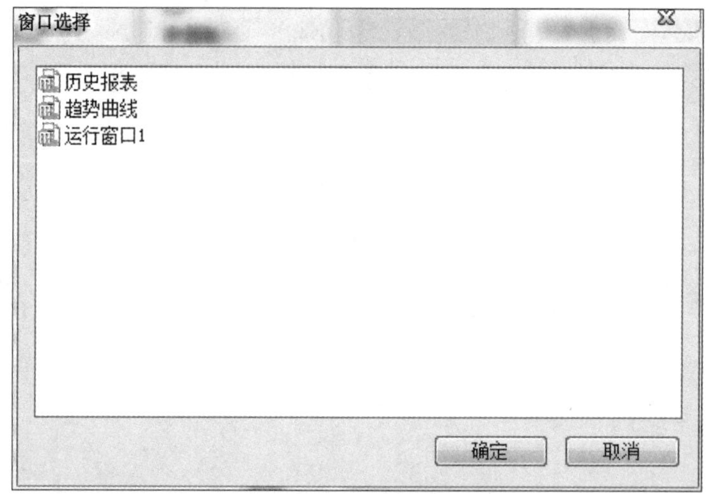

图 2–8–15 “窗口选择”对话框

（7）动画连接

有了变量就可以制作动画连接，创建图形对象，给它加上动画连接就相当于赋予它“生命”。以冷凝器压力控制器为例，控制器动画连接，代表控制器的开关状态的变量区域2\ 单元 1\I23.PV 是个状态值，如果为真（值为 1），则表示控制器为开启状态，同时控制器标志变为绿色；如果为假（值为 0），控制器标志变为红色，表示控制器为关闭状态。双击高、低压压力控制器对象（见图 2–8–13），也可出现如图 2–8–15 所示的“动画连接”对话框，在“颜色变化”的“条件”框中进行编程。

要让控制器按状态值改变颜色，选用连接“颜色变化”→“条件”。单击“条件”按钮，出现如图 2–8–16 所示“颜色变化”对话框。在对话框中单击“变量选择”按钮，展开“实时数据库”，展开“区域 2”→“单元 1”，然后选择点“I23.PV”。

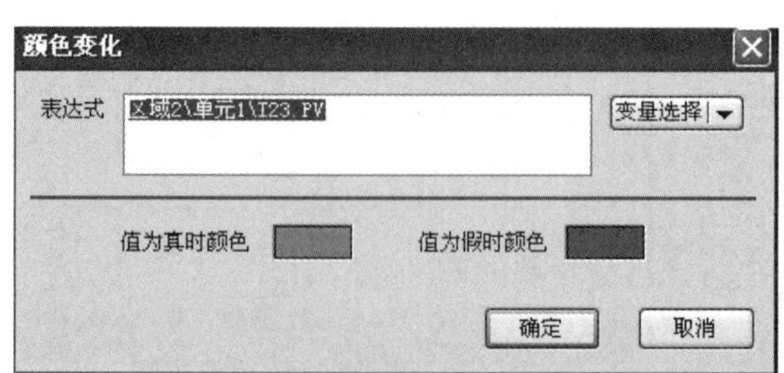

图 2–8–16 “颜色变化”对话框

（8）创建实时趋势图

实时趋势图是根据冷库监控系统某个变量的实时值随着时间变化而绘出的该变量的时

间关系曲线。首先创建一个新窗口，然后在“工具箱”（见图 2–8–6）的“常用组件”中选择“趋势曲线”，在“开发系统”窗口（见图 2–8–6）中单击“趋势曲线”并拖曳到合适大小后释放鼠标，双击趋势对象（见图 2–8–17），弹出如图 2–8–18 所示实时趋势图设置对话框。例如，需创建冷冻库库温的曲线，先要在图 2–8–18 中改变“Y 轴变量”的值，双击其后的 ? ，打开如图 2–8–19 所示的“变量选择”对话框，在该选项卡“实时数据库”中选择冷冻库库温 T1，最后完成创建，如图 2–8–18 所示。

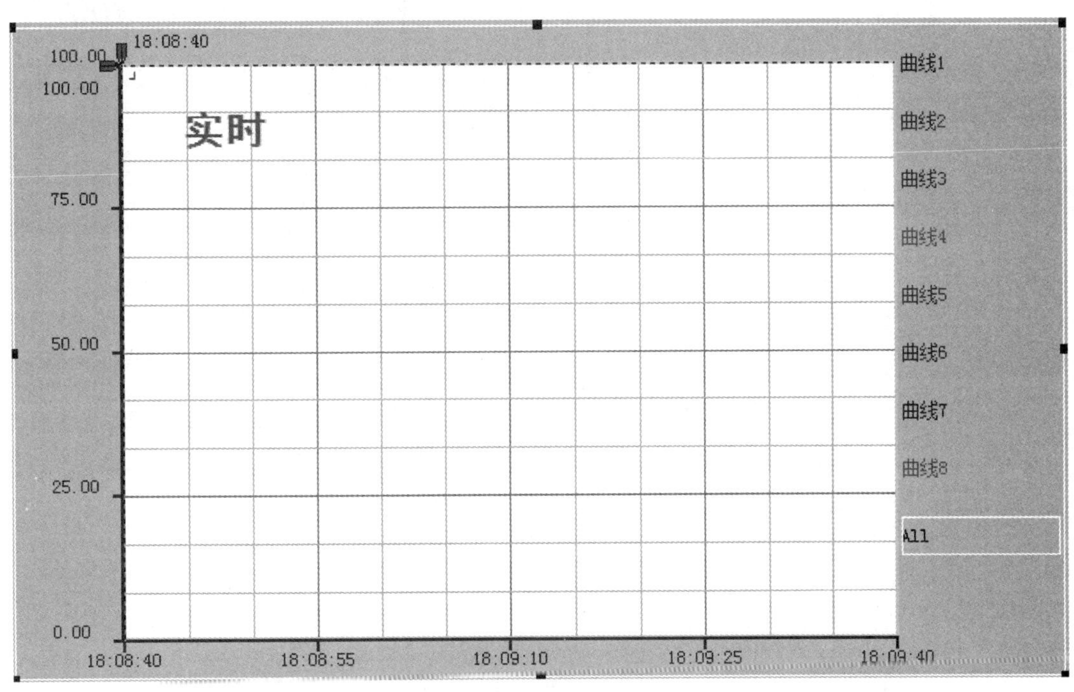

图 2–8–17　趋势对象

用同样的方法将冷库其他变量添加到曲线设置中，最终创建的实时趋势图如图 2–8–20 所示。

在本窗口中分别创建“查询”“打印”“保存”按钮及控件，并分别对按钮和控件进行脚本编程。如单击“保存”按钮，要实现保存的功能，应写入脚本程序：#SuperCurve1.SaveToFile（″″）；如单击“打印”按钮，要实现打印的功能，应写入脚本程序：#SuperCurve1.Print（0），其中 SuperCurve1 是实时趋势的名称。除了用这种方法创建按钮外，也可以用力控自带的界面模板建立各种类型的控件按钮，方便快捷。

（9）创建历史报表

历史报表提供了浏览历史数据的功能。先创建一个新窗口，然后在“工具箱”的“常用组件”中选择“历史报表”，在“开发系统”窗口中单击“历史报表”并拖曳到合适大小后释放鼠标，双击历史报表对象，弹出如图 2–8–21 所示“历史报表”对话框。

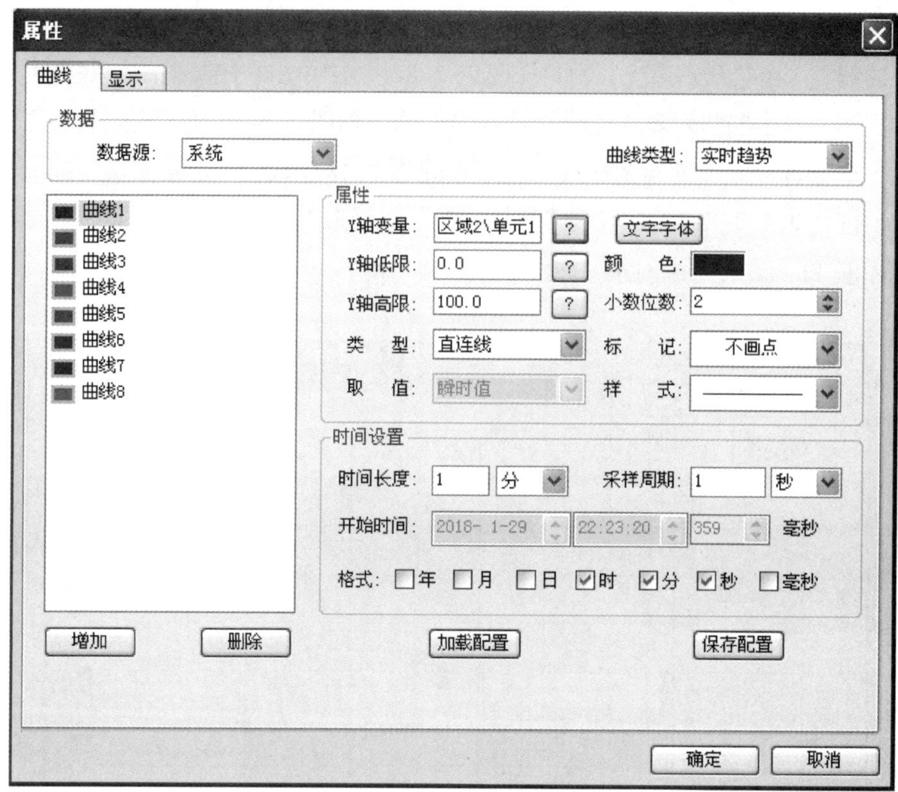

图 2-8-18　实时趋势图设置

图 2-8-19　“变量选择”对话框

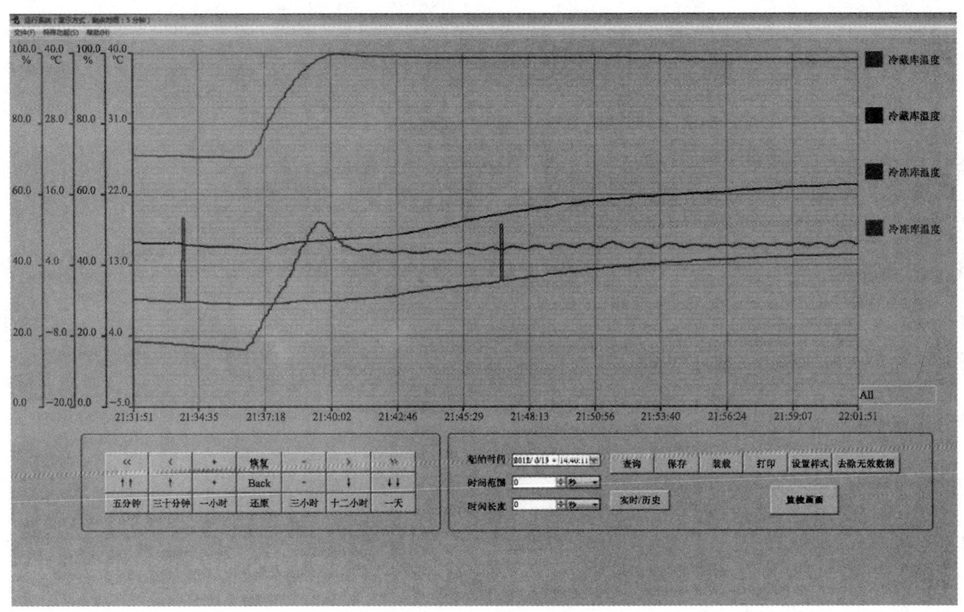

图 2-8-20　实时趋势图

在图 2-8-21“变量”中双击“点名”下的空格，出现变量选择对话框，选定“区域 2\ 单元 1\T1.PV”，单击“确定”按钮，点名自动输入，如图 2-8-21 所示。

属性

报表　变量

点名	格式	标题	点名	格式	标题
区域2\单元1'	8.2			8.2	
	8.2			8.2	
	8.2			8.2	
	8.2			8.2	
	8.2			8.2	
	8.2			8.2	
	8.2			8.2	
	8.2			8.2	
	8.2			8.2	
	8.2			8.2	
	8.2			8.2	
	8.2			8.2	
	8.2			8.2	
	8.2			8.2	

标题类型：自定义　　注：8.2：表示宽度为8，小数位数为2

确定　取消

图 2-8-21　“历史报表”对话框

用同样的方法将冷库其他变量添加到历史报表中。接下来，在本窗口中分别创建“查询”“打印”“前一天”“后一天”按钮及控件，并分别对各按钮和控件进行脚本编程。如单击“查询”按钮，要实现查询的功能，应写入脚本程序：

#HisReport.SetTime（#DateTime.Year，#DateTime.Month，#DateTime.Day，#DateTime.Hour，#DateTime.Minute，#DateTime.Second）；

#HisReport.SetTimeSpan（#TimeSpan.Value，#TimeSpan1.value）；，即可按时间查询报表，其中“HisReport”是历史报表的名称，“DateTime”是时间控件的名称。“前一天”按钮左键按下运作写入“#HisReport.OFFDAY（-1）”。

最终创建的历史报表如图 2-8-22 所示。

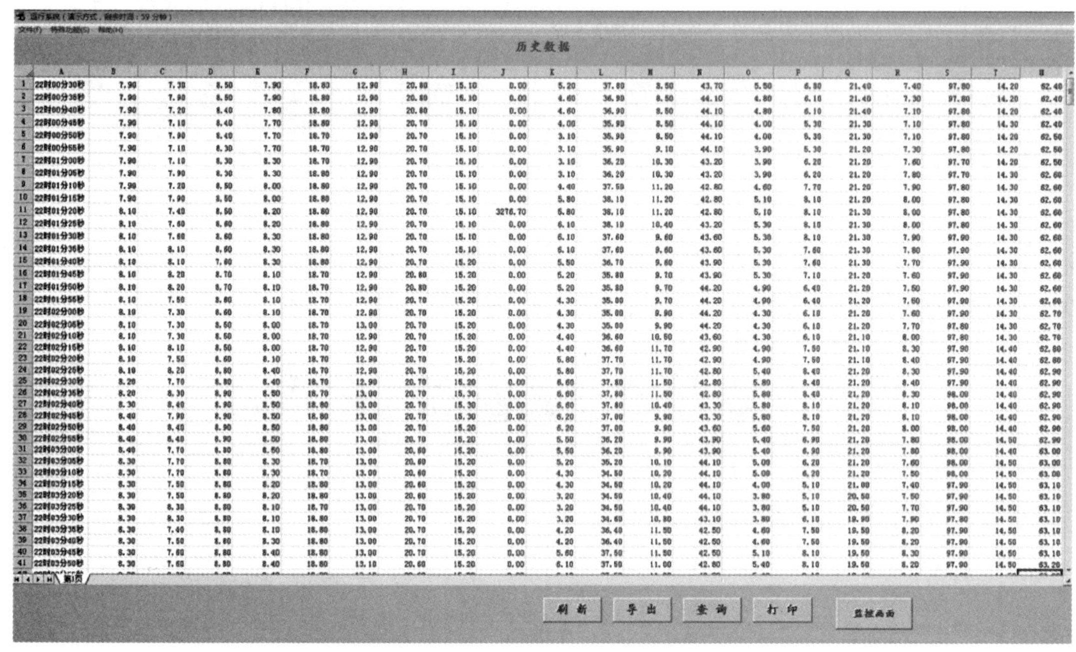

图 2-8-22　历史报表

五、冷库监控与报警系统操作

1. 参数设置

根据技术文件与测试文件的要求，对系统控制参数进行设置，如图 2-8-23 所示。

2. 操作控制

操作控制主要包括系统启动与停止操作，电子膨胀阀与电磁阀切换，电气部件运行指示，如图 2-8-24 所示。

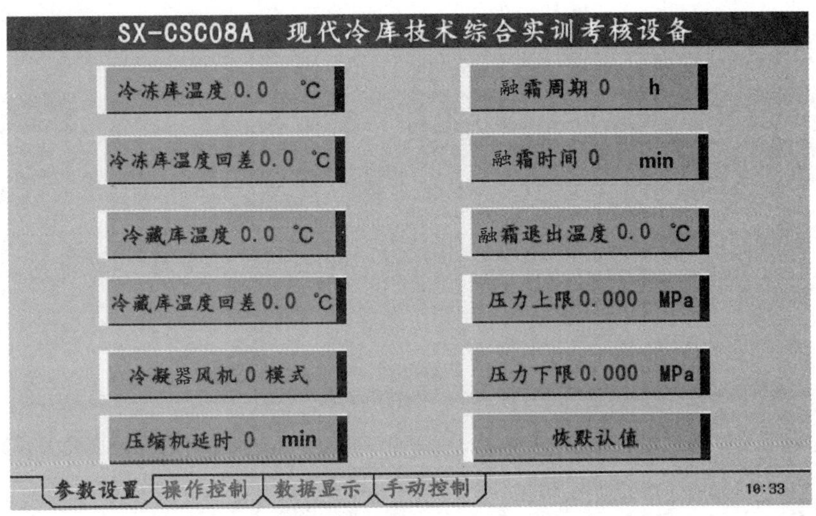

图 2-8-23　参数设置

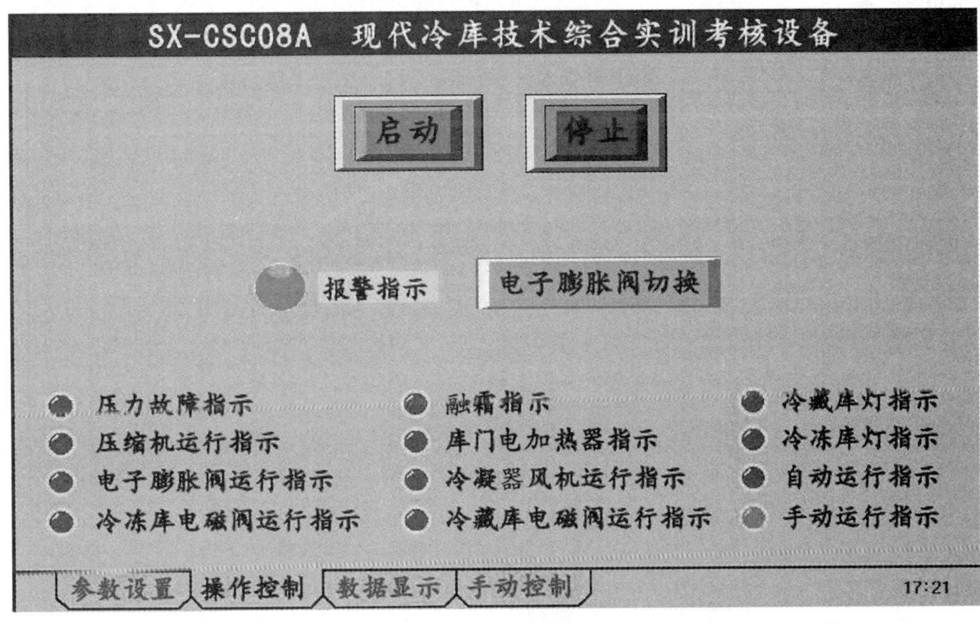

图 2-8-24　操作控制

3. 数据显示

数据显示主要包括冷冻库运行参数显示、冷藏库运行参数显示、系统运行参数显示、能耗数据、电子膨胀阀数据，如图 2-8-25 所示。

4. 手动控制

手动控制包括手动与自动切换，通过“调试切换”按下，以及手动状态下，按下对应电气部件按钮能使对应的电气部件运行，并显示当前部件输出、输入的状态，如图 2-8-26 所示。

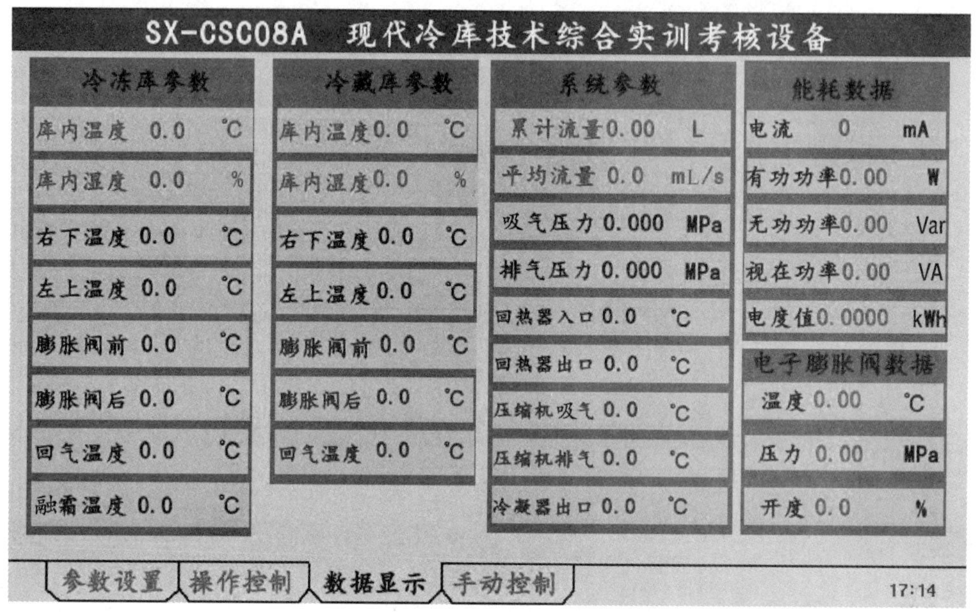

图 2-8-25　数据工况显示

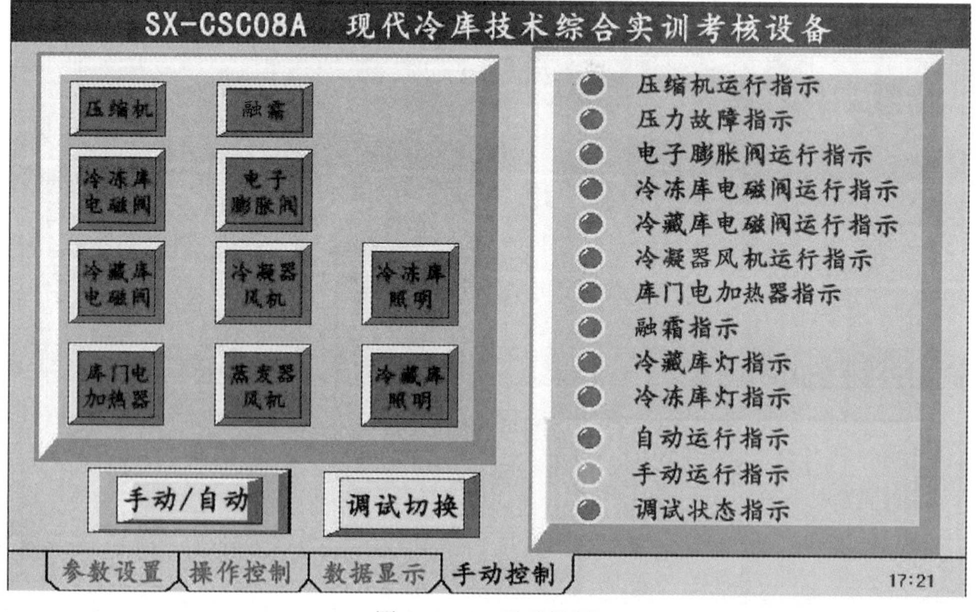

图 2-8-26　手动控制

六、测评标准

操作评分标准（见表 2–8–2）

表 2–8–2　　　　　　　　　　　　　　操作评分标准

序号	考核内容	评分要素	评分标准	配分
1	系统设计	对监控与报警系统的配置、开发与调试；组态系统的使用、开发及调试；系统整机运行调试等知识和技能的掌握	监控系统包括登录界面、监测界面、操作界面、运行控制界面 4 个主模块。设置用户登录管理，能实现用户登录。用树形图菜单切换进入各窗口，各窗口均设有“退出系统”控件，单击“退出系统”控件可退出系统	20
2	登录界面	登录界面，通过用户名和密码进行登录。创建两个用户账户，用户等级分别为“操作工级”与“系统管理员级”	只有用户名和密码输入正确，单击“进入系统”才能进入系统，密码错误则不能进入系统。“操作工级”用户的账号及密码为 abc，“系统管理员级”用户的账号及密码为 abcd	10
3	监测与报警界面	根据冷库工艺要求、开发监测与报警界面	监测界面实时显示温度、压力、湿度、功率、流量等参数及各机组状态，标注相关单位。实现历史查询、实时趋势图、管理报表等功能。界面友好，操作方便	20
4	操作界面	根据冷库工艺要求、开发相应控制界面	参数设置，操作控制，数据显示，手动控制功能。界面友好，操作方便	20
5	系统调试	设备 I/O 连接、脚本编写	系统联调，运行正常	20
6	安全文明操作	遵守安全操作规范与文明工作守则	考核参赛选手在职业规范、团队协作、组织管理、工作计划、团队风貌等方面的职业素养	10

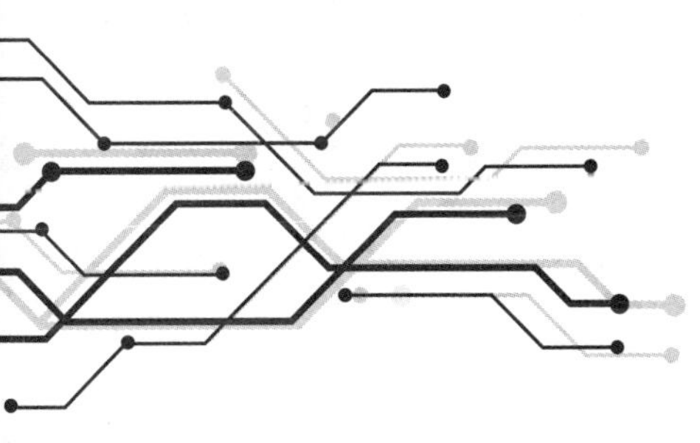

模块三

双温冷库系统的故障排查

任务一
双温冷库系统的故障排查概述

要使冷库系统在最佳状态运行，不仅要设计科学合理、安装正确无误、运行中操作调节及时准确，而且要做好制冷装置在整个使用期（包括运行中和停机期间）的维护和维修工作。制冷装置的维护和保养内容包括日常保养和定期检修，它是保证制冷装置长期正常运行，延长使用寿命、节约制冷能耗的有效措施。

双温冷库由库体、制冷系统和电控系统等组成，特别是制冷系统由许多制冷设备和辅件组成，彼此相互联系、相互影响，加上影响运行工况的因素复杂多变，在系统运行过程中，有时会出现故障，这就要求操作管理人员能够运用有关知识，对故障现象进行分析、判断，找到产生故障的原因，并及时排除故障，例如，制冷压缩机吸入压力过低、冷库降温困难等故障原因分析及排除等。

双温冷库运行中出现的故障主要可以分为制冷系统故障和电控系统故障两大类。本模块将介绍双温冷库制冷系统故障和电控系统故障排查，要求选手（学员）学会双温冷库系统故障的维修技能。

一、冷库系统故障分析的基本程序

对冷库系统故障的分析与处理必须严格遵循科学的程序，切忌在情况不清、故障不明、心中无数时就盲目行动，随意拆卸，使故障扩大化，或引发新故障。一般冷库系统故障分析与处理的基本程序分如下所述 5 大步骤。

1. 调查了解故障产生的经过

（1）认真进行现场考察，了解故障发生时冷库系统各部分的工作状况、发生故障的部位、危害的严重程度。

（2）认真听取操作人员介绍故障发生的经过及所采取的紧急措施。必要时应对虽有故障，但还可以在短时间内运转不会使故障进一步恶化的冷库制冷机组或辅助装置进行启动操作，为正确分析故障原因掌握准确的认识依据。

（3）检查冷库系统运行记录表，特别要重视记录表中不同常态的运行数据和发生过的问题，以及更换和修理过的零件的运转时间和可靠性，了解因任何原因引起的安全保护停机等情况。与故障发生直接有关的情况尤其不能忽视。

（4）向有关人员提出询问，寻求其对故障的认识和看法。必要时要求操作人员讲述和演示自己的操作方法。

2. 搜集数据资料，查找故障原因

（1）详细阅读冷库制冷机组的《使用操作手册》是了解制冷机组各数据一个重要来源。《使用操作手册》能提供制冷机组的各种参数（如机组制冷压力，压缩机形式，电动机功率、转速、电压和电流大小，制冷剂种类与充注量，润滑油油量与油位，制造日期与机号等），列出各种故障的可能原因。将《使用操作手册》提供的参数与冷库系统运行记录表的数据综合对比，为正确诊断故障提供重要依据。

（2）对冷库系统进行故障检查应按照电控系统（包括动力和控制系统）、冷却水系统、油系统和制冷系统（包括压缩机、冷凝器、节流阀、蒸发器及管道）四大部分依次进行，要注意查找引起故障的复合因素，保证稳、准、快地排除故障。

3. 分析数据资料，诊断故障原因

（1）结合制冷循环基本理论，对所收集的数据和资料进行分析，把制冷循环正常状况的各种参数（如压力、温度等）作为对所采集的数据进行比较分析的重要依据。

（2）运用实际工作经验进行数据和资料的分析。在掌握了冷库系统正常运转的各方面表现后，一旦实际发生的情况与所积累的经验之间产生差异，便马上可以从这一差异中找到故障的原因。

（3）根据冷库系统常见故障的逻辑关系进行数据和资料的分析。冷库系统常见故障的逻辑关系及检查方法是用于分析和检验各种故障现象原因的有效措施。把各种实际采集到的数据与这一逻辑关系联系起来，可以大大提高判断故障原因的准确性和维修工作进展的速度。通常把制冷机组运转中出现的常见故障分为三类：机组不启动；机组运转但制冷效果不佳；机组频繁开停。

4. 确定维修方案

（1）从可行性角度考虑维修方案。首先要考虑的是如何以最省的经费（包括材料、备件、人工、停机等）来完成维修任务，经费应控制在计划的维修经费数额以内。当总修理费用接近或超过新购整机费用的 1/2 时，应将旧机做报废处理。

（2）从可靠性角度考虑维修方案。通常制冷机组故障的处理和维修方案不是单一的。从制冷机组维修后所起的作用来看，可分为临时性、过渡性和长期三种情况，各种给出的维修方案在经费的投入、人员的投入、维修工艺的要求、维修时间的长短、使用备件的多少与质量的优劣等方面，均有明显的差别，应根据具体情况确定合适的方案。

（3）选用对周围环境干扰和影响最小的维修方案。维修过程中对建筑物结构及居民产生安全及噪声伤害和环境污染的方案，都应极力避免采用。

（4）在认真分析各方面的条件后，找出适合现场实际情况的维修方案。一般这些维修方案适用于进行调整、修改、修理或更换失效组件等内容中的一项或数项的综合行动。

5. 实施维修操作

（1）根据所定维修方案的要求，准备必要的配件、工具、材料等，做到质量好、数量足、供应及时。

（2）排除故障时，检查程序应按电控系统、油路系统、冷却水系统、制冷系统的先后顺序进行，以避免因故障交叉而发生维修返工的现象，节省维修时间，保证维修质量。

（3）正确运用制冷和机械维修等方面的知识进行操作，如压缩机的分解与装配、制冷系统的清洗与维护、电气控制系统设备及元器件的调试与维修、钎焊、电焊、机组试压、检漏、抽真空、除湿、制冷剂和润滑油的充注和排出等操作。

（4）要进行分析的零件必须排列整齐，做好标记，以便识别，防止丢失。

（5）重新装配或更换零部件时，应对零部件逐一进行性能检查，防止不合格的零件装入机组，造成返工损失。

6. 检查维修结果

（1）检查维修结果的目的在于，考察维修后的冷库系统是否已经恢复到故障发生前的技术性能。采取在不同工况条件下运转机组的方法，全面考核是否因经过修理给机组带来了新的问题，发现问题应立即予以纠正。

（2）对冷库系统进行必要的验收试验，应按照先气密性试验、后真空试验，先分项试验、后整机试验的原则进行。不允许用制冷机组本身的压缩机代替真空泵进行真空试验，以免损坏压缩机。

（3）除检查制冷机组的技术性能外，还要注意保护好机组整洁的外观和工作现场的清洁卫生。工作现场要打扫干净，擦掉溅出的油污，清除换下的零件和垃圾，最后清理工具和配件，不能将工具或配件遗忘在制冷机组内或工作现场。

（4）对由于操作人员失误造成故障的冷库系统，维修人员应与操作人员一起进行故障排除或修复。事后一起进行系统试运行检查，并讨论适合该系统特点的操作方法，改变不良操作习惯，避免同类故障再度发生。

二、双温冷库系统故障排查的主要内容

SX-CSC08A 双温冷库系统的故障排查，包括制冷系统的故障排查和电控系统的故障排查两个实训任务。

1. 双温冷库制冷系统的故障排查

选手按照图样及技术要求，正确使用专用工具、测量器具，在规定的时间内完成双温冷库制冷系统故障排查。

2. 双温冷库电控系统故障排查

选手按照图样及技术要求，正确使用专用工具、测量器具，在规定的时间内完成双温冷库电控系统故障排查。

总之，通过这些任务的训练考核，可以培养选手（学员）掌握双温冷库系统的维修技能。

任务二
双温冷库制冷系统故障排查

一、制冷系统故障的检查和分析方法

制冷系统在运行过程中，往往会因系统设计、制造、安装、调试、操作和保养不当，机械磨损及其他因素发生故障，致使制冷系统不能正常运转，甚至出现机器设备事故，直接关系到制冷系统的安全。因此，操作管理人员应认真查找事故原因，加以正确分析，并及时予以排除。

1. 制冷系统故障的检查方法

发生故障时制冷系统会有很多不正常的表现。若能尽早发现这些不正常的表现则可防止事故的扩大，便于判断故障的部位和性质，对分析故障的原因及排除故障有很大的帮助，检查故障的基本方法是“一听、二看、三摸、四测”。

“一听”：听压缩机、膨胀阀等设备在运行中声音是否正常。压缩机在通电后应发出均匀平稳的运行声，若通电后压缩机内发出“嗡嗡”声，说明是压缩机出现了机械故障，而不能启动运行等。

“二看”：看运行中高、低压压力值的大小、油压的大小；看压力控制器、温度控制器等的调定值的大小；看油位、液位的高低；看蒸发器、回气管和输液管上的结霜、凝露情况。

“三摸”：用手摸压缩机外壳，看其温升是否过高，以及振动情况；摸有关制冷设备（如冷凝器）及管道阀门的冷、热等，以判断制冷设备是否润滑良好，管道阀件是否畅通，制冷剂在各部位的温度是否符合正常工况。

“四测”：用各种测量仪表对制冷设备进行运行参数的测量，如测量温度、压力、工作电流和绝缘电阻等，以确定制冷系统是否正常运行。

通过“听、看、摸、测”对制冷系统的故障进行初步检查，判断制冷系统是否工作在正常状态，确定故障发生的位置。经过综合分析并根据实际情况进行调整和维修，及时排除故障，确保制冷系统经济、合理地运行。

2. 制冷系统故障的分析方法

运用制冷装置工作的有关理论，对故障现象进行分析、判断，找到产生故障的原因，并有的放矢地去排除。

（1）运行参数的分析方法

制冷系统的主要参数是进行制冷系统操作与调节、管理与分析的重要依据。正确掌握制冷系统运行过程各阶段的主要参数，可以保证机器设备安全运行，保持冷藏物品所要求的温度，合理配备机器设备，充分发挥设备的效率，并节约油、水等的消耗。

制冷系统的参数：蒸发压力与蒸发温度，冷凝压力与冷凝温度，过热度、过冷度，压缩机的吸气温度、排气温度，中间压力与中间温度等。

其中，蒸发压力与蒸发温度及冷凝压力与冷凝温度是主要的参数。

以吸气温度为例，压缩机的吸气温度，是检查蒸发器工作情况和回气管道隔热情况的标志之一。如果蒸发温度不变，吸气温度过高，说明回气过热，将使蒸气比容增加，压缩机排气量下降，制冷量减少，排气温度升高。

导致吸气温度过高的原因有：膨胀阀开启过小，系统中制冷剂的循环量不足，以及回气管道的隔热层性能不好或损坏等。

（2）运行声响的分析方法

活塞式制冷压缩机在正常运行时，除了进、排气阀片应发出上下起落的清晰声音外，气缸与活塞、活塞销、连杆轴承、安全块以及曲轴箱、联轴器等部分均不应有敲击声。

运行中的活塞式制冷压缩机，如果发出了与设备正常工作不同的其他声响，应及时认真地分析、处理，防患于未然，保证压缩机的安全，维护正常的运行。

（3）根据经验进行分析

根据经验对故障进行分析的方法，主要是指在制冷系统故障排除的工作实践中积累了知识和技能，并将这些知识和技能又重复用于新发生的故障排除的实践过程。

3. 氟利昂制冷系统中制冷剂“漏”与“堵”的故障分析

在氟利昂制冷系统中以“漏”与“堵”引起的故障最为普遍。

（1）“漏”

“漏”就是制冷剂的泄漏，特别是氟利昂制冷剂的渗透性很强，装置稍有不严密处，制冷剂就会泄漏。这一方面造成制冷剂的不足，使制冷量下降；另一方面在装置的低压部分往往会有空气渗入，从而引起高压升高，压缩机功耗增大，制冷量下降。因此，不仅在安装中要严格检查，而且平时在运行管理中也要勤检查，一旦发现有漏应及时排除。

（2）“堵”

“堵”最普遍的是脏堵和冰堵。冰堵多发生在膨胀阀上，这是由于制冷剂中含有水分，当制冷剂经过膨胀阀时，因节流降温，使水分析出并结成冰粒，部分或全部堵塞膨胀阀的阀孔。冰堵后，因制冷剂流量急剧减小，故使用期制冷量下降，蒸发器及回气管霜层融化，库温降不下来。

脏堵是由脏物引起的堵塞，多发生在干燥过滤器、膨胀阀进口滤网等处，有时在管路阀件上也会发生。脏堵因程度不同，又分半堵和全堵两种。半堵时制冷系统可勉强运转，全堵时制冷系统完全堵住，制冷剂不能循环，冷库系统失去制冷能力。

此外，在 –60 ℃以下的低温设备中，还会在膨胀阀阀孔上发生油堵。这是由于使用了凝固点过高的润滑油，当溶解于氟利昂制冷剂中的润滑油经过阀孔被节流后的低温部分析出，并呈糊状粘在阀孔上造成堵塞。

（3）制冷系统“漏”与“堵”的鉴别

制冷系统的“漏”和“堵”在制冷方面会造成同样的结果：制冷量不足或根本不制冷。在具体参数表现上就要加以区别：如温度、压力、运行电流、蒸发器上结露（或结霜）等，需要在实践中加以鉴别，找出真正的故障原因，并根据不同的情况加以处理。制冷系统“漏”与“堵”的鉴别见表 3–2–1。

表 3–2–1　　制冷系统“漏”与“堵”的鉴别

故障	制冷剂泄漏	全堵	半堵
部位	各部件喇叭口连接处、焊接口以及冷凝器、蒸发器等	干燥过滤器、膨胀阀、焊接处	干燥过滤器、膨胀阀、焊接处
高、低压侧出现的现象	泄漏处有油污	管路表面无油污	管路表面无油污
	制冷剂泄漏可用检漏仪测出	用检漏仪测试无反应	用检漏仪测试无反应
	蒸发器内制冷剂流动声中断或有微弱的流动声	蒸发器内完全没有制冷剂的流动声	蒸发器内制冷剂的流动声小
	平衡压力比正常平衡压力低	高、低压压力不平衡	高压达到正常平衡压力时间较长（停机 3 min 后）

续表

故障	制冷剂泄漏	全堵	半堵
其他现象	电流和功率正常（少量泄漏），随着泄漏量增加而减小	堵塞在冷凝器后面的部位时，电流减小，反之增加	电流、功率正常或随着半堵时间延长而有所减小
	一般压缩机声音正常，但泄漏量大的声音弱	压缩机声音比正常时小	压缩机声音与正常时相同
	排气管温度随着泄漏量的增加而降低	排气管温度不上升	排气管温度略低于正常，因半堵的部位不同而有所不同
	切断工艺管时，制冷剂气体放出少或无	堵塞后面的部位管路切断时几乎没有制冷剂气体放出	切断工艺管时有制冷剂气体放出

二、双温冷库制冷系统常见故障分析与排除方法

双温冷库制冷系统常见故障分析与排除方法见表 3–2–2。

表 3–2–2　　双温冷库制冷系统常见故障分析与排除方法

故障情况	主要原因	排除方法
冷冻库或冷藏库降温不正常	1. 冷冻库或冷藏库库门关闭不严，缝隙大、跑冷多 2. 蒸发排管结霜太厚 3. 压缩机的效率低 4. 膨胀阀的流量太大 5. 膨胀阀的流量太小 6. 系统内有空气，冷凝液过冷度小，制冷量下降 7. 干燥过滤器油污过多，影响流量 8. 制冷系统中制冷剂不足 9. 蒸发排管中积油过多 10. 热力膨胀阀感温包内制冷剂泄漏 11. 热力膨胀阀产生冰堵 12. 热力膨胀阀产生脏堵	1. 检修库门 2. 进行融霜 3. 检修压缩机 4. 调整膨胀阀，减少供液 5. 调整膨胀阀，适当加大供液 6. 排除系统内空气 7. 清洗干燥过滤器 8. 补充制冷剂 9. 进行放油并查明原因、修理 10. 检修感温包，充注制冷剂（查明原充注的制冷剂牌号）或更换膨胀阀 11. 更换干燥过滤器中吸湿剂 12. 清洗热力膨胀阀

续表

故障情况	主要原因	排除方法
高压侧压力高	1. 水冷式冷凝器冷却水量不足或风冷式冷凝器的冷却风量不足 2. 冷凝器表面水垢过厚或油污太厚造成散热困难 3. 制冷系统内有空气 4. 制冷剂充注过多 5. 排气管道中阀门发生故障，造成压力过高	1. 检查水阀是否全开，加大供水；或检查电动机电压、转速，传动带是否过松 2. 清洗水垢，刷洗油污，使冷凝器表面清洁干净 3. 排除系统内空气 4. 排出多余的制冷剂（制冷剂回收充注机回收） 5. 检查修理阀门
压缩机吸入压力偏高	1. 膨胀阀开启太大 2. 压缩机的吸气阀片漏	1. 关小膨胀阀 2. 检修研磨阀片，使阀板与阀片保持密封
压缩机吸入压力偏低	1. 膨胀阀开启过小 2. 装在液体管道中的过滤器有污物堵塞 3. 制冷系统中制冷剂不足 4. 有过多的润滑油和制冷剂混合在一起	1. 调大膨胀阀的开启度 2. 检查、清洗过滤器 3. 补充制冷剂 4. 检查油位计、油分离器的回油装置是否正常，如果油确实多应放出
压缩机的高压控制器动作频繁	1. 冷凝器冷却水供给量不足 2. 压缩机高压控制器的工作压力值设定得太低 3. 系统中加的制冷剂太多，减少了热交换面积，致使压力升高	1. 在水泵不停止工作时，检查水路是否有堵塞，如系阀门开启太小，可开大 2. 根据实际需要重新调定 3. 放出多余的制冷剂
压缩机的低压压力控制器动作频繁	1. 蒸发器管组表面霜层太厚 2. 压缩机排气阀有泄漏，当压缩机停机后，低压立刻上升 3. 膨胀阀感温包中的制冷剂泄漏，致使低压偏低 4. 低压压力控制器压力值设定得偏高	1. 清除蒸发器上的霜层 2. 停机检修，研磨排气阀片，必要时换新片 3. 检查更换膨胀阀 4. 根据冷冻库或冷藏库温度要求重新调定低压压力控制值
压缩机不停地运转	1. 压力控制器或温度控制器失灵或工作情况不佳 2. 压缩机的排气阀片或吸气阀片泄漏严重	1. 检修控制器，设定压力或温度参数值 2. 停机检修或更换阀片

续表

故障情况	主要原因	排除方法
压缩机运转时噪声太大	1. 压缩机机座底脚螺栓松动 2. 制冷剂中混入润滑油过多，发生液击 3. 压缩机发生湿行程 4. 活塞销或轴承等磨损严重，造成间隙大、松动 5. 管路振动	1. 紧固底脚螺栓 2. 检查曲轴箱油位，放出多余的润滑油 3. 关小供液阀，恢复正常运行 4. 停机检修，更换部件 5. 加固或增加管路支撑
压缩机发生液击	1. 热力膨胀阀失灵，开启度过大 2. 电磁阀失灵，停机后大量制冷剂进入蒸发器，再次启动时进入压缩机 3. 系统内充制冷剂量太多 4. 热力膨胀阀的感温包松动或未绑扎，致使热力膨胀阀开启度增大	1. 关闭供液阀，检修热力膨胀阀 2. 检修电磁阀 3. 放出多余的制冷剂（回收机回收） 4. 检查感温包的绑扎情况

三、双温冷库制冷系统常见故障排查

1. 概述

一般来说，可根据冷库系统运行中出现的异常现象，仪表、液位指示值的异常变化，分析制冷系统故障情况，结合实践经验，判断故障的原因，并有针对性地排除故障。

（1）制冷系统常见故障排查的工作流程（见图 3–2–1）

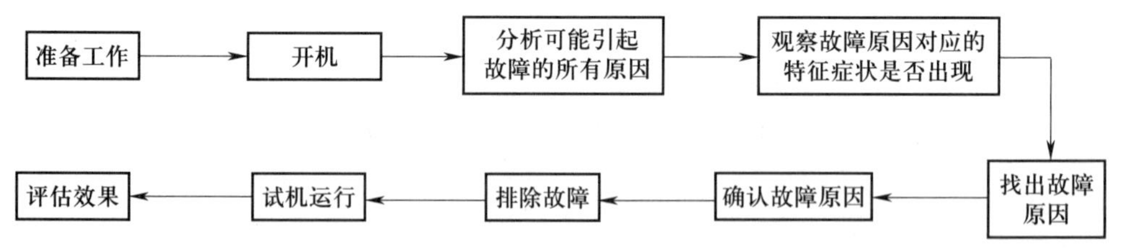

图 3–2–1　制冷系统常见故障排查的工作流程

（2）用于故障排查的双温冷库制冷系统

用于故障排查的双温冷库制冷系统图如图 3–2–2 所示。在制冷系统的干燥过滤器、电磁阀、热力膨胀阀等阀件的前后设置了截止阀，以便清洗和检修干燥过滤器、电磁阀、热力膨胀阀等阀件时，将这些阀件前后的截止阀关闭，也方便制冷系统故障的排查。

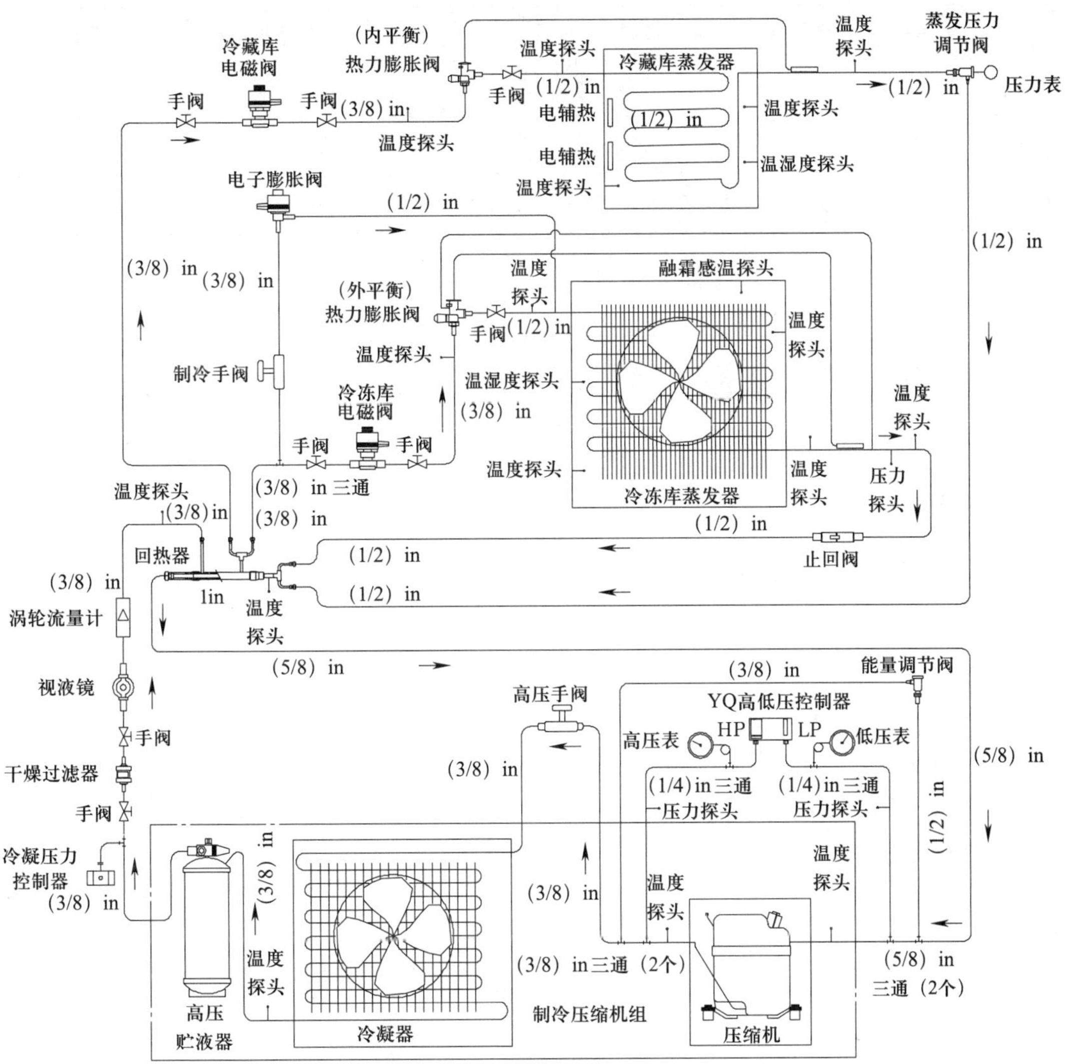

图 3-2-2　双温冷库制冷系统图

2. 设备、工具与材料准备

（1）选手准备（见表 3-2-3）

表 3-2-3　　选手准备

序号	名称	产地	规格与要求	单位	数量	备注
1	扩管器	国产	（1/4）~（3/4）in，英制	套	1	
2	弯管器	国产	（1/4）in，英制	把	1	
3	弯管器	国产	（3/8）in，英制	把		

续表

序号	名称	产地	规格与要求	单位	数量	备注
4	弯管器	国产	(1/2)in，英制	把		
5	弯管器	国产	(5/8)in，英制	把	1	
6	割管器	国产	(1/8)~(1¼)in，英制	把	1	
7	旋具	国产	3 mm × 75 mm、5 mm × 125 mm	套	1	十字旋具、一字旋具
8	尖嘴钳	国产	6 in，英制	把	1	
9	直角尺	国产	250 mm	把	1	
10	卷尺	国产	3 m	把	1	
11	钢直尺	国产	300 mm	把	1	
12	锉刀	国产	200 mm	把	1	
13	倒角器	国产	通用	把	1	
14	工作服	国产	通用	套	1	最好长袖
15	焊接手套	国产	通用	副	1	
16	滤光护目镜	国产	通用	副	1	黑色
17	9 件套内六角扳手	国产	9 Pcs，1.5 ~ 10 mm	套	1	
18	活扳手	国产	8 in(200 mm × 24 mm)、10 in(250 mm × 30 mm)，英制	套	1	表面镀铬
19	呆扳手	国产	8 ~ 10 mm、12 ~ 14 mm、13 ~ 15 mm、17 ~ 19 mm	套	1	
20	手电钻	国产	2 挡，0 ~ 20 N · m	把	1	可充电的
21	旋具	国产	25 支	套	1	X 形
22	钻头	国产	ϕ 1.0 ~ 10 mm，进位 0.5 mm，19 支装	套	1	
23	文具	国产	通用	套	1	签字笔、铅笔、橡皮等

（2）赛场准备（见表 3–2–4）

表 3–2–4　　赛场准备

序号	名称	产地	规格与要求	单位	数量	备注
1	双温冷库库体	国产	SX–CSC08A–01	台	1	已安装侧板
2	系统操作台	国产	SX–CSC08A–02	张	1	已安装面板
3	管钳工工作台	国产	SX–815Q–33	张	1	
4	干燥过滤器	国产	（3/8）in，外螺纹，英制	个	1	
5	视液镜	国产	（3/8）in，外螺纹，英制	个	1	含纳子
6	热力膨胀阀	丹麦	TN2	个	1	含感温包固定夹
7	外平衡膨胀阀	丹麦	TEN2	个	1	含感温包固定夹
8	电子膨胀阀	丹麦	EKD316+ETS6–14	套	1	含控制组件
9	膨胀阀阀芯	丹麦	N00	个	2	
10	电磁阀	国产	（3/8）in，外螺纹，AC 220 V，英制	个	2	
11	空调加液截止阀	国产	4 in，直管 ϕ 12.8 mm，配螺母，英制	个	4	
12	手提式焊炬	国产	容积 2 L，连续工作时间 3～5 h	套	1	
13	氮气减压阀	国产	YQD–06	套	1	
14	加液管	国产	5 m（黄色），（1/4）in，双英制	根	1	
15	加液球阀带转换接头	国产	（5/16）in（弯芯）×（5/16）in（外），英制	套	1	
16	针阀	国产	（1/4）in，英制	个	2	
17	铜管（软质）	国产	ϕ 9.52 mm × 0.8 mm［（3/8）in］，英制	m	1	
18	磁性控制器	国产	管径 18 mm	个	2	
19	电子检漏仪	国产	精度 5 g/ 年	套	1	
20	制冷剂回收充注机	国产	220 V，1PH（单相），5 A	台	1	
21	电子秤	国产	数显，220 V，量程≤ 50 kg，分辨率 2 g	台	1	
22	冷媒瓶带阀	国产	工作压力≤ 3 MPa	个	1	
23	制冷剂	国产	R134a，13.6 kg	瓶	1	5 台次 / 瓶

注：表中“数量”为 1 个工位的用量。

3. 训练步骤

以不制冷、库温降不下来及干燥过滤器故障排查等故障为例。

（1）双温冷库系统不制冷故障排查

1）阅读测试文档，做好准备工作。认真阅读测试文档，包括测试细节、内容、要求，测评标准及图样。

做好准备工作：选择合适的设备、材料、工具、测量器具；检查气焊设备、工具、测量器具等。制冷零部件的检查，对截止阀、干燥过滤器、电磁阀等阀门，应检查阀口密封螺纹有无损伤；检查热力膨胀阀是否完好，特别是感温包。

2）操作步骤

①开机。按开机程序启动制冷机。

②观察故障现象。接通电源后，制冷机能运转，但不制冷，吸、排气压力低，吸气压力低于表压 0 MPa 以下，以致压力控制器低压端经常跳开。以上现象多出现在干燥过滤器污物堵塞、电磁阀不动作、热力膨胀阀故障、制冷剂泄漏等情况下。

③检查方法。如发现排气压力很低，而且将贮液器出口管接头松开没有液态制冷剂喷出，则可认为制冷剂已泄漏；如依次将干燥过滤器进口松开有液态制冷剂喷出，但出口没有液态制冷剂则可认为干燥过滤器已被污物堵塞。电磁阀也可按照此法进行检查。热力膨胀阀只要松开进液口发现有液态制冷剂喷出，而制冷机运转时膨胀阀出口不冷、不结霜则可认为是膨胀阀堵塞或有故障。

④故障分析。制冷剂泄漏后造成系统内已无制冷剂或只有极少量制冷剂，不但不能制冷而且也不会有压力，干燥过滤器的堵塞、电磁阀的不开启、热力膨胀阀的故障或堵塞都会使制冷剂的液体不能进入蒸发器，使制冷剂不能进行循环，完全停留在高压侧，造成低压侧形成真空状态，所以也不能制冷。

⑤解决措施。如果制冷剂泄漏则应先将系统内制冷剂回收（全部泄漏除外），然后将系统内充入压力在 1.0 MPa 左右的氮气进行查漏，除用耳听漏气的声音外，还可使用肥皂沫（专用泡沫检漏液）在容易泄漏的管接头处、阀门盘根处查找；确定了泄漏点后，将氮气缓慢排放，并用专用工具、设备对泄漏处进行修理，一般来说，泄漏处都伴有油迹。泄漏部位修复后还应在系统内充入 1.0 MPa 压力的氮气，保持 1 h，观察表压不下降后，将氮气放掉，然后将系统内抽成真空，重新充入制冷剂。

如系干燥过滤器堵塞，可将干燥过滤器两端的闸阀关闭，拆下并打开干燥过滤器，将干燥剂倒出，用汽油将过滤网清洗干净，装入新的干燥剂，然后装入系统中，打开两端闸阀即可。或更换干燥过滤器。

对电磁阀也可将其两端的闸阀关闭，将电磁阀拆下，并将阀门解体，用汽油清洗干净，如发现有锈蚀或滞留污物，则应用砂布或砂纸打磨干净，装好后打开两端闸阀即可。安装时应注意箭头所指方向，不要装反，如发现电磁阀线圈烧毁或断路则应更换。

热力膨胀阀除过滤网堵塞时可将其进、出口两端闸阀关闭，拆下清洗外，如因感温包内制冷剂泄漏造成的系统堵塞，则必须更换热力膨胀阀。

排除故障时首先要切断电源，使制冷机停止运转，以免发生危险。

⑥试机运行。故障排除、确认具备开机条件后，按开机程序启动制冷机，进行运行调节，检测、记录各运行工况参数。恢复冷库系统制冷性能，并正确填写故障查排报告。

（2）库温降不下来故障排查

1）阅读测试文档，做好准备。认真阅读测试文档，包括测试细节、内容、要求，测评标准及图样。

做好准备工作：选择合适的设备、材料、工具、测量器具；检查气焊设备、工具、测量器具等。制冷零部件的检查，对截止阀、干燥过滤器、电磁阀等阀门，应检查阀口密封螺纹有无损伤；检查热力膨胀阀是否完好，特别是感温包。

2）操作步骤

①开机。按开机程序启动制冷机。

②观察故障现象。接通电源后，制冷机能运转，但制冷系统降温缓慢，达不到应有的降温效果（降温速度和低温），表现为吸、排气压力过高，或排气压力不高，而吸气压力高。以上现象多出现在热力膨胀阀流量过大或过小、风冷式冷凝器的冷却风量不足或水冷式冷凝器冷却水量不足、制冷系统内有空气、压缩机故障等情况下。

③检查方法。首先关闭吸气阀，将吸气管关死，观察吸气压力是否能下降到表压力 0 MPa 以下，最好能降到 –0.08 MPa 为好。这样即可证明不是压缩机的问题，可认为是热力膨胀阀流量过大或过小。热力膨胀阀流量的大小，可以根据吸气压力表所反映的蒸发压力变化并观察吸气管的结霜变化情况来进行判别。蒸发压力过高，白霜又结到吸气截止阀处，表示热力膨胀阀的流量过大。反之，蒸发压力过低，白霜结不到吸气管，则表示热力膨胀阀流量过小。但要注意，判断蒸发压力的高低，只有当制冷设备连续运转相当长的时间（至少 1 h 以上），其蒸发压力不变化或变化很小，而且冷冻库内的热负荷变化不大的情况下才是正确的。如果压力只停留在表压力 0 MPa 以上或 0 MPa 以下一点，则可认为压缩机故障。排气压力高，可观察风冷式冷凝器或水冷式冷凝器的气流通道或水路的畅通情况。除此之外，则可认为有空气混入系统中了。

④故障分析。热力膨胀阀的失调，流量过大是产生吸气压力过高的原因之一，由于流量过大使液态制冷剂在蒸发器内没有汽化成干蒸气即被压缩机吸入，使压缩机的吸气腔内有大量的湿蒸气，甚至液态制冷剂，促使吸气压力升高，由于制冷剂在蒸发器内没有得到

充分的汽化，所以温度也降不下来，造成库内不能降温或降温缓慢。

风冷式冷凝器灰尘过多，造成风路堵塞；风扇运转方向相反，使风量大大降低都会使冷凝器温升过高，因而造成排气压力过高；水冷式冷凝器的冷却水量减少，或冷凝器内水路结有水垢，不仅减少冷却水量，同时也减少了散热面积，造成排气压力高。总之，排气的压力过高会使压缩机由于负载大而使效率降低（即排气量降低），同时也造成吸气压力升高。

制冷系统内有空气是指在空气含量较少的情况下，由于空气在一般情况下不易冷凝成液体，因此，这一部分气态的空气占据了冷凝的大部分容积，使冷凝容积缩小，势必造成冷凝压力即排气压力升高，引起冷量不足，但其排气压力还未超过压力控制器的动作值。

另外，由于压缩机吸气过滤网的堵塞、阀片破裂、缸盖纸垫的隔筋击穿都会造成吸、排气量的减少，甚至不工作，也造成吸气压力过高，影响制冷效果。

⑤解决措施。属于热力膨胀阀流量过大，可调小流量。调节热力膨胀阀的过程是校验制冷机的主要过程，要在运转中仔细地边调节边观察，急于求成是调不好的。若一下子把热力膨胀阀孔调得过小，流量急剧下降，蒸发压力不降过多，反而会使降温速度减慢，甚至达不到规定的温度。热力膨胀阀每调节一次后之所以要等 20 min 左右的原因，是因为冷库内的热交换和热力膨胀阀温包处的过热度需要经过一定时间才能反映和动作。并将感温包与吸气管道卡紧并包扎保温管，如不行即应更换热力膨胀阀。

属于风冷式冷凝器风路灰尘堵塞可用洗衣粉水或洗洁净水刷洗后，再用自来水喷冲干净即可，但要注意不可将水喷入电器中以免造成事故。属于水冷式冷凝器的，要使水量充足，水温不过高。如发现积有水垢，可进行化学清洗。如果冷凝器没有问题，则属于系统内含有空气，应放空气，方法是切断电源，由排气阀的旁通孔接一根胶管至室外，旋开阀门打开旁通孔将空气放出，此时要附带放出一部分制冷剂，直放到压力正常为止。

如属于压缩机故障则应修理压缩机，清洗吸气过滤网，更换吸、排气阀片或阀板总成、更换缸盖纸垫。

⑥试机运行。故障排除、确认具备开机条件后，按开机程序启动制冷机，进行运行调节，检测、记录各运行工况参数。恢复冷库系统制冷性能，并正确填写故障排查报告。

（3）干燥过滤器的故障排查

1）阅读测试文档，做好准备工作。认真阅读测试文档，包括测试细节、内容、要求，测评标准及图样。

做好准备工作：选择合适的设备、材料、工具、测量器具。制冷零部件的检查，主要检查截止阀阀口密封螺纹有无损伤。准备一个干燥过滤器作为备件、电子检漏仪（或卤素灯）、专用泡沫检漏液和汽油等。

2）操作步骤

①开机。按开机程序启动制冷机。

②判断干燥过滤器是否有污物堵塞现象。系统运行 3~5 min 后，若干燥过滤器出现局部结霜现象，则说明有污物堵塞。干燥过滤器被污物堵塞后，含水量指示器中无液体流动或流动的液体中有气泡。

若含水量指示器中无液体流动或流动的液体中有气泡，而干燥过滤器无局部结霜现象，则是系统缺少制冷剂，不能误认为干燥过滤器被污物堵塞。

③判断干燥过滤器是否有冰堵现象。系统运行 5~10 min 后，若节流阀的结霜逐渐融化或节流阀无结霜现象，则可初步判定干燥过滤器有冰堵现象。

系统继续运行 5~10 min 后，若节流阀出现结霜或结露现象，则可判定干燥过滤器已经有冰堵现象。

根据含水量指示器中纸圈的颜色对照表即可知道制冷剂中含水量的多少，不易观察时应用手电筒照明，用棉纱擦净指示器玻璃镜。

④拆卸干燥过滤器。

停止制冷系统的运行。

关闭干燥过滤器前、后的截止阀。

左手握紧干燥过滤器，右手用活扳手松开两端的管接头。

将干燥过滤器从系统中取下。

⑤清洗过滤网。

将干燥过滤器分解。

将拆卸下来的过滤网放在容器内，用汽油浸泡几分钟。

用毛刷清洗过滤网，将过滤网上残存的汽油晾干。

拆卸和清洗过滤网时，不要对过滤网造成机械损伤。若过滤网有破损，应予更换。

⑥更换干燥剂。

将干燥剂从干燥过滤器中取出。

对取出的干燥剂进行感官检查。

合格的干燥剂为天蓝色，含水的干燥剂为乳白色，失效的干燥剂为粉色。

对含水或失效的干燥剂进行更换。

干燥剂极易吸收空气中的水分而失效，应密封保存。

⑦安装干燥过滤器。

将干燥过滤器的零件组装成干燥过滤器。

打开干燥过滤器前面的来液阀门，放出少量的制冷剂，以吹除系统内残存的机械杂质，防止干燥过滤器再次出现污物堵塞。

左手握紧干燥过滤器，右手用活扳手将干燥过滤器两端的管接头紧固好，把干燥过滤器安装到系统中。

吹除系统内残存的机械杂质时，截止阀应开大一些，时间短一些，一次吹除不净，可多吹除几次。

⑧检查干燥过滤器的密封性能。

打开干燥过滤器前、后的截止阀。

用卤素灯检查干燥过滤器的密封性。

无泄漏时卤素灯火焰不改变颜色，有微漏时火焰变为草绿色，稍大一些的泄漏火焰则为深绿色。

用专用泡沫检漏液确定泄漏的准确部位。

若卤素灯的火焰变成白色，则是氟利昂在高温下分解后产生的光气，光气有毒，所以应立即关闭卤素灯，这种现象表明干燥过滤器有较大的泄漏。

⑨干燥过滤器泄漏的处理。

对于干燥过滤器两端管接头的泄漏，可用活扳手进一步紧固。

若紧固无效，则应把干燥过滤器取下，对其两端的铜管用扩管器重新进行扩喇叭口。对于干燥过滤器压盖的泄漏，可用活扳手紧固压盖四周的螺栓。

若紧固螺栓无效，则应把干燥过滤器取下，更换压盖内的O形橡胶密封圈。

对泄漏部位处理后，检查处理部位的密封性能。

⑩整理考场。

将考场整理干净，做好善后工作。

四、测评标准

1. 操作过程评分标准（见表3-2-5）

表3-2-5　　操作过程评分标准

序号	考核内容	评分要素	评分标准	配分
1	开机前准备工作，开机	开机前准备工作：电气检查，连接仪表，按规程开机	操作规范，没有缺陷	5
2	确定故障点	运用正确的方法确定故障点	（1）操作规范，没有缺陷 （2）故障点判定正确	10

续表

序号	考核内容	评分要素	评分标准	配分
3	回收制冷剂	按照规定运用正确的方法回收制冷剂	（1）操作规范，没有缺陷 （2）制冷剂应回收完全，不允许将制冷剂排放至大气中	10
4	故障排除	按照正确的方法排除故障点	（1）操作规范，没有缺陷 （2）排除故障点 （3）不增加故障 （4）正确检漏、抽真空、充注制冷剂	20
5	系统调试	正确调试系统	（1）操作规范，没有缺陷 （2）能正确对系统进行调试，并记录数据	20
6	安全文明操作	遵守安全操作规范与文明工作守则	（1）人员、设备、工具处于安全状态 （2）焊接操作时必须穿戴合适的劳动防护服装、鞋、滤光护目镜、焊接手套 （3）没有领取过多的铜管或阀件，以最省的材料用量完成故障排除 （4）操作完成后的整理工作应符合有关规定	10

2. 操作结果评分标准（见表 3-2-6）

表 3-2-6　　操作结果评分标准

序号	考核内容	评分要素	评分标准	配分
1	确定故障点	运用正确的方法确定故障点	在维修表或制冷系统原理图中正确写出（或标出）故障点	10
2	回收制冷剂	运用正确的方法回收制冷剂	正确写出所回收制冷剂的型号和质量	5
3	系统调试	正确调试系统	（1）恢复冷库系统制冷性能 （2）准确记录各运行工况参数	5
4	故障排查全过程	正确填写故障排查报告	报告全面、清晰、正确	5

任务三
双温冷库电控系统故障排查

一、电控系统故障分析与排除

制冷装置的故障主要分两类：一类是由于制冷系统的故障而引起的；另一类是由于电气元件损坏、失灵和调试不当而造成的电控系统故障。下面主要介绍及分析第二类电控系统故障。

引起电控系统故障的原因一般有两个方面：一个是系统运行外界环境条件通过系统内部反映出来的故障，另一个是系统内部自身产生的故障。由外界环境条件引起故障的因素主要有工作电源电压异常、环境温度变化、电磁干扰、机械的冲击和振动等；由内部引起故障的因素有现场硬件（如控制器、接触器、PLC、传感器、电磁阀）的故障，及器件的接触不良、松动、线路连接的断路和短路等。

查找系统故障常常先从外部环境条件着手，首先检查工作电源是否正常等，然后再检查系统内部产生的故障。基本思路是整机电路分析，先区分是主电路还是控制电路，找关键点进行测量，遵循先强电后弱电，先易后难等思路入手，逐一分析，逐一排除，最终查找到故障位置及达到排除故障的目的。

1. 电控系统故障排查步骤（见图 3-3-1）

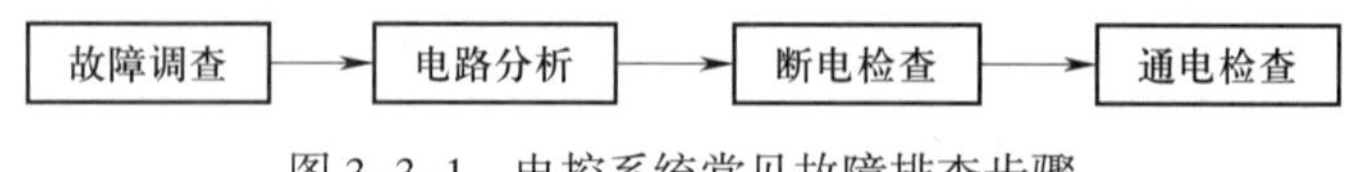

图 3-3-1　电控系统常见故障排查步骤

（1）故障调查

故障调查可归纳为“一问，二看，三听，四摸”。

“一问”：对于有故障的电气设备，不应急于动手，将所有电路模块进行拆卸，应先询问设备操作人员产生故障的前后经过及故障现象。对于生疏的设备，还应先熟悉电路原理和结构特点，遵守相应规则。询问设备操作人员，故障发生前后的情况如何，有利于根据电气设备的工作原理来判断发生故障的部位，分析出故障的原因。

“二看”：在设备未通电时，判断电气设备按钮、接触器、热继电器以及熔丝的好坏，从而判定故障所在。观察熔断器内的熔断体是否熔断；其他电器元件是否烧毁、发热、断线，或导线连接螺钉是否松动；触点是否氧化、积尘等。

“三听”：听电动机、变压器、接触器等工作时发出的声音，正常运行的声音和发生故障时的声音是有区别的，听声音是否正常，可以帮助查找故障的范围、部位。通电试验，听其声、测参数、判断故障，最后进行维修。如在电动机断相时，若测量三相电压值无法判别时，就应该听其声，单独测量每相对地电压，方可判断哪一相缺损。

“四摸”：电动机、电磁线圈、变压器等发生故障时，温度会显著上升，可切断电源后用手去触摸，判断其是否正常。

（2）电路分析

根据调查结果，参考该电气设备的电气原理图进行分析，初步判断故障产生的部位，然后逐步缩小故障范围直至找到故障点并加以消除。

（3）断电检查

检查前先断开电路总电源，然后根据故障可能产生的部位，逐步找出故障点。检查时应先检查电源线进线处有无碰伤而引起的电源接地、短路等现象，螺旋式熔断器的熔断指示器是否跳出，热继电器、空气漏电开关是否动作，然后检查电气外部有无损坏，连接导线有无断路、松动，绝缘有无过热或烧焦。

（4）通电检查

做断电检查仍未能找到故障时，可对电气设备做通电检查。

通电检查的顺序：先检查控制电路，后检查主电路；合上开关，观察各电器元件是否按要求动作，有无冒火、冒烟、熔断器熔断的现象，直至查到发生故障的部位。

2. 电控系统故障的排查方法

电控系统故障的排查方法较多，常用的有电阻测量法、电压测量法、电流测量法以及对比、置换元件法等。

（1）电阻测量法

电阻测量法是指利用万用表测量电气线路上某两点间的电阻值来判断故障点的范围或故障元件的方法，通常是指利用万用表的电阻挡，测量电动机、线路、触头等是否符合使用标称值以及是否通断的一种方法，或用绝缘电阻表测量相与相、相与地之间的绝缘电阻等。

电阻测量法如图 3–3–2 所示。如按下启动按钮 SB2，PLC 输出端子 1 有输出（参见图 1–4–1），但压缩机接触器 KM2 不吸合，压缩机不能正常启动，则说明该电气回路有断路故障。用万用表的电阻挡检测前应先断开电源，然后想办法短接 KA1 两触点，先测量 11—A2

两点间的电阻值，如电阻值为无穷大，则说明 11—A2 两点间的电路有断路。然后分别测量 11—A2 各点间电阻值。若电路正常，则该两点之间的电阻值为“0”；当测量到某标号间的电阻值为无穷大时，则说明表笔刚跨过的触点或连接导线断路。

电阻测量法应注意以下三点：

1）用电阻测量法检查故障时一定要断开电源。

2）如被测的电路与其他电路并联时，必须将该电路与其他电路断开，否则所测得的电阻值是不准确的。

3）测量高电阻的电器元件时，把万用表的选择开关旋转至适合的电阻挡。

（2）电压测量法

电压测量法是指利用万用表测量电气线路上某两点的电压值来判断故障点的范围或故障元件的方法。通常测量时，有时测量电源、负载的电压，有时也测量开路电压，以判断线路是否正常。具体可分为分阶测量法、分段测量法和点测法。

电压分段测量法。电压分段测量法如图 3–3–3 所示。检查时，首先用万用表测试 2、A2 两点，电压值为 220 V，说明电源电压正常。电压分段测试法是用红、黑两笔分别逐段测量相邻两标号点 2—1、1—4、4—A2 间的电压值。如电路正常，按启动按钮 SB1 后，除 4—A2 两点间的电压值等于 220 V 外，其他任何相邻两点间的电压值均为零。如按下启动按钮 SB1，接触器 KM1 不吸合，则说明发生断路故障，此时可用电压表逐段测试各相邻两点间的电压值。如测量到某相邻两点间的电压值为 220 V，说明这两点间所包含的触点、连接导线接触不良或有断路故障。如标号 1—4 两点间的电压值为 220 V，说明接触器 KM1 的常闭触点接触不良。

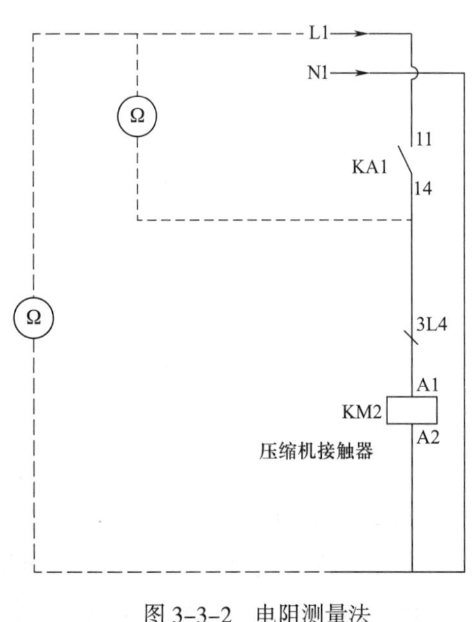

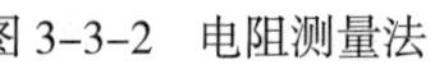
图 3–3–2　电阻测量法

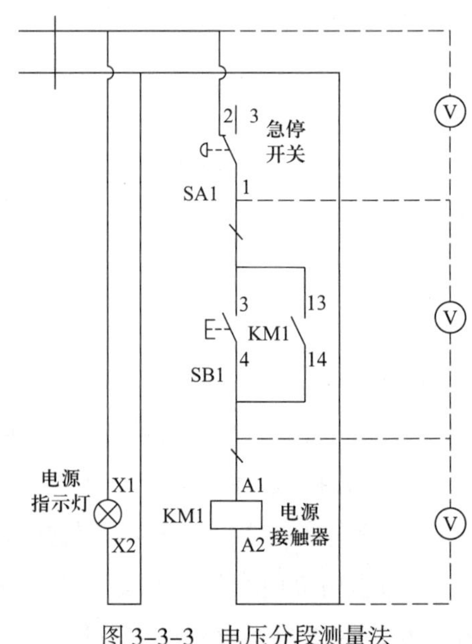

图 3–3–3　电压分段测量法

（3）电流测量法

电流测量法是指通过测量线路中的电流是否符合正常值，以判断故障原因的一种方法。常采用钳形电流表检测启动电流和运行电流，以判断设备运行是否正常。

（4）对比、置换元件法

对比法：把检测数据与图样资料及平时记录的正常参数相比较来判断故障。

置换元件法：某些电路的故障原因不易确定或检查时间过长时，为了保证电气设备的利用率，可置换同样性能良好的元器件试验，以证实故障是否由此元器件引起。

（5）智能自诊断分析法

智能自诊断分析法是指采用系统指示灯或代码，对故障进行分析与查找的方法。随着制冷与空调电控系统越来越复杂，自动化程度越来越高，查找故障相对困难了，维修工作量也比较大，所以现在很多制冷装置，如家用空调器、中央空调、冷库等，都自带自诊断功能，方便维修技术人员进行查找分析，提高维修效率。

（6）原理分析法

根据控制系统的组成原理图，通过追踪与故障相关联的信号，进行分析判断，找出故障点，并查出故障原因。

3. 常见故障分析与排除

（1）热继电器常见故障与排除

热继电器常见故障有触点不通引起电动机不能启动、电动机过载时触点不动作、电动机负载正常时触点误动作等。

1）触点不通引起电动机不能启动的故障。该故障原因一般为触点烧坏、双金属片变形和动作机构被卡住等。继电器触点烧坏时可用细砂纸将触点磨光；双金属片变形时应更换双金属片；动作机构被卡时应清洗并调整其动作机构；若故障严重，采用上述方法无法修复时，应更换热继电器。

2）电动机过载时触点不动作的故障。该故障一般是由于设定值太大等引起的，应调小设定电流值，清理干净触点表面污垢。

3）电动机正常时触点误动作的故障。该故障原因有设定值太小，未过载就动作；电动机启动时间太长造成继电器在启动时脱扣或启动过于频繁，电加热器多次受到大冲击电流的作用。应调大设定电流值，或更换合适的热继电器。

（2）交流接触器常见故障与排除

1）通电后接触器不能吸合的故障。检查电磁线圈，用万用表测量线圈两端，如电阻值为零则为短路，如电阻值为无穷大则为断路，均需更换。如触点动作失灵或被其他部件卡住，则应仔细调整，消除障碍物。如衔铁被卡住不能起落，也应及时拆下修理。

2）断电后接触器不能断开的故障。接触器触点粘连，应仔细检查，排除粘连故障，修理或更换触点；接触器铁芯表面有尘埃，应清理铁芯表面，使其平整，但不要过于光滑，防止造成延时释放；接触器机械部分被卡住，应排除卡住现象；复位弹簧的反作用力过小，应调整或更换弹簧。

3）运行中发生振动或噪声过大。产生的原因有许多，其中动、静铁芯端面接触不良时，要设法整修；触头氧化、不平、毛刺，要用细砂纸和锉刀进行整修；如触点烧损，可更换新的触点，并要检查造成烧损的原因；弹簧反作用力过大造成的振动和噪声，应更换合适的弹簧。

4）接触器动作迟缓。当线圈电压不足时，应调整线圈电压；当复位弹簧的反作用力过大时，应更换合适的弹簧；当动、静铁芯的间隙过大时，可将间隙调小。

5）触点工作时打火。当铁芯吸合出现振动时，可调整线圈电压使其正常工作；当短路环损坏时，应更换新的；由于操作次数频繁，触点变形造成接触不良或接触力不足时，应将烧坏的触点用细砂纸磨平，调整或更换弹簧并重新调整触点间隙。

6）触点严重发热。当负载电流过大时，要找出过载原因并采取措施；当触点有氧化物或严重烧损，造成接触面缩小，接触不良，用锉刀或砂纸整修。

（3）压力控制器常见故障与排除

压力控制器工作时，触点常跳开，主要是由于制冷系统中高压过高或低压过低所致。造成高压过高或低压过低的原因，是由制冷系统内部和外部因素引起的。

1）设定压力变动。原因主要有弹簧变形，波纹管漏气或连接小管破裂，以及微动开关移位等。这可用调整或更换弹簧、检漏修理以及调整开关位置等方法来排除。

2）高、低压压力正常，控制器不通。原因有高、低压控制端动作后，没有按手动复位开关，当压力恢复正常时，触点不能自动复位，可按下复位开关，使触点复位；控制器触点严重烧坏，可用细砂纸打磨触点，若触点损坏过于严重，无法修复时，应更换新触点；高、低压传动杆被卡，应查出被卡原因，并加以排除；低压气腔漏气，此时气腔内的压力减小，传动杆下移，触点跳开，同时制冷系统将出现制冷剂泄漏现象，应找出泄漏点，并加以补焊，或更换新的压力控制器；弹簧压力调整不当，应重新调整弹簧的压力；高低压开关引出线脱焊，可拆开控制器，找出断线部位，并重新接好。

3）高低压超出正常范围，控制器不能动作。原因有，高低压控制触点粘连、弹簧压力调整不当及传动杆被卡，处理时，可参照上述方法修复，还有可能是由于高压端气腔漏气，此时气腔内的压力减小，不能推动传动杆上移顶开触点，同时系统中制冷剂也会泄漏，应找出漏点加以补焊或更换。

（4）油压差控制器常见故障与排除

其故障主要是因调节弹簧失灵、电气短路不通、压差刻度不准和延时机构失灵等所致。处理方法是调整或更换部件。

（5）电磁阀常见故障与排除

电磁阀在工作中发生故障和损坏，与安装的正确与否，使用条件是否符合要求等有很大关系，另外在修理或试验时长时间的通电、频繁的启闭等也会造成损坏，应引起足够的重视。

1）通电后电磁阀不能动作。用万用表测量供电电压是否符合要求，电磁阀的工作电压不能低于铭牌规定电压的 85%，如电磁阀铭牌规定线圈工作电压：交流电压为 36、220 或 380 V。如果低于 85% 必须调整电压使电压达到规定标准；用万用表测量线圈是否断路或短路，如果是，则需更换新阀。

2）阀芯被卡死或锈死，关闭不严。电磁阀阀芯被油污卡死的主要原因是电磁阀前装的干燥过滤器内的过滤网破裂，致使干燥剂和脏物进入电磁阀后与冷冻机油混合成糊状油污。

（6）温控器常见故障与排除

1）感温包式温控器故障。主要故障有感温包安装位置不适当，感温包及感温导管漏气以及微动开关受潮或被腐蚀，动作不灵敏等。处理方法是正确安装、检漏修复、检修开关等。

2）电接点水银温度表故障。主要有电子继电器损坏；玻璃棒破裂；控制电流超过电接点温度表的额定电流而引起的触点烧蚀；或被控制介质温度过高，超过温度表最高刻度线，致使水银柱中断等所致。处理方法是更换部件、检修触点、修复水银柱等。

（7）单相压缩机电动机常见故障与排除

小型制冷设备压缩机电动机多为单相电动机，电动机定子中有启动绕组和运行绕组。一般情况下，启动绕组线径细，匝数多，直流电阻较大；而运行绕组线圈的线径粗，匝数少，直流电阻小。单相压缩机的机壳上有 3 个接线柱，上面分别标有 R（注：有的标“M”）、S、C 字母，如图 3-3-4 所示。R 表示运行端子，S 表示启动端子，C 表示公共端。用万用表低电阻挡对 3 个接线柱分别测量两两端子之间的电阻值，得到 3 个电阻值，其中一个最大值应等于其余两个阻值之和，测得最大电阻值时，所对应的另一个接线端子即为 C 公共端。然后以公共端为基准，分别测量另外两个端子，一般来说，电阻值小的为运行端子（R），电阻值大的为启动端子（S）。

检查压缩机电动机首先应测量绕组的电阻值，根据测量结果分析线圈正常与否，再进行下一步的维修工作。压缩机绕组常见故障有短路、断路及绕组碰壳接地等故障。压缩机电动机绕组短路与断路的检查，可以用万用表，如压缩机电阻值为无穷大，则为绕组断路；

如绕组电阻值低于正常值或为零时，则为绕组短路。绕组的对地电阻可用绝缘电阻表测量，正常时对地电阻应大于 2 MΩ。

当绕组出现短路或断路故障后，必须打开压缩机密封壳，修复电动机绕组或者更换压缩机。

（8）三相压缩机电动机常见故障与排除

三相压缩机电动机的检修与单相压缩机电动机相同，应先测量绕组阻值，根据测量结果分析绕组正常与否，三相压缩机电动机机壳上一般有 3 个接线柱，上面分别标有 U、V、W 字母，如图 3–3–4 所示，检测时，一般可用万用表低电阻挡测量，正常时三相压缩机电动机线圈之间的电阻值应基本相同。对功率较大的电动机，直流电阻很小，可用电桥进行测量。

三相压缩机电动机启动故障主要是断相、断线、熔丝熔断、控制器失灵等原因所致。

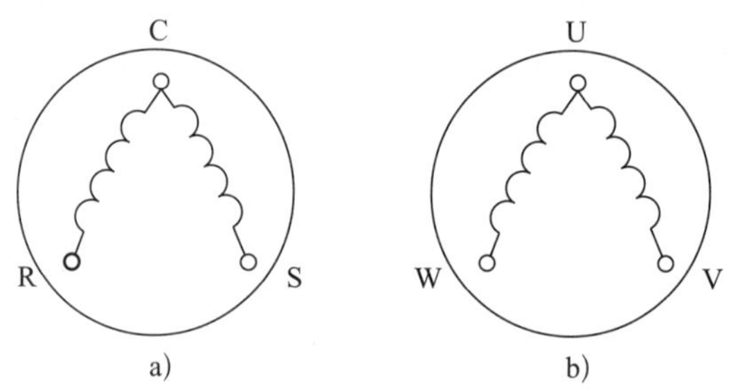

图 3–3–4　压缩机电动机绕组

a）单相压缩机电动机　b）三相压缩机电动机

（9）温度传感器常见故障

温度传感器的常见故障是接触不良、断路，以及阻值变化使其反映的温度值与真实值有差异等原因所致。

（10）电子膨胀阀常见故障与排除

1）电子膨胀阀常见故障

①电子膨胀阀线圈引线断开或者接插件松脱。

②电子膨胀阀线圈部分损坏，电阻异常，导致调节失效。

③电子膨胀阀阀体被杂质卡住，不能正常转动。

④电子膨胀阀控制器故障，输出错误。

2）电子膨胀阀常见故障排查与处理。电子膨胀阀故障排查与处理分两步进行，首先对电子膨胀阀线圈的故障进行排查，在确认线圈部分正常后，再进行阀体的故障分析与处理。

二、PLC 故障分析与排除

如果设计一个 PLC 控制系统时，需要对所选用型号的 PLC 的硬件和编程语言有深入的了解。但作为已经安装好的 PLC 控制系统的管理使用者，通常很少编写和修改用户程序，其重点是维护其性能良好以及在发生故障时能快速地判断出故障位置，进行修理恢复。

传统的继电接触器控制系统，其功能是靠硬件来实现，而 PLC 控制系统作为微型计算机控制系统的一个类别，其功能则是由硬件和软件共同实现的，因此，PLC 控制系统的工作原理和故障排除方法与传统的继电接触器控制系统有所不同（主电路基本相同），对 PLC 控制系统进行排查与维修，只靠控制系统的硬件电气原理图对系统进行分析，是无法解决问题的。

1. PLC 控制系统故障分类

（1）外部设备故障

外部设备就是与实际过程直接联系的各种按钮开关、传感器（温度传感器）、执行机构（电磁阀）、负载（继电器）等。这部分设备发生故障，直接影响系统的控制功能，这类故障约占控制系统总故障的 95%。

（2）系统故障

系统故障是指影响系统运行的全局性故障。系统故障可分为固定性故障和偶然性故障。如果系统发生故障后，可通过重新启动使系统恢复正常，则可认为是偶然性故障（又称可自动恢复故障）；若重新启动后系统不能恢复而需要更换硬件或软件，系统才能恢复正常，则可认为是固定性故障（又称为不可自动恢复故障），这种故障一般是由于系统设计不当或系统运行年限较长所致。

（3）硬件故障

硬件故障主要是指系统中模块（特别是 I/O 模块）损毁而造成的故障，这类故障一般比较明显，且影响多数情况下是局部的，它们主要是由于使用不当或使用的时间较长，模块内元件老化所致。

（4）软件故障

软件故障是指由软件本身所包含的错误引起的，主要是由于软件设计考虑不周，在执行中一旦条件满足就会引发，在实际工程应用中，由于软件开发工作复杂，工作量大，因此，软件错误几乎难以避免，这就提出了软件可靠性问题。

以上故障分类尚不全面，但 PLC 系统绝大部分故障属于上述四种。根据以上分类，可以帮助维修人员分析和找出故障发生的部位和产生的原因。

2. PLC 控制系统的故障诊断步骤

（1）首先判断是否为操作、使用不当引起的故障，这类故障根据使用情况可初步判断出故障类型、发生部位。常见的使用不当包括供电电源错误、端子接线错误、模块安装错误、现场操作错误等。

（2）如果不是操作、使用不当引起的故障，则可能是偶然性故障或系统运行时间较长所引发的故障。对于这类故障可按 PLC 系统的故障分布依次检查。首先检查与实际过程相连接的传感器、检测开关、执行机构、智能模块和负载是否有故障，然后检查 PLC 的 I/O 模块是否有故障；最后检查 PLC 的 CPU 是否有故障。按此方法如果能找到故障并排除，则不必再检查下去。

在检查 PLC 本身故障时，可参考 PLC 的 CUP 模块和电源模块上的指示灯。如对于三菱的 PLC，具体做法如下：CPU 处于 STOP 方式，红色指示灯亮，则故障可能发生在 CPU 模块、扩展模块或由于外部通信连接不好所致；CPU 处于 RUN 方式，绿色指示灯亮，操作出现故障，则可能是应用软件故障或是 I/O 模块故障；如电源模块的电源指示灯不亮，则应检查此模块。

3. 故障判断的一般原则和技巧

PLC 控制系统的功能是自动地根据生产过程的状态和控制指令对执行机构发出控制信号，对被控制对象进行控制。在 PLC 控制系统中，各种物理量（生产过程的状态和执行机构的动作等）都是以电气信号的形式输入 / 输出到 PLC，由 PLC 中预先输入的用户程序进行处理，当系统的功能不符合规定时，则往往是系统出现了故障。

在进行故障查找时，一般先看电源是否正常。如果电源正常，再看故障的影响范围，是整个系统（包括 PLC 设备的显示信息和被控制的设备）都瘫痪，还是局部的故障（此时，PLC 模块的 RUN LED 仍然亮，PLC 设备基本没有问题）。如果是局部，则使用提供的技术资料图样找到该项出问题的功能所涉及的外部逻辑条件及其所对应的 I/O 通道和具体设备，进行检查测量。下面介绍一些故障排查的一般原则和技巧。

（1）在进行故障判断前要熟悉系统的结构、工作原理、功能和操作规程，熟悉各按钮开关的用途，显示灯的含义，熟悉各种操作方式之间的转换方法和相互关系，系统运行的条件和结果，仔细阅读说明书。有实践经验的维修人员，也可以通过烧焦的元件或气味，或先检查易损部件，迅速找到故障部件。

（2）检查 PLC I/O 信号状态。S7-1200 提供了多种诊断方法，例如，读取 CPU 及模块的状态 LED，这种方法最直观；读取 CPU 及模块的诊断缓冲区，需要博途软件能够与 PLC 建立通信；通过 OB 组织块[①]或诊断指令获得诊断信息。

① OB 组织块：操作系统和用户程序之间的接口。

读取 CPU 以及模块的状态 LED，CPU 状态指示灯。CPU 提供以下状态指示灯（见图 3–3–5）：

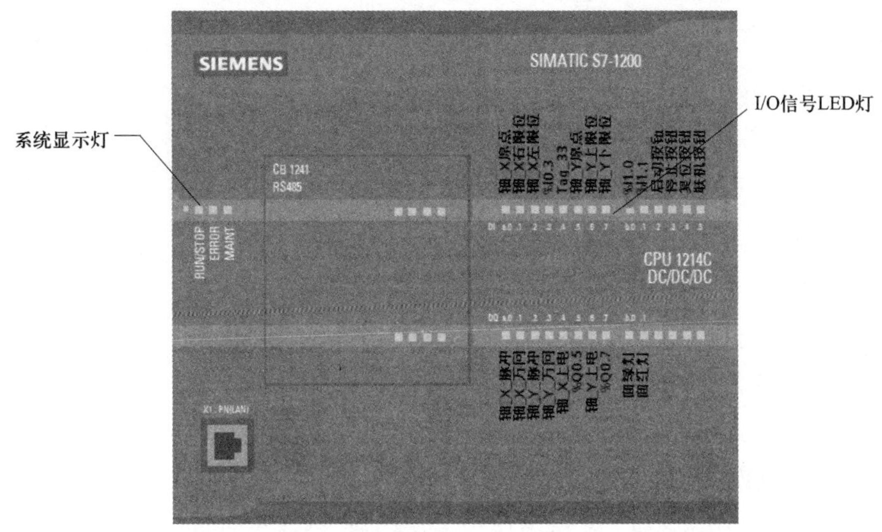

图 3–3–5 PLC 面板

1）STOP/RUN（停止 / 运行）

①黄色常亮指示 STOP（停止）模式。

②纯绿色指示 RUN（运行）模式。

③闪烁（绿色和黄色交替）指示 CPU 处于 STARTUP（启动）模式。

2）ERROR（出错）

①红色闪烁指示有错误，例如，CPU 内部错误，存储卡错误或组态错误（模块不匹配）。

②故障状态

纯红色指示硬件出现故障。

如果组件中检测到故障，则所有 LED 闪烁。

3）MAINT（维护）。在每次插入存储卡时该指示灯闪烁。然后 CPU 切换到 STOP 模式。在 CPU 切换到 STOP 模式后，执行以下操作之一以启动存储卡评估。

①将 CPU 切换到 RUN 模式。

②执行存储器复位（MRES）。

③ CPU 循环上电。

4）PROFINET LED

CPU 还提供了两个可指示 PROFINET（新一代基于工业以太网技术的自动化总线标准）

通信状态的 LED。打开底部端子块的盖子可以看到 PROFINET LED。

①Link（绿色）点亮指示连接成功。

②Rx/Tx（黄色）点亮指示传输活动。

5）CPU 和各数字量信号模块（SM）为每个数字量输入和输出提供了 I/O Channel LED。

①I/O Channel。

（绿色）通过点亮或熄灭来指示各输入或输出的状态。

②SM 上的状态 LED。

各数字量 SM 还提供了指示模块状态的 DIAG LED：

a. 绿色指示模块处于运行状态。

b. 红色指示模块有故障或处于非运行状态。

6）各模拟量 SM 为各路模拟量输入和输出提供了 I/O Channel LED。

①绿色指示通道已组态且处于激活状态。

②红色指示个别模拟量输入或输出处于错误状态。

此外，各模拟量 SM 还提供有指示模块状态的 DIAG LED（诊断发光二极管）：

绿色指示模块处于运行状态。

红色指示模块有故障或处于非运行状态。

SM 可检测模块的通、断电情况。

（3）检查 PLC 在线程序的线圈、触点的状态。打开软件，进入 PLC 程序监测状态，根据逻辑功能，外围输入、输出的状况，逐一检查 PLC 在线程序的线圈、触点的状态，与实际逻辑是否相符，从而判断、查找故障点。

三、双温冷库电控系统故障分析与排查

1. 主电路分析

由图 3–3–6 可知，主电路中共有 3 台电动机和一个融霜加热器，其中 M1 为制冷压缩机电动机，M2 为冷凝器风机电动机，M3 为蒸发器风机电动机。

（1）制冷压缩机电动机 M1 由接触器 KM2 控制，KM2 由 KA1 来控制，KA1 接到 PLC 输出 I/O 端 Q0.1 端子上（见图 1–4–1），最终由 PLC 程序控制。

（2）冷凝器风机电动机 M2 由 KA5 控制，KA5 接到 PLC 输出 I/O 端 Q0.5 端子上（见图 1–4–1），由 PLC 程序控制。

（3）蒸发器风机电动机 M3 由 KA6 控制，KA6 接到 PLC 输出 I/O 端 Q1.0 端子上（见图 1–4–1），由 PLC 程序控制。

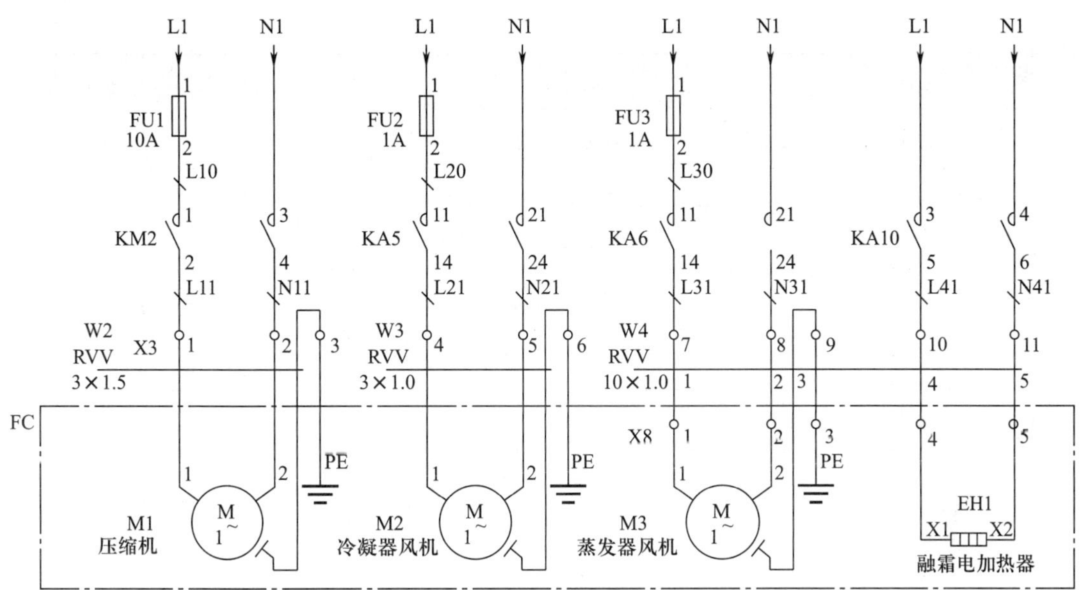

图 3–3–6　双温冷库控制电路主电路图

（4）融霜加热器 EH1 由 KA10 控制，KA10 接到 PLC 输出 I/O 端 Q1.4 端子上（见图 1–4–1），由 PLC 程序控制。

2. 控制电路分析

控制电路主要由 PLC 控制器、智能仪表、按键开关和继电器等组成，如图 1–4–1 所示，由于控制电器较多，下面以启动压缩机为例分析启动电路。

按下 SB2（系统运行按钮）→ PLC 输入检测→ PLC 程序运算（假设库温大于设定温度）→ PLC Q0.2 输出→继电器 KA2 线圈得电→继电器 KA2 触点闭合→冷冻库电磁阀 YV1 打开→ PLC Q0.1 输出→继电器 KA1 线圈得电→继电器 KA1 触点闭合→压缩机控制接触器 KM2 线圈得电→接触器 KM2 主触点闭合→压缩机启动制冷（注：根据制冷工艺要求，压缩机工作同时冷凝器风机须同步启动，冷凝器风机启动，同理由程序来控制）。

3. 设备、工具、测量器具及材料准备

（1）选手准备（见表 3–3–1）

表 3–3–1　选手准备

序号	名称	产地	规格与要求	单位	数量	备注
1	电工刀	国产	通用	把	1	
2	手电钻	国产	2 挡，0~20 N · m	把	1	
3	钳形电流表	国产	直流、交流电压≤ 600 V，交流电流≤ 200 A，电阻≤ 20 kΩ	个	1	

续表

序号	名称	产地	规格与要求	单位	数量	备注
4	数字万用表	国产	含表笔、K 型热电偶	套	1	
5	数字绝缘电阻表	国产	数显，量程 500 kΩ ~ 5 GΩ，测量输出电压必须大于 250 V	个	1	
6	试电笔	国产	非接触式报警	支	1	
7	多功能插座	国产	3 m（电流≤ 10 A，功率≤ 2.5 kW）	个	1	
8	旋具	国产	25 支	把	1	X 形
9	钻头	国产	ϕ 1.0 ~ 10 mm，进位 0.5 mm，19 支装	把	1	
10	尖嘴钳	国产	6 in，英制	把	1	
11	钢丝钳	国产	6 in（不带花腮孔），英制	把	1	
12	斜嘴钳	国产	6 in，英制	把	1	
13	绝缘端子压线钳	国产	0.5 ~ 6 mm^2	把	1	
14	剥线钳	国产	B 型，0.5 ~ 3.2 mm^2	把	1	
15	线针压线钳	国产	0.5、0.75、1.0、1.5、2.5、4.0、6.0 mm^2	把	1	
16	旋具	国产	3 mm × 75 mm、5 mm × 125 mm	套	1	十字旋具、一字旋具
17	呆扳手	国产	8 ~ 10 mm、12 ~ 14 mm、13 ~ 15 mm、17 ~ 19 mm	套	1	镜面双开
18	活扳手	国产	8 in（200 mm × 24 mm）、10 in（250 mm × 30 mm），英制	套	1	表面镀铬
19	9 件套内六角扳手	国产	9 Pcs，1.5 ~ 10 mm	套	1	
20	直角尺	国产	250 mm	把	1	
21	卷尺	国产	3 m	把	1	
22	钢直尺	国产	300 mm	把	1	

续表

序号	名称	产地	规格与要求	单位	数量	备注
23	水平尺	国产	300 mm	把	1	
24	歧管压力表	国产	双表，三色加液管，管长 900 mm	套	1	
25	三色加液管	国产	R134a，黄、蓝、红，2 m，双英制	套	1	
26	剪刀	国产	通用	把	1	
27	手电筒	国产	5 W	个	1	
28	工作服	国产	通用	套	1	最好长袖
29	防割手套	国产	一面有胶	副	1	
30	绝缘手套	国产	进口乳胶（500 V）	副	1	XL
31	安全袖套	国产	通用	对	1	
32	防刺穿劳动防护鞋	国产	通用	双	1	
33	透明护目镜	国产	通用	副	1	
34	文具	国产	通用	套	1	签字笔、铅笔、橡皮等

（2）赛场准备（见表 3-3-2）

表 3-3-2　　赛场准备

序号	名称	产地	规格与要求	单位	数量	备注
1	双温冷库库体	国产	SX-CSC08A-01	台	1	已安装侧板
2	电气控制箱	国产	SX-CSC08A-03	个	1	带电源插头
3	制冷压缩机组	法国	CAJ4511YHR	台	1	

注：表中“数量”为 1 个工位的用量。

4. 常见故障的分析与排除方法

（1）电源故障分析与检修

1）阅读测试文档，做好实训准备。认真阅读测试文档，包括测试细节、内容、要求，测评标准及图样。

做好检查前的准备工作：选择合适的设备、材料、工具、测量器具等。

2）接通电源后，操作电气控制箱无任何反应，这种故障应重点检查电源电路（见图 1–4–16），检查项目、步骤如下：

①检查电源灯 HL1 是否亮。电源供电有无问题，如没电、断相等。

②检查电源是否正常。检查供电线路是否有电输入，电源电压是否在 220（1 ± 10%）V 正常范围。

③检查是否有断路或接触不良现象。电源电路中 FU 熔断、空气开关 QF1 接触不良，漏电开关跳闸后没有复位，KM1 主触点、SA1 触点任何一个有接触不良或回路有断路。

3）排除方法：参照图 3–3–2 和图 3–3–3 所述的电阻测量法、电压测量法，用万用表依次测量电源电路中各点电阻、电压，直至找到故障点。

①找出故障原因，给制冷压缩机组提供正常供电。

②更换制冷压缩机组电路的熔断器或检查接触器、空气开关。

（2）压缩机不运转故障分析与检修

1）阅读测试文档，做好实训准备。认真阅读测试文档，包括测试细节、内容、要求，测评标准及图样。

做好检查前的准备工作：选择合适的设备、材料、工具、测量器具等。

2）接通电源后，系统启动运行，但压缩机不运转（见图 1–4–1）。接通电源后冷库制冷压缩机不能运转的故障原因主要有：电源有问题；保护电路；压缩机绕组有问题；压缩机启动电路有问题；压缩机出现抱轴等机械问题，检查项目、步骤如下：

①检查供电电源是否正常。参考上述电源故障分析与排除方法。

②检查保护电路是否动作。检查高、低压压力开关是否动作，停机压力是否在正常范围，制冷压缩机组是否因泄漏导致制冷剂不够。

③检查是否有断路或接触不良现象。主电路中 FU1 熔断，检查系统运行启动按钮 SB2、接触器 KM2 主触点、KA1 触点有无接触不良或回路有无断路。

排除方法：参照图 3–3–2 和图 3–3–3 所述的电阻测量法、电压测量法，用万用表依次测量压缩机电路中各点电阻、电压，直至找到故障点。

④检查压缩机绕组是否断路或短路。断电，拆下启动继电器，用万用表 R × 1 挡测量运行绕组（R、C 端子之间的绕组）的阻值，一般为 10~30 Ω，若测得的电阻值为无穷大，说明该绕组已断路。若测得的电阻值为零或很小，表明绕组已短路或匝间短路，则需更换压缩机。

⑤检查热继电器是否有故障。热继电器一般与压缩机主回路串联，能感受到压缩机外壳温度和过电流，无论哪一项超过规定允许值，都会使热继电器触点断开。常见故障是触点接触不良或断路。检查触点接触是否良好，正常情况下接触电阻应为 0，热元件电阻为

0.5~1.5 Ω，若为无穷大时，视为触点脱落或接触不良。若损坏需要调整或更换。

⑥检查启动继电器是否有故障。启动继电器主要用于控制启动电容与启动绕组。其常见故障有电流线圈断路，重锤式启动继电器电流线圈的电阻正常应为 1~2 Ω，若测得的电阻值为无穷大，则判为断路。若损坏需要调整或更换。

⑦检查启动电容是否有故障。启动电容常见故障有电容漏电、短路或开路，检测时用万用表 R×1k 或 R×10k 挡，用两表笔分别接触电容两极。若表针先指向低阻值，并逐渐退回到高阻值，表明该电容正常；若测量时表指针一直在低阻值不动，表明该电容短路；若表针一直在高阻值不动，表明电容器断路。若损坏需要调整或更换。

⑧检查连接导线是否有断路或松脱。

（3）机组运行中故障灯亮的故障分析与检修

1）阅读测试文档，做好实训准备。认真阅读测试文档，包括测试细节、内容、要求，测评标准及图样。

做好检查前的准备工作：选择合适的设备、材料、工具、测量器具等。

2）检查项目

①检查供电电源是否有问题。

②检查制冷系统压力是否在正常范围内。

③检查故障灯 HL8 指示的故障内容。

3）排除方法

①检修供电线路，找出不正常的原因，予以排除并恢复。

②补充制冷剂，使其达到正常值范围。启动机组，观察压力开关是否正常工作。

5. 双温冷库电控系统故障分析与排查（见表 3–3–3）

表 3–3–3　双温冷库电控系统故障分析与排查

序号	故障现象	故障分析、原因	排除方法
1	合上 QF1，电路没电	电源发生故障：1）熔丝烧断；2）电源插头接触不良；3）连接导线松断	可用万用表交流 250 V 挡进行电压测量，找出故障点
2	电源指示灯亮，但控制电路没电	重点检查电源控制电路	用电阻测量法或电压测量法，判断急停按钮、电源接触器线圈、触点、按钮 SB1 是否损坏
3	压力继电器故障	系统压力故障灯 HL8 亮	检查 KP 复位开关是否动作
4	电磁阀不工作	电磁阀卡住，无法打开	检查 YV 有无电压，通电后是否有振动

续表

序号	故障现象	故障分析、原因	排除方法
5	电磁阀不工作	电磁阀没电	检查 YV 有无电压
6	压缩机不能正常启动	启动电容损坏（启动电容断路、短路或容量不足）	用万用表测量，更换与原电容电容量一致的电容
7	压缩机不能正常启动	电压过低；启动绕组断路或部分短路	用万用表测量
8	压缩机不能正常启动	重锤式启动器（启动继电器）接触不良或脱落；PTC 启动器损坏	用万用表测量
9	压缩机无法启动	KM2 线圈不能工作	检查 KA1 和 PLC Q0.1 输出端子状态
10	压缩机无法启动	熔丝 FU1 烧断	用万用表电阻挡进行测量，更换熔丝
11	压缩机不能正常启动	接触不良	压缩机电动机线路接触不良（松脱等）
12	压缩机过热造成热保护器动作	当压缩机过热时，蝶形双金属片也会变形，断开触点，使压缩机停机	查找压缩机过热的原因。常见故障有：制冷剂充注量不足或由于泄漏造成系统缺制冷剂，使吸气过热度过大，热负荷过大或温度设定不合适，造成压缩机连续运转不停车
13	无法融霜	融霜电加热器 EH1、继电器 KA10 损坏	用万用表电阻挡进行测量
14	系统漏电	压缩机绕组绝缘性能下降所造成；电源线路不正确	用万用表和绝缘电阻表测量
15	继电器 KA1 不工作	Q0.1 指示灯亮，有输出，但 KA1 没动作	用万用表电阻挡进行测量
16	启动按钮 SB2 不正常	按下 SB2，I0.2 指示灯不亮，说明无输入	用万用表电阻挡进行测量
17	压缩机不停机	压力开关或温度控制器设置不对；压缩机的排气压力和吸气压力是否在正常范围内	调定压力或温度参数值 调整压差控制器参数值
18	运行过程中突然停机	电源电压过低，使压缩机电动机过载；制冷系统压力过高或过低，引起压力开关动作	恢复正常供电 检查系统压力过高和过低的原因
19	电子膨胀阀不工作	接线脱落、接触不良	检查线圈与连接导线

四、测评标准

1. 操作过程评分标准（见表 3–3–4）

表 3–3–4　　操作过程评分标准

序号	考核内容	评分要素	评分标准	配分
1	准备工作	主要测量器具准备，通电前电气检测	操作规范、正确；操作错误不得分	10
2	确定故障	运用正确方法确定故障	操作规范，故障判断正确；操作不规范，故障判断错误不得分	20
3	判断故障原因	运用正确方法分析故障原因	故障分析规范、正确；故障分析错误不得分	10
4	排除故障	按正确方法排除故障	操作规范、正确；操作错误不得分	20
5	安全文明操作	遵守安全操作规程与文明工作守则	每违反一次扣 1 分，扣完为止	10

2. 操作成果评分标准（见表 3–3–5）

表 3–3–5　　操作成果评分标准

序号	考核内容	评分要素	评分标准	配分
1	故障查找结果	正确填写报告	故障分析、描述正确	10
2	通电试运行	按规程通电试运行	操作规范、正确，一次通电成功	20

附录 1 R134a 压—焓图

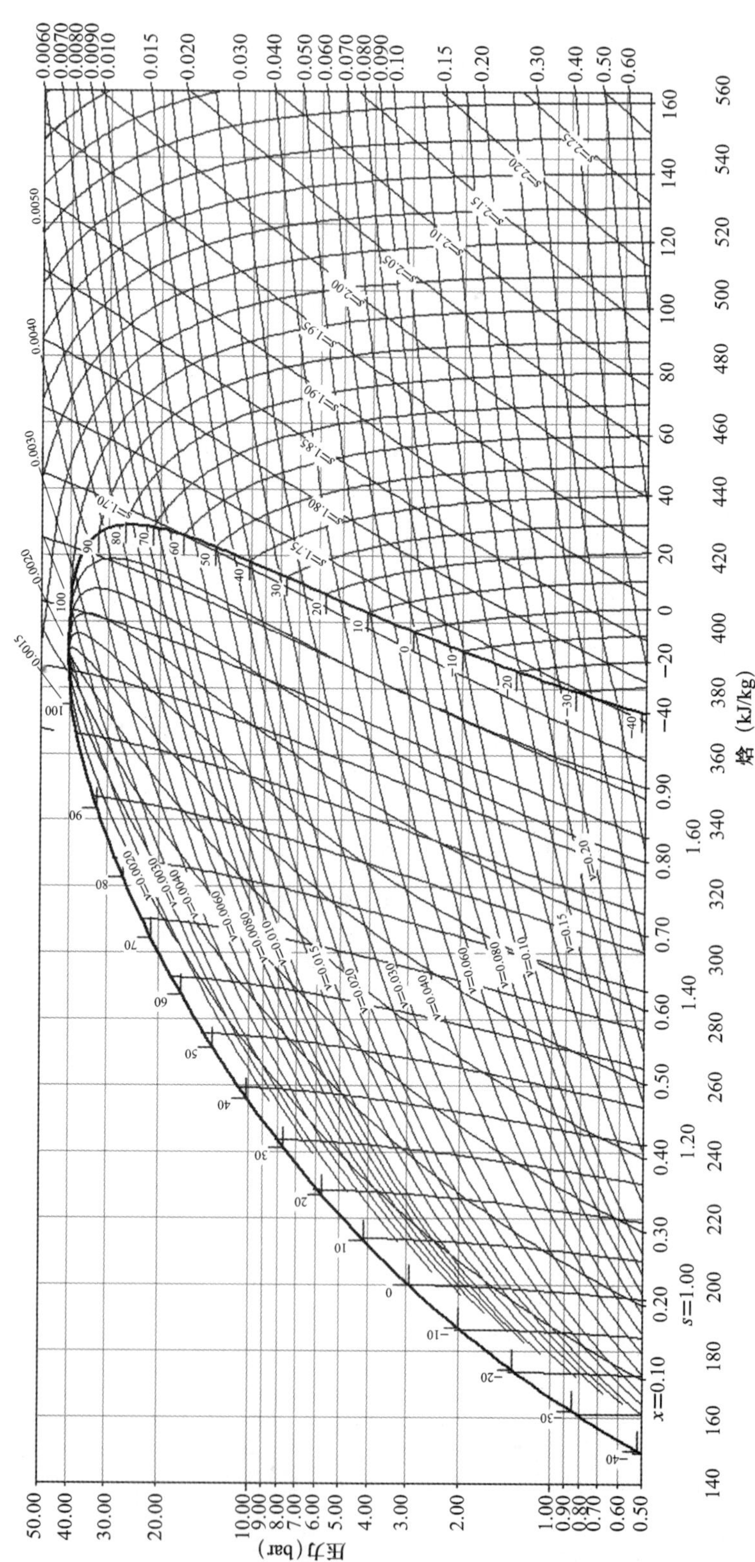

附图 1 R134a 压—焓图

附录 2　湿空气焓—湿图

101325 Pa
大气压 760 mmHg

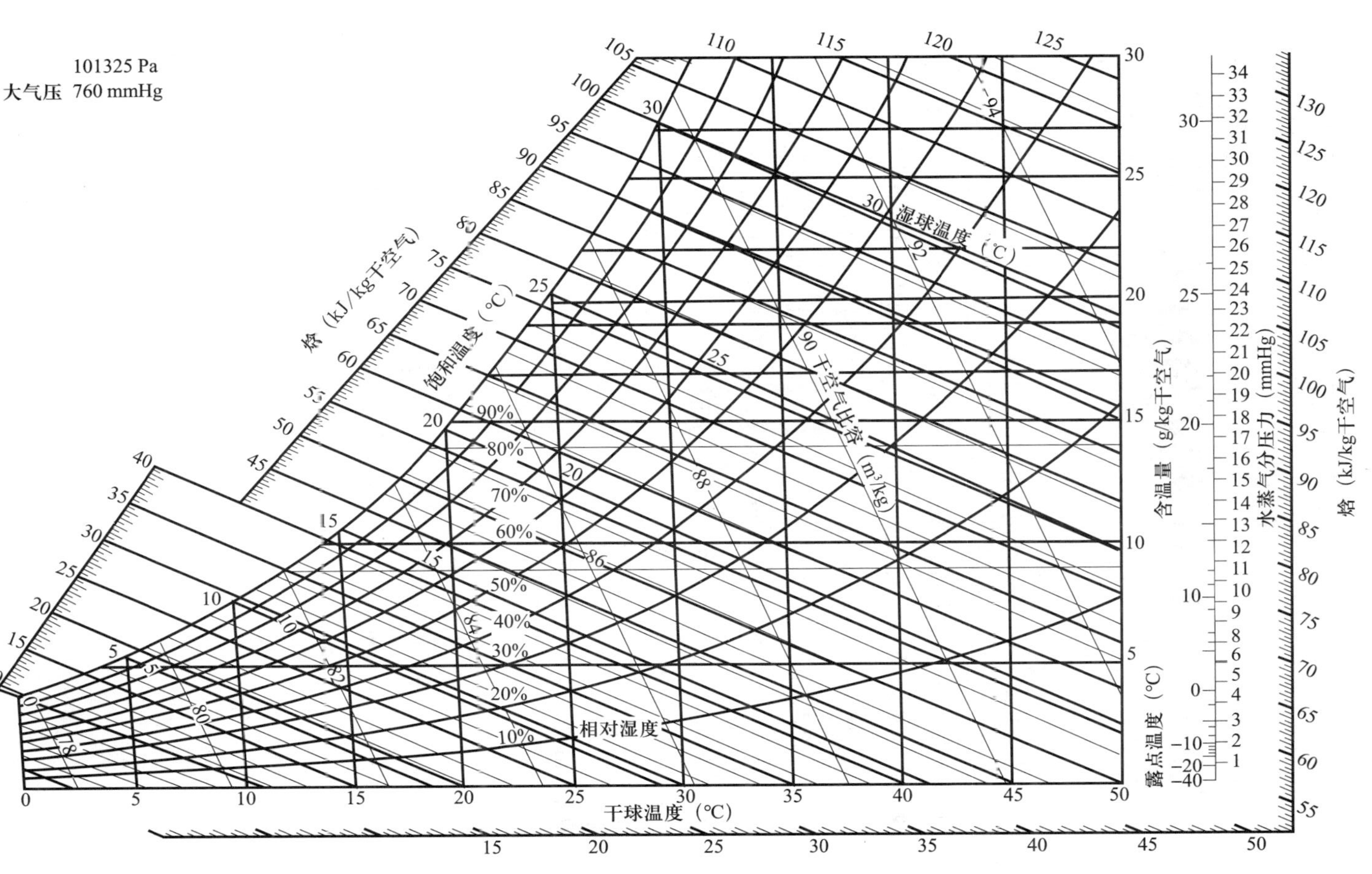

附图 2　湿空气焓—湿图

参考文献与网址

1. 参考文献

［1］邓锦军，蒋文胜．冷库的安装与维护［M］．北京：机械工业出版社，2012.

［2］余华明．冷库及冷藏技术［M］．北京：人民邮电出版社，2007.

［3］杜垲．制冷空调装置控制技术［M］．重庆：重庆大学出版社，2007.

［4］刘孝刚．冷库构造、原理与检修［M］．北京：北京理工大学出版社，2015.

［5］申江．制冷装置设计［M］．北京：机械工业出版社，2011.

［6］百度文库．制冷系统主要运行参数的节能控制调节．

［7］郭艳萍，张海红．电气控制与 PLC 应用［M］．第 2 版．北京：人民邮电出版社，2013.

［8］中国海事服务中心组织编写．船舶机舱自动化［M］．大连：大连海事大学出版社，北京：人民交通出版社，2012.

2. 网址

［1］http：//www.worldskillschina.cn/ 世界技能大赛中国组委会官方网站。

［2］https：//wscrc.tute.edu.cn/index.htm 世界技能大赛中国研究中心。